可持续食品体系的自愿性标准：机遇与挑战

联合国粮食及农业组织　编著

王永春 等　译

中国农业出版社
联合国粮食及农业组织
联合国环境规划署
2019 · 北京

引用格式要求：

粮农组织和中国农业出版社。2019 年。《可持续食品体系的自愿性标准：机遇与挑战》。中国北京。236 页。许可：CC BY - NC - SA 3.0 IGO。

本出版物原版为英文，即 *Voluntary standards for sustainable food systems*：*Challenges and opportunities*，由联合国粮食及农业组织于 2014 年出版。此中文翻译由中国农业科学院农业信息研究所安排并对翻译的准确性及质量负全部责任。如有出入，应以英文原版为准。

本信息产品中使用的名称和介绍的材料，并不意味着联合国粮食及农业组织（粮农组织）对任何国家、领地、城市、地区或其当局的法律或发展状况，或对其国界或边界的划分表示任何意见。提及具体的公司或厂商产品，无论是否含有专利，并不意味着这些公司或产品得到粮农组织的认可或推荐，优于未提及的其他类似公司或产品。

本信息产品中陈述的观点是作者的观点，不一定反映粮农组织的观点或政策。

ISBN 978-92-5-107902-7（粮农组织）
ISBN 978-7-109-23808-4（中国农业出版社）

联合国粮食及农业组织（FAO）
中文出版计划丛书

本书译审名单

翻　译　王永春　王　哲　韩昕儒
　　　　司智陟　程长林　张嘉仪

审　校　王永春

致　　谢

由FAO与联合国环境规划署（UNEP）联合举办，可持续食品体系项目组组织的“可持续食品体系的自愿性标准：机遇与挑战”研讨会于2013年6月10～11日在意大利罗马FAO总部召开。

我们对所有参会人员的贡献与论文表示特别的感谢。对此次大会的组织者表示感谢。他们是Fanny Demassieux、James Lomax、Alexandre Meybeck、Suzanne Redfern、Pilar Santacoloma、Allison Loconto、Irene Hoffmann、Sandro Dernini和Maryam Rezaei。还要特别感谢FAO助理总干事王韧先生。非常感谢瑞士联邦农业办公室对本书的大力支持。

总结报告与主要结论

研讨会从几个角度对自愿性标准进行了多方考虑，以更好地理解并满足各利益相关者的需求，从而促进对可持续食品体系自愿性标准的理解与拓展。这是基于以下理念：要使自愿性标准服务于可持续性就要服务于所有利益相关者。

研讨会第一节对自愿性可持续标准进行了综述性概览。报告说明了各种计划的增加，私人部门作为标准制定者的重要性日益提高，私人和公共部门的联系日益紧密，以及需加强合作包括国际合作等。同时也表明需要对可持续性进行三个方面的综合评价，并支持实证分析，与所有利益相关者进行商定等。讨论集中在标准采用的程序，以及需要纳入所有利益相关者尤其是小农方面。报告还对认证程序及降低成本的方式提出了质疑，包括促进相互认可和自我认证。最后，报告认为需要更好地理解标准采用的动力，并对其产生的各种影响进行评估。

第二节致力于对自愿性标准实施的有关项目经验进行分析。本节明确了成功实施并让农民采用标准的关键点。识别市场机会是关键的第一步，应包括通常更容易进入的当地市场。农民的参与能力从最初设计到实施过程中的每个阶段都很重要。将农民组织起来，进行适当的培训和能力建设可以提高农民的相应能力。自下而上地将当地利益相关者纳入其中并进行对话与讨论是最基本的方法，同时也要适应当地环境。讨论强调需要有一个长期策略，并明确需要支持，其中可能包括特定的激励。讨论中还提到，有些情况下需要进行粮食成本核算分析，有些行动和实践在短期看来是花费了较高代价，但却会产生长期利益，如减少环境影响和创造就业。

第三节关注的是自愿性标准和小农的关系。有关自愿性标准对小农参与市场能力影响的一篇文献综述发现，大部分经验证据都限于对三个主要标准（全球良好农业规范、公平贸易和有机）的分析。大部分研究集中于咖啡和园艺产品两大类商品。尽管研究的地理覆盖范围很广，但大部分都集中于少数几个国家，如墨西哥、肯尼亚、秘鲁、哥斯达黎加和乌干达。总结如下：首先，公平可持续的产业链联系提高了资产获得机会，对合作社发展的支持促进了对标准的遵守。其次，公共和私人部门在支持自愿性标准方面各有优势，两者合作效率更高。最后，政府可提供如基础设施、适当法律法规等服务，促进将小农纳入认证价值链中。地理标志的例子表明生产者的大力参与，尤其是小农可以加强其积极影响，并促进标准采用。讨论强调自愿性标准对小农的好处非常依赖于外部环境，其中价格影响只是其中之一。他们自己采用相关操作实践的直接好处也应考虑在内。会议还强调需要将生产者纳入标准制定中，使标准能满足他们的需求，符合他们的能力。随后的一个关键问题就是要使这些国内标准被出口市场认可。会议还就地理标志对可持续性的贡献进行了广泛的讨论。他们是自愿性标准这一点毫无疑问。严格说来，他们不只是可持续标准，一般还包含保护自然资源等含义。此外，他们在设计和实施过程中明确包含生产者，这有助于社会经济的可持续。

第四节的中心是私人部门的利益与作用，对促进私人部门利益相关者参与其中的各种动机进行了梳理，并列举了相应案例。第一篇报告是关于联合国在全球所做的推进私人部门相应发展的努力。报告提供了关于渔业水产部门认证指南的有关信息，讨论了针对私人部门所做的关于可用畜牧业标准的调查，关于雀巢可持续的营养与消费者交流工具，并提供了有关数据库的详细信息。这些都是与供给者协作完成的，包括分享可持续的经验与实践，确保农产品的长期安全供应，质量合格并遵守各项规章制度。讨论强调需要设计符合各种利益相关者情况的信息工具。如欧洲圆桌会议设计的工具如何用到其他场合。一些干预措施尤其突出说明需要将传达给消费者的信息进行修正以使他们能利用这些信息。

第五节的中心是自愿性标准作为信息工具对消费者的作用，讨论了消费者的选择动力。消费者可自由选择侧重不同问题的各种方案。但标准及其有关模糊信息的乘数效应可能会造成混淆。因此，需要提供有关标准和标签的可信有用的信息，使他们本身可以建立信任，让消费者可以做出有效选择。讨论强调需避免方案的多重性，促进它们的融合。讨论中还提到有些零售商正创建他们自己的可持续标签。这使一些方案的沟通方式从企业对消费者转变成企业对企业，零售商负责与消费者间的沟通。

第六节关注的是公共部门在自愿性可持续标准的设计和实施中的作用。公共部门在提供有利的法律框架，召集利益相关者采取行动，提供支持和激励等方面起着关键作用。干预措施充分表明，由充分的能力建设支持的参与性方法是非常重要的。政府采购起着决定性作用，它直接作为一种激励方式，间接则是认可并促进一些特定计划。讨论中提到除了自愿性标准外，还要考虑其他工具和激励方式，并强调了政策一致、公私对话及方法的重要性。

主要结论：

研讨会各小节从不同角度考虑了自愿性可持续标准，使以下几个重要方面更加明确：

（1）粮食部门存在自愿性标准的乘数效应。这会导致额外成本和贸易障碍。因而需要加强合作，包括互相认可等。公共部门、国家和国际机构都有责任推动这种合作。

（2）大部分标记为“可持续标准”的自愿性标准仅包括可持续的某些方面。需要更全面地评价整个食物链。还需要更好地理解和评价特定自愿性标准在特定背景下的影响。特定自愿性标准的实施通常具有其他影响，既有积极的也有消极的，而不只是最初目标设定的那样。

（3）特别需注意的是，自愿性标准对小农的经济社会影响通常并不总是积极的。首先，它并不总是可用的最优工具。这取决于产品和背景，并需要事先进行分析，包括识别潜在市场。它们的实施还需要有利的法律框架、能力建设和适当的支持。一个关键因素是生产者对方案从设计到实施的全程参与，而其中最重要的是生产者和小农，包括妇女的组织化。

（4）自愿性标准是与消费者共享信息的重要工具，这可以使他们能自己选择如何生产。它的效率高低取决于更好地理解消费者的选择动机，并通过方案及相关资料向消费者提供清楚明了的信息。它很大程度上还依赖于特定产品或特定环境的商业模式。

开幕词

王韧
助理总干事
农业和消费者保护部，FAO，罗马

各位阁下，尊敬的代表们，女士们，先生们：

非常高兴在 FAO－UNEP 可持续食品体系项目首次研讨会上致开幕词。

大家知道，FAO 大会上将讨论可持续食品体系，而且它也是今年世界粮食日的主题。2012 年，世界粮食安全委员会要求其高级专家组做了一份关于可持续食品体系背景下的粮食损失与浪费的报告。

FAO 欢迎这种对可持续性的系统研究。目前各部门所做的有关工作，包括关于作物、畜牧业、食物链及食品质量等方面，都表明可持续的消费会是可持续生产的动力，同时也显示了可持续性各个方面，包括环境、社会和经济之间通常以复杂的方式进行的交互作用。最后，这也表明了多方利益相关者模式对理解并提高粮食体系的可持续性具有关键作用。

可持续食品体系项目是主要政府间机构在粮食、农业与环境领域的独特合作。它突显了联合国（UN）机构的推动作用，及 UN 机构间合作在推动并实施可持续消费与生产的政策和措施等方面的重要性。

可持续食品体系项目使政府、粮食和渔业生产者、农业企业、零售商及消费者等各种利益相关者得以广泛合作。活动方案由工作小组根据利益相关者的诉求进行设计，个人利益相关者及发展伙伴可以自由选择他们希望参加哪种活动。

选择自愿性可持续标准作为第一次研讨会的主题具有重要意义。它强调了可持续消费与可持续生产之间联系的重要性，以及消费作为动力的重要作用。

自愿性标准通常被视为解决方案或是工具以使消费与生产更可持续。他们可以产生积极的经济、环境和社会影响，但他们也会带来挑战，尤其是对小规模生产者来说。

长久以来，FAO致力于自愿性标准相关工作。

我们自愿性标准工作的目标就是，致力于完善制度，在公共和私人自愿性标准的发展和应用过程中保障公共部门和小规模利益相关者的利益。

FAO提供关于食品、农业、畜牧业、渔业和林业等标准的专业知识，并通过以下途径在自愿性标准的基准、分析、知识分享以及提供指南等方面与合作伙伴共同努力：

（1）分析自愿性标准的趋势及影响。

（2）通过在线门户网站及其他交流工具包括网站等宣传自愿性标准有关信息。

（3）通过实地项目加强决策者和私人利益相关者的能力建设。

（4）建立全球性工具、指南和基准体系以供私人和公共部门利用。

（5）为成员提供政策指导，通过对提高食品质量的国家政策、规章制度和战略规划等提出建议，明确自愿性标准的优先领域。

（6）建立伙伴关系。

FAO在《实施卫生与植物卫生措施协议》制定过程中积累了制定标准的丰富经验。

但更重要的是，本次研讨会更注重经验总结，更好地理解所有参与者的需求，使自愿性标准更好地服务于可持续性及所有参与者面临的挑战。这是成功的必要条件。我非常欢迎本次研讨会对工作组的工作进行深入讨论，并就此展开行动。

目　录

公共和私人食品标准的关系：主要问题及未来展望

Pilar Santacoloma
FAO 农村基础设施和涉农产业司

1 摘要

全球粮食安全与食品安全的治理传统上由政府间机构负责，而这正面临挑战。全球产业链中私人食品标准的使用迅速增加，日益广泛且重要性不断增强。人们开始担心这种挑战会导致将小农和贫困国家排除在全球化带来的市场机会之外。然而，研究表明，私人和公共自愿性标准的治理机制并不是独立的，而是在政策、社会和经济的动态变化中互相增强的（Guldbrandsen，2012；Bernstein 和 Cashore，2007）。本文首先探询了全球水平上这种交互增强的机制关系，接着讨论了自愿性食品标准对认证产业链包容性的影响，以及发展中国家所采取的一些选择性措施以克服被排除在外的不利影响。文章最后列举了国际上一些公共和私人标准交互治理的例子。

2 引言

要更好地了解公共和私人食品标准的交互作用，需要确定是什么使这些标准发挥作用及其不同的治理机制和参与人员（Henson 和 Humphrey，2009）。在此之前，明确标准这个词的含义很有用，它也许有多重意义。对本文来说，相关的定义与特定技术含义有关：这是一种规范文件，使用者在国际贸易中必须遵守文件中制定的规则或指南。因此，根据 WTO《技术性贸易壁垒协定》（TBT 协定），将标准定义如下：

由认可机构批准的文件，用于平常和重复应用，对产品或有关过程和生产方法提出规则、指南或应具有的特征，对文件的遵守不是强制的。它或许包含也或许单独对应用于产品、过程或生产方法的用词、标志、包装、标记或标签进行规定（WTO，2013）。

就标准体系的功能来说，有以下几项是公认的：①有关规则和程序形成的标准制定；②采用标准意味着接受该标准；③实施即表明了规则的应用；④一致性评价与执行以确保规则得以实施（Henson 和 Humphrey，2009）。要对这些功能进行严格表述的话，公共标准就是除实施外的所有功能，通常私人公司要遵守，它由公共部门人员来执行。对私人标准来说，私人部门人员承担所有功能。然而，在介于中间的部分，有些标准的采用和一致性评价可以由公共和私人部门人员共同进行。表 1 显示，不同类型的标准具有不同的功能。显然，公私标准并不是分裂的，而是存在一个不同类型标准的频谱范围，即什么类型的人员负责什么类型的功能。从这个角度来看，标准还提供了许多可以进行政策干预的具体节点。这些干预措施应考虑到公共和私人部门人员的特定作用和优势。文章最后一部分列举了一些可能的干预措施的例子。

此外，标准也可以从私人领域转化到公共领域，反之亦然。有机标准就是很好的例证。有机标准最初是由非政府组织或私人公司，如英国的土壤协会或德国的德米特制定的，后来被某一个国家政府或多国组织如欧盟、国家间组织如食品法典委员会甚或一些私人部门发布。

下文中，将对管理公共食品标准的治理机制进行简短的讨论，然后对其动态变化如何引起私人标准的出现进行描述。

3　公共食品标准和私人自愿性标准的出现

国际市场的运转规则由 WTO 制定。根据 SPS 协议，WTO 提出 FAO 和世界卫生组织（WHO）食品法典委员会联合作为有关食品安全标准制定组织。其他在 SPS 协议下考虑到的有关措施则是处理动物保护和植物健康的，这些措施分别是在世界动物卫生组织（OIE）和国际植物保护公约（IPPC）秘书处保护下进行的。每个组织都作为一个政府间标准制定机构来制定标准，这些标准可由国家政府采用，也可由私人公司实施。这些标准在国家政府采用前都是自愿性的，这决定他们如何强制执行下去。如果一个国家将自愿性标准采用为国家食品安全法规，那它就变成了强制性的规则，这项规则就是标准的公共一致性评价与实施。如果一个国家将标准由指定机构采用为自愿性标准，而不是由立法机关作为法规，那么标准的一致性评价与实施就可能由公共或者私人机构来进行。标准计划有关功能见表 1。

表 1　标准计划有关功能

功　能	规　则	公共自愿性标准	法律要求的私人标准	私人自愿性标准
标准制定	法律或公共规则	法律或公共规则	商业或非商业私人实体	商业或非商业私人实体
采用	法律或公共规则	私人公司或组织	法律或公共规则	私人公司或组织
实施	私人公司或公共机构	私人公司	私人公司	私人公司

（续）

功 能	规 则	公共自愿性标准	法律要求的私人标准	私人自愿性标准
一致性评价	官方督察	公共/私人审计	公共/私人审计	私人审计
强制执行	刑事、行政法院	公共/私人认证机构	刑事、行政法院	私人认证机构

来源：Henson 和 Humphrey，2009。

由 WTO 协定管理的标准具有两大特征，这决定了它们制定的方式。首先，应建立在科学的基础上。意即在操作上，发布标准的机构（如 FAO、WHO）要依据技术专家组的建议来制定标准。其次，应尽力确保透明和参与性以得到标准制定成员的一致同意。这两个程序又可能意味着过程拉长，反过来又影响到治理的其他原则，如对特定需求的及时反映（Henson 和 Humphrey，2009）。

如前所述，这些标准是建立国家标准与规则的基础，但更重要的是被用做解决贸易争端的主要机制。WTO 成员基本上有权采取必要的卫生与植物检疫措施以保护人类、动物或植物的生命或健康，前提是这样的措施不会导致国际贸易歧视或变相限制。另一个 WTO 认可的机制是 TBT 协定，该协定是确保规则、标准、测试和认证过程不会造成不必要的贸易障碍（WTO，2013）。假定已经建立了有关食品安全标准的良好机制，那么立即有个问题，就是为什么私人食品标准会出现并扩散？事实上，有几个因素可以解释这种趋势：第一个因素是国际国内规则体系自身的变迁；第二个因素就是食品体系的全球化动态发展；第三个因素是消费者对环境和社会问题的日益关注。

就第一个驱动因素来说，作为消费者对食品安全担忧的反映，有关规则从 20 世纪 80 年代后期、90 年代早期开始变得更为严格，尤其是工业化国家（Henson 和 Humphrey，2009）。比如，人们认为 80 年代由诸如疯牛病等引发的食源性疾病的暴发促进了英国更严格的公共标准的制定（Pain，1987）。此外，新的公共标准及相应的国家食品控制体系已发展成风险基础上的预防体系，加强了食物质量与安全的自我控制而不是状态控制（Reardon 等，2001）。在欧盟一般食品法规将食品安全的法律责任赋予私人经营者后，这一趋势得到进一步加强。

私人标准发展的第二个驱动因素，在食品安全方面尤其明显，就是食品零售产业链全球外包的日益国际化和一体化（Hoejskov，2008）。全球零售商的扩大和从边远地区开始的食品产业链，已转变为通过利用标准工具加强产业链控制，以促进全产业链的合作（Burch 和 Lawrence，2007）。这些标准趋向于比公共标准更严厉，执行更严格，范围也更加广泛。私人标准比国际标准对变化的需求更能做出及时的动态反应。那些国际标准都是在对许多国家进行广泛的专家咨询和调查基础上做出的。在私人标准制定中，零售商产业链的主要利益就是通过风险管理策略提高声望和进行非价格竞争（Henson 和 Humphrey，2009）。他们还希望通过这种方式在保障质量和安全的前提下减少整个产业链的交易成本。结果，它通常还会提高产品形象和消费者信心。然而，他们又经常会引发在产业链各环节成本分担与标准实施的利益分配中关于公平公正的担忧。由于实施成本通常会转向生产者而不是零售商，因而这种担忧尤甚。

私人标准发展的第三个驱动因素与消费者日益增强的各种意识有关，包括动物福利、环境、劳动权利和其他一系列社会问题等。这个驱动因素由两方面构成。一方面，专门游说机构对这些事情的政治风向影响巨大，尤其是在发达国家。另一方面，生产者集团愿意并能够突出显示他们产品的社会和环境特征，对国际大市场的参与也促进了私人标准的制定或实施。

因此，在这些驱动因素作用下出现了两种类型的私人标准：关注食品安全的标准，以及关注消费者社会环境利益的标准（Henson 和 Humphrey，2009）。这两种标准的目标不同，具有不同的结构和运行特征。对于前者（食品安全标准）来说，目的是风险管理，因此生产者必须遵守最低水平的食品安全条件。通常，这并不意味着标签或对生产者的价格溢价，而是表现为产业链的高度整合。这一类标准的例子如全球良好农业规范（GlobalGAP）、食品安全与质量认证 1000/2000（SQF 1000/2000）或英国零售商协会全球标准（BRC Global）。对第二种（社会环境标准）来说，目的是产品差异化以获得更高的市场价值，因此通常会有标签或价格溢价（Hatanaka，Bain 和 Busch，2006）。差异型标准的例子如有机、地理标志或公平贸易标准等。

尽管如此，公共和私人标准并不是分离的。私人食品安全标准与几项遵守国际标准的国家强制性法规是互相影响并重复的，如食品法典委员会标准①。这些法规或承担着保障食品安全和卫生的责任，包括标签、要求和可追溯法规等，还可能考虑到消费者保护相关法规，包括与认证、评审有关的广告和营销/贸易要求等。

差异型标准也可能与国际标准重复，如关于劳动权利或童工（如国际劳工组织制定的标准），或环境标准（如 FAO《负责任渔业行为守则》）。在这种水平上的合法、私人标准，包括食品安全和社会经济标准才能达到他们设定的目标。此外，在有些情况下，企业或企业协会建立私人标准的目的涵盖了粮食安全和社会经济问题，这更模糊了各类标准间的界限，而且这一趋势在增强。图 1解释了其中的架构关系。

---

① 食品法典委员会制定的国际食品安全标准是自愿的，当被政府采用则成为强制性的，在国际贸易中发挥调节作用。

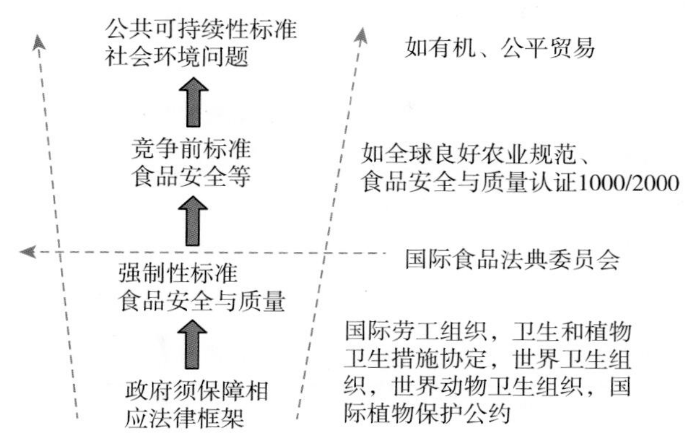

图 1　公共和私人食品标准的交互作用

来源：作者根据贸易标准从业人员网络（TSPN）改编（2011）。

前面概述了私人食品安全和社会经济标准间的交互作用发生的情况，以及这些私人标准与公共标准间的相互影响。下面将主要讲述私人标准对发展中国家小规模生产者的影响，以及需要什么样的制度支持以促进他们遵守标准，并融入市场。这是公私交互作用的主要途径之一。

4　私人自愿性标准对小农包容性的影响

本部分主要是基于 Loconto 和 Dankers 所做的文献综述（FAO，2013），该综述对自愿性标准对小农参与市场的影响进行了评估。重点介绍研究结论的整篇文章收录在论文集中（Loconto，2014），而这里重点关注的是将主要研究发现与所需的制度支持，以及国家的治理意义联系起来。

在完成了 101 个案例分析（其中 23 个非常严格地进行），专门研究标准对市场参与影响的基础上，作者发现结果是复杂的，并不确定①。既有标准变成贸易壁垒的批评，又支持标准提高小农的技能和素质，从而促进他们参与市场。影响标准实施结果的因素包括所涉及的标准类型、小农的生产环境、涉及的价值链以及制度环境。须注意的是，报告大部分关注的是三个主要标准：全球良好农业规范、有机和公平贸易②。

第一，具有不同特点的标准会产生显著不同的结果。除了标准中提到的技术要求外，标准体系中还有其他基本要素，如验证（即认证和评审体系）、非

① 大多数关于标准的影响研究侧重于环境和社会效果。

② 在这项研究中，公平贸易是指国际公平贸易组织制定的公平贸易标准，该组织前身为国际公平贸易标签组织（FLO）。

标签和溢价的表述，以及支持服务等。表 2 显示了大部分公开标准中标准体系的特点。

表 2　所研究的大部分标准体系的特点

	要　点	标准制定	验　证	标签	溢价	服务
全球良好农业规范	食品安全与质量	私人部门	认可的第三方			
公平贸易	社会公平	非政府组织、生产者	认可的第三方	√	√	√
有机	环境、社会公平	非政府组织、公共部门	认可的第三方；对方	√	√	√

来源：作者根据 FAO 资料整理（2013）。

所有这些特点决定了小农被纳入认证价值链的机会。当有渠道能把产品特点传达给消费者，而且有服务方案来支持小农认证时，小农参与的机会通常就更多。然而，事实证明这一点很弱，众多项目案例研究表明，标准只是众多广泛技术支持和企业服务中的一部分。

第二，根据采用理论，研究对假设条件进行了评估，即农场规模和生产者资产是认证的决定因素。标准的实施除了支付认证成本外，还要进行投资，促进良好农场操作规范的采用，完善农场基础设施。所有必需的初始投资对小农来说也许都太高了。实际上，有几项研究发现，小农进行认证的能力与农场规模有关。比如，在危地马拉项目中，项目目标是将生产者与高价值产品市场相连，只有 19%的目标生产者能获得全球良好农业规范认证。可行性分析表明，合适的农场规模至少要 12 公顷才能使农民承担投资的必要贷款，而项目区农场平均规模约 1.6 公顷（FAO，2011）。

第三，有报告称，在认证价值链中，买方和贸易商促进了消费和生产的逐步增长，因此，根据组织安排的不同，他们可能包括或不包括小农。大部分案例中，小农都参与了外围种植户计划。这些计划是为了补充大规模生产者在规模和质量上的不足而设立的，或者说是建立贸易商在订单农业计划下的供应基础。通过合作社和协会进行集体行动或许会提高生产者在这些计划中的谈判能力。然而，研究表明，认证生产者的产出更应该归功于组织安排，而不是标准的采用。大部分情况下，在专业认证成为市场要求之前就已经形成了信任基础上的生产者-购买者关系。在对 4 个非洲国家进行的案例研究中，Jaffe、Henson 和 Diaz Rios（2011）证实了这个结论。他们称，认证价值链中，小规模生产者的参与更多的是购买者的采购决策作用，而不是小规模生产者的市场选择（Loconto 和 Simbua，2012）。

最后，制度设计也能促进或抑制认证市场对小农的包容性。政策规定、贸易竞争力、基础设施发展及国家对农村家庭的补贴项目等通常是最相关的制度决定因素。采用有机政策或国家良好农业规范的国家在这些标准起决定作用的市场上，建立了生产者战略支持基础。例如，全世界有 86 个国家采用了有机规则［国际有机农业运动联合会（IFOAM），2013］，18 个国家的良好农业规范计划与全球良好农业规范①标准完全相符，他们要使本国处于这些市场的战略地位。有些良好农业规范计划是公私联合进行的（如智利良好农业规范），而有些则只是公共计划（如泰国良好农业规范），还有一些是纯私人的（如肯尼亚良好农业规范）。政府通过金融、管理或技术建议支持这些计划时，通常也承担了实施标准和认证的责任，因此会为私人认证程序提供合法性。

然而，政策措施单独或许并不能在提高私人标准的包容性方面有何不同。国家和企业必须通过内部经验积累和商务联络来提高竞争力，这使他们可以进入高端市场。有时候，这更多受到基础设施约束等的挑战。发展特定基础设施，以促进对标准的遵守，如实验室、认证机构和检查人员，或更一般的基础设施，如道路、通信和能源等，将促进小农能力的提高以满足市场需求。因此，尽管有时候生产者和企业能够满足认证和标准要求，但基础设施不足导致的高额成本也许会制约他们的能力（Santacoloma 和 Casey，2011）。不管是捐助者还是国家政府提供的补贴项目都会对生产者认证和标准遵守初始投资提供补充，但制度和基础设施发展对所有小型、中型和大型生产者来说都是可持续的事情。

作为例证，FAO 对 4 个国家遵守良好农业规范标准所需的投资和能力建设进行了评估，发现以下几项投资是最相关的（Santacoloma 和 Casey，2011）：

（1）保障食品安全的基础设施（当地鉴定和认证体系、实验室分析及其鉴定）；

（2）可追溯系统（文档和记录系统）；

（3）支持业务和技术服务（业务发展服务，投入供给，技术援助）；

（4）对不同参与者的培训支持，提高技术和业务技能。

已知制度设计对促进或限制认证价值链对小农的包容性具有关键作用，因此私人标准实施在当地治理中也起到了重要作用。决策者可以就机构重组、投资或能力发展做出不同层次的决定。这种支持要符合国家的优先领域，并与可持续发展政策结合，其中包容性是关键要素，而这对决策者来说是一个巨大挑战（Vorley，2013）。要保障良好治理的基本原则，如透明、参与、信息获取、

① http：//www.globalgap.org/uk_en/what-we-do/the-gg-system/benchmarking/BM-Equivalence/

责任制[①]等，加强政府、私人部门、非政府组织和大学的协作与合作至关重要。这种协作和合作在地方和国家层面的标准实施与推广中是最基本的要求，而为了解决上述由公私标准的交互作用引发的全球贸易问题，跨境合作也非常重要。在FAO、联合国工业发展组织（UNIDO）、联合国环境规划署（UNEP）、国际贸易中心（ITC）及联合国贸易和发展会议（UNCTAD）参与下，联合国可持续标准论坛（UNFSS）成立并提供有关标准的信息和分析，尤其是他们能帮助发展中国家达成可持续发展目标（Grothaus，2014）[②]。这种国际合作对那些一国或当地不能解决的问题非常重要。

5 国际上公私标准间的治理交互作用

前面讨论了公私食品标准制定程序，包括他们建立与实施的错综复杂关系，在不同层面上对利益相关者的动态变化响应中，尤其是在全球供应链中如何相互影响。然而，私人标准给现行管理制度带来何种挑战仍在讨论中。就此而言，Vorley（2013）称，"政府也许会感觉被北部精英建立的外部议程绑架，从而威胁到国家主权及通过政府间程序达成的标准"。近年来，发展中国家已将这种不满提交WTO的SPS委员会，他们反对私人标准的排他性，并认为他们给发展中国家中小型生产者和出口商带来了额外负担（WTO－SPS委员会，2011）。这些争议中好多并没有得到妥善解决，因此在一些临时性公共和私人解决方案中会提到它们，以更好地管理公私标准的动态交互作用。下面这些是需要进一步探索和分析的例子：

（1）全球良好农业规范（GAP）基准：许多国家已将全球良好农业规范认证作为国家良好农业规范计划或相关证明计划。这些良好农业规范有些是公共部门发起（如墨西哥），有些是私人部门发起然后由政府批准的（如肯尼亚和智利）。基准的应用也许是为了实现不同的政策目标。如墨西哥的目标是国家竞争力，因而良好农业规范计划与优质品牌相关并面向国内市场。其他情况，如智利和肯尼亚，目标是巩固或扩大出口市场，因此与优质品牌无关，而专注于对全球良好农业规范的遵守（van der Valk 和 van der Roest，2009）。通常，GAP项目也会将国家食品安全与健康法规考虑在内，以使其成为更健全的全国适用体系。基准程序可能会创造机会，使国家间能互相认识了解对方

① 联合国开发计划署（UNDP）和联合国人权事务高级专员办事处（OHCHR）（2013），全球2015年后发展议程主题磋商强调了私人部门责任，除了透明、基于科学、参与法制、准确和信息获取外，政府要对那些被社会排除在外的人们给予赋权，并将其作为优先治理项目。

② http：//unfss.org/ for further information

的地方适应性标准。面临的挑战则是耗时且花费巨大的基准程序，而且还需要跟上全球 GAP 标准动态变化的脚步。

（2）有机标准和认证程序的协调与对等：这个议题是由 IFOAM、FAO 和 UNCTAD 在一个项目中提出的（见 http：//www. goma-organic. org/；Scialabba，2014）。该项目的目的是游说政府在对等的基础上协调并接受彼此的规则（IFOAM，2013）。在该项目中，83 个有有机规则的国家中，有 37 个参与了该过程。迄今为止，欧盟、美国、加拿大和瑞士已在对等性上达成协议。澳大利亚和欧盟接受按照世界任何对等标准体系进行的进口。IFOAM 称，这种结果表明规范化国家态度的转变，但还需要更多转变以使认证更能让大家支付得起，有机农业更适应当地环境。

（3）雇用国际或私人标准机构制定食品安全标准：Henson 和 Humphrey（2009）称这些机构应探索一种进行正式和非正式讨论的途径，以更好地了解现实情况及私人标准对国际组织的影响，如国际食品法典委员会（CODEX），尤其要了解私人标准的运转过程。

（4）私人标准组织如国际社会与环境鉴定标签联盟（ISEAL）推动包容性发展的努力也被提及。ISEAL 是一个非政府组织，该组织推动了多个利益相关方的对话以确立制定社会与环境可持续性标准的诚信原则。在上一次通过的 ISEAL 良好操作规范准则中，诚信是最根本的原则，其中包含了治理原则，如透明、参与、在科学基础上建立共识和知识获取等。ISEAL 称，该准则引用了国际正式文件，如 ISO/IEC 或者 WTO TBT 协定（ISEAL，2006）。根据 ISEAL 第一原则，标准制定者应设定可持续目标及应遵循的方式，以在这些目标方面取得显著进展（ISEAL，2013）。

（5）国际准则与私人自愿性标准间的交互作用：海洋管理委员会（MSC）是个很特别的例子，我们可以看到其制定的国际标准和原则反复的动态变化。1997 年，一个非政府组织（世界野生动物联合会）建立了一个非营利组织（MSC），并制定了国际准则，这些标准和原则明显以 FAO 于 1995 年确立的负责任渔业行为守则为基础（Guldbrandsen，2012）。尽管最初政府质疑非政府组织管理渔业事务的权利，但他们在 FAO 渔业委员会下参加了长时间的政府间磋商程序，并最终制定了野生捕获鱼类和渔业生态标志的自愿性准则。这被视为认可将生态标志作为渔业管理工具，反过来，这又促进了众多政府对 MSC 认证的承认。在对 MSC 的内部程序进行了一些调整后，各国政府开始视其为国际和国内规则与标准的有益补充。在此期间，许多重要买家，如麦当劳，也做出了公开承诺，这进一步提高了对认证鱼类的需求。总体上，认证鱼类数量已从 2005 年的 12 种增加到 2011 年的 135 种，另有 136 种目前正在评估中，40 种正做预评估（Guldbrandsen，2012）。

截至2012年，认证鱼类市场海产食品达到了900万吨，约占全球渔获量的10%（Guldbrandsen，2012）。图2展示了其中的过程。

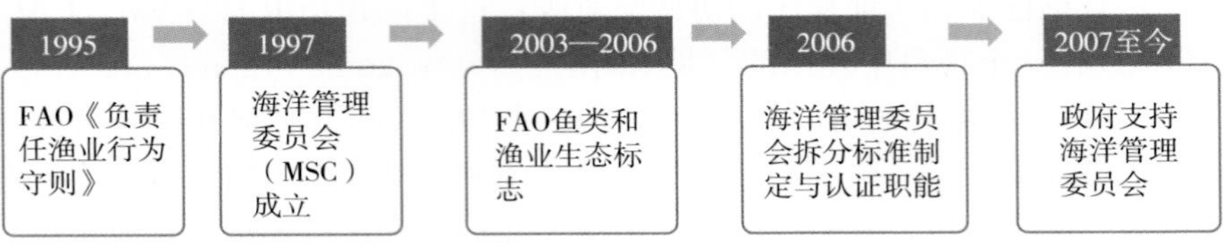

图2　海洋管理委员会以及FAO鱼类和渔业生态标志自愿性准则

来源：作者根据Guldbrandsen资料整理（2012）。

6　结论

现有食品安全与质量法规面临着私人食品标准出现及扩散的挑战。这种挑战的出现不只响应了全球供给链的变化趋势，而且响应了各国和国际法规的动态变化。人们已经注意到，如果政策不恰当，资源不合适，不能作出战略决策应对，价值链中的国家和有关人员也许会被排除在外。这需要对机构、投资进行整合重组，并将国家能力建设作为可持续发展的优先领域。因此，不管是全球还是国家都应该实行新的治理机制。已有私人和公共机构在国际上提出了几项动议来管理公私标准的动态交互影响。UNFSS作为一个政策论坛可对这些努力提供支持。在国家层面上，UNFSS正确认一项政策引导程序以促进公共和私人利益相关者的对话，即在一定条件下是否要基于市场、制度和标准的详细调查来推广标准。

参考文献

Berstein, S. & Cashore, B. 2007. Can non-state governance be legitimate? An analytical framework. *Regulation & Governance*, 1 (4): 347 - 371.

Burch, D. & Lawrence, G. 2007. *Supermarkets and agri-food supply chains: transformations in the production and consumption of foods*. Northampton, USA, Edward Elgar.

FAO. 2011. *Reporte de consultoría; Sistematización de la buenas prácticas agrícolas en el proyecto GCP /GUA/012/SPA "Fortaleciendo las dinámicas locales en la cuenca el río Naranjo y cuenca del lago de Atitlán con énfasis en la producción intensiva agrícola y la producción artesanal, II Fase"*. Rome.

FAO. 2013. *Impact of voluntary standards on smallholder market participation in developing countries: literature study*, by A. Loconto & C. Dankers. Rome (forthcoming).

Guldbrandsen, L. H. 2012. Dynamic governance interactions: evolutionary effects of state responses to non-state certification programmes. *Regulation & Governance*. DOI：10.1111/rego.12005.

Grothaus, F. 2014. Objectives and challenges of the UN forum on sustainable standards (UNFSS). In *Voluntary standards for sustainable food systems: challenges and opportunities*, Proceedings of a joint FAO/UNEP workshop. Rome.

Hatanaka, M, Bain, C. & Busch, L. 2006. Differentiated standardization, standardized differentiation: the complexity of the global agrifood system. *In* T. Marsden & J. Murdoch, eds. *Between the local and the global: confronting complexity in the contemporary agrifood sector*, pp. 39 - 68. Research in Rural Sociology and Development. Oxford, UK, Elsevier.

Henson, S. & Humphrey, J. 2009. *The impacts of private food safety standards on the food chain and on public standard-seting processes*. Paper prepared for the Joint FAO/WHO Food Standards Programme. Rome.

Hoejskov, P. S. 2008. *Impact of private food safety standards on global trade with food and agricultural products*. Paper presented at the Workshop on WTO SPS Measures, Tokyo.

IFOAM. 2013. *One earth, one future—2012 Consolidated Annual Report of the IFOAM Action Group* (available at http://www.globalgap.org/uk_en/what-we-do/the-gg-system/benchmarking/BM-Equivalence/).

ISEAL. 2006. *Code of Good Practice for Setting Social and Environmental Standards P005-Public Version* 4. January. London.

ISEAL. 2013. *Principles for credible and effective sustainability standards systems ISEAL credibility principles*. London.

Jaffee, S., Henson, S. & Diaz Rios, L. 2011. *Making the grade: smallholder farmers, emerging standards and development assistance programs in Africa*. a research program synthesis. Washington, D C, World Bank.

Loconto, A. & Simbua, E. 2012. Making room for smallholder cooperatives in Tanzanian tea production: can fairtrade do that? *Journal of Business Ethics*, 108 (4): 451 - 465.

Loconto, A. 2014. Voluntary standards: impacting smallholders' market participation. In *Voluntary standards for sustainable food systems: challenges and opportunities*, Proceedings of a joint FAO/ UNEP workshop. Rome.

Pain, S. 1987. *Brain disease drives cows wild*. New Scientist (available at http://www.newscientist.com/article/dn111-brain-disease-drives-cows-wild.html#. UfpjzRaK4qY).

Reardon, T., Cadron, J-M., Busch, L., Bingen, J. & Harris, C. 2001. Global change in agrifood grades and standards: agribusiness strategic responses in developing countries. *International Food and Agribusiness Management Review*, 2 (3/4): 421 - 435.

Santacoloma, P. & Casey, S. 2011. *Investment and capacity building for GAP standards. Case information from Kenya, Chile, Malaysia and South Africa*. Agricultural

Management, Marketing and Finance Occasional paper. Rome, FAO.

Scialabba, N. 2014. Lessons from the past and the emergence of international guidelines on sustainable assessment of food and agriculture systems. In *Voluntary standards for sustainable food systems: challenges and opportunities*, Proceedings of a joint FAO/UNEP workshop. Rome.

TSPN (Trade Standards Practitioners Network). 2011. *Food-related voluntary sustainability standards: a strategy guide for policy makers*. (unpublished).

UNDP and OHCHR. 2013. Final meeting of the Global Thematic Consultation on Governance and the Post-2015 Framework, 28 February - 1 March 2013, Pan-African Parliament, Midrand, South Africa.

Van der Valk, O. & van der Roest, J. 2009. National benchmarking against GlobalGAP case studies of good agricultural practices in Kenya, Malaysia, Mexico and Chile. LEI Wageningen UR, The Hague.

Vorley, B. 2013. *Voluntary sustainability standards: a draft strategy guide for policy makers*. Presentation at the launching of the UNFSS, Geneva, Switzerland. March.

WTO Sanitary and Phytosanitary Measures Committee. 2011. *Members take first steps on private standards in food safety, animal-plant health* (available at http://www.wto.org/english/news_e/news11_e/sps_30mar11_e.htm).

WTO (World Trade Organization). 2013. *Technical barriers to trade: technical explanation. Information on technical barriers to trade*. Geneva, Switzerland.

联合国可持续标准论坛的目标与面临的挑战：自愿性可持续标准政府间对话论坛的形成，联合国粮食及农业组织、国际贸易中心、联合国贸易和发展会议、联合国环境规划署和联合国工业发展组织的联合倡议

Frank Grothaus
联合国可持续标准论坛合作工作组，日内瓦，瑞士

生产和消费对健康、社会、经济和环境的影响在消费者偏好形成中起着越来越重要的作用，尤其是在发达国家。政府对此的反应是实施主要与产品特征相关的政策法规，而非政府组织（NGOs）和私人公司则制定自愿性可持续标准（VSS）来向消费者传达有关生产和加工方法的信息。这些标准也已日益成为治理和规制国际供给链的重要工具。这推动或阻碍了对国外市场的进入或渗透，同时也可能促进可持续发展目标的实现。

VSS特别关注社会、职业安全、环境与经济方面，因此成为市场进入和可持续发展的关键因素。但除非事先解决好，否则，VSS可能会成为严重的市场进入障碍和挑战，尤其对小规模生产者来说更是如此。然而，鉴于市场对可持续方法生产的产品具有强劲动力，这些标准还可能提供真正的发展机会，这会比传统市场的拓展快得多。如表1所示，认证咖啡、茶、可可和香蕉的销售增长率达到了2位数、3位数，甚至4位数，而传统食品市场在2005—2009年平均仅增长了约10%。然而，不得不承认的是，除香蕉和咖啡外，认证产品的市场份额仍然很小。

VSS的快速发展对发展中国家产生了显著影响，其中将VSS作为重要的供应链管理机制起到了重要作用。因此，应将私人自愿性可持续标准（通常也都视为技术性标准）作为一种工具，它能解决重要的战略政策问题，还能做到：①推进可持续的生产与消费方法（包括能源、材料、资源效率与成本节约等机会）；②促进快速发展且利润丰厚的可持续市场的竞争，创造众多就业和收入机会；③或会导致环境和社会成本的国际化。

表 1　可持续产品的份额与增长率

	全球供给份额，2009（%）	销售增长，2005—2009（%）
咖啡	17	433
茶	8	2 000
可可	1	248
香蕉	20	（2007—2009）63
传统食品		10～12

来源：国际可持续发展研究所（IISD），国际环境发展研究所（IIED）（2010）。

在此背景下，VSS在促进经济和社会发展方面潜力巨大，有助于减轻发展中国家的经济、食品、水和环境风险。然而，主要发展中国家的决策者经常关注标准的以下几个方面，包括：缺乏关于标准的可靠信息；由于标准的严格、复杂及多面性，再加上本来能力弱小，造成了小规模生产者和欠发达国家的边缘化；缺乏协调和公正导致一种产品需要遵守多重标准而造成遵从成本；缺乏对VSS的透明治理及其一致性评价体系。

VSS的其他重要系统性挑战包括：担心VSS或许会破坏来之不易的WTO《技术性贸易壁垒协定》以及SPS协议的规则，因为这种“私人标准或许并不是基于科学或风险分析基础上的，而且他们的采用也可能既不民主也不透明”（Mbengue，2011）；为了获得既定商业利益而被作为反竞争手段的风险；众多的VSS也许会损害他们可持续目标的完整性，并给终端生产者和消费者产生混乱。此外，许多VSS试图只解决风险这一单一问题，这对整体策略来说是一个直接挑战。还有许多VSS是出口导向策略的一部分，这给出口国家如何反映国家优先领域及考虑合适的贸易强度带来了挑战①。

尽管人们对VSS附加价值的观点不同，对这些标准对贸易和小规模生产者的影响看法也不一样②，毫无疑问的是，VSS在全球市场上已成为一个现实。它们还引领着未来标准进一步发展的潮流，包括强制性要求。因此，发展中国家决策者必须获得充分的相关信息，使他们能就VSS交流经验，寻求帮助，从而制定出支持性国家政策。联合国可持续标准论坛（UNFSS）有助于实现这些目标，促进并加强发展中国家积极有效地参与有关VSS的国际对话。这将使发展中国家决策者了解VSS的战略意义和关键政策要求，还将帮助决策者制定相关战略，解决VSS的潜在不利影响，同时最大化VSS能提供的可持续发展利益。

① 更多信息，见UNFSS，2013。

② 更多更深入的关于VSS必要性的讨论，它们对小规模生产者参与国际贸易的潜在积极或消极影响，如何解决担忧的问题及UNFSS在此的潜在作用等，也请见Lunenborg和Hoffmann的文章（2012）。

建立 UNFSS 的原因在于转变人们的观点，不能将 VSS 本身视为终点或只是技术工具，而要将其视为一种可持续发展的方式，并将其融入宏观经济发展前景的大背景中（也即不只是市场准入与市场份额等）。UNFSS 是要将 VSS 作为一种战略政策问题（减轻经济、食品、气候和水危机），因此论坛集中于与 VSS 有关的公共利益和公共物品，以及政府在为公共政策目标制定 VSS 工作中所起的作用。此外，这些标准贯穿于产品整个生命周期及相关服务中。UNFSS 承认他们在南南贸易中的作用日益重要，适于作为国际供应链的一种新的元治理体系，基本上独立于 WTO 规则之外。

1　VSS 的收益与成本及政府的积极作用

应用 VSS 的收益会在不同层面出现：

- 企业：提高管理能力（农场或资源）；提高生产率和产品质量；降低成本或者获得溢价（有时候）；完善市场准入（和多样化）；与购买者和其他农民的长期关系。
- 部门：在农业中创造就业；解放边缘群体；改善加工与服务。
- 国家：积极的溢出效应，例如国内市场的质量和安全以及农业工人的职业健康或福利；增加出口收入；完善公共物品与服务，如水、空气和土壤质量，生物多样性等。
- 国际：经济的规模与创新；有助于缓解全球环境问题，如气候变化、生物多样性丧失、沙漠化等。

既然收益会在不同层面出现，即那些承担了成本的或许并不会获得许多收益，因此政府的任务就是使收益均衡。

在此背景下，UNFSS 发现发展中国家政府在 VSS 相关事务上可在五个方面起到积极作用（图 1）。

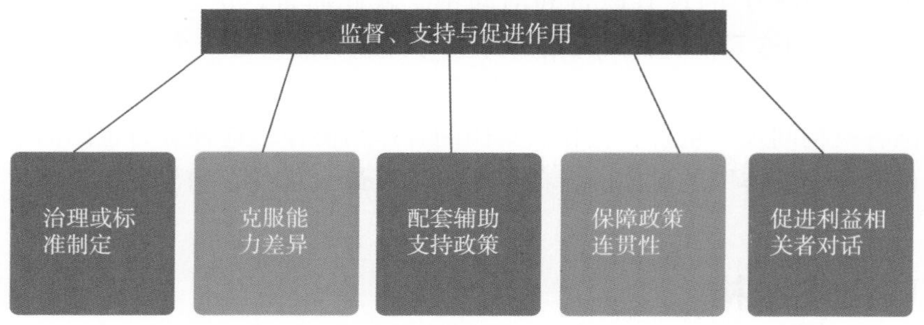

图 1　政府在自愿性可持续标准上的五大支柱功能

(1) 治理或标准制定：政府应保证标准制定过程的透明性、包容性和合法性，需确保 VSS 不会造成贸易限制，不会被用于反垄断工具以保证竞争。此外，要保证强制技术要求和 VSS 的一致性，并应推动各种 VSS 间的互通性。

(2) 克服能力差异：在基础设施建设，标准、计量、检测与质量体系及制度等方面，引导相应的资金捐助。

(3) 配套辅助或支持政策：增强意识，加强培训，金融支持，信息基础设施或者 VSS 的独立评估，对中小型企业进行支持等。

(4) 保障政策连贯性：涉及 VSS 的政府部门之间，公共和私人要求之间（如不正当刺激措施），还包括捐赠者。

(5) 促进利益相关者对话：促进并参与公私利益相关者就 VSS 的发展与实施进行对话。

2 UNFSS 附加价值

UNFSS 是一个公正可信的政策讨论论坛，它的架构就是为了促进发展中国家的"所有权"与积极参与，以确保 UNFSS 活动的需求驱动性。UNFSS 试图首先做一个对 VSS 积极型政府的政策讨论论坛，这样他们推广应用的好处就可以最大化，而成本和风险则最小化。它是唯一一个通过持续一致的积极方式解决 VSS 通用战略性问题的政府间（多方利益相关者）论坛。它力图发挥并利用 VSS 的潜力来达到可持续发展有关的公共政策目标。

联合国有促进可持续发展的职责与目标。它是一个中立可靠的政府、工商业界及公民社会代表的召集者。许多 VSS 都关注公共物品或服务，不仅是市场结构和市场准入，而且还与发展目标与战略有关。

UNFSS 并非新论坛，但其植根于 FAO、国际贸易中心（ITC）、联合国贸易和发展会议（UNCTAD）、联合国环境规划署（UNEP）和联合国工业发展组织（UNIDO）的现有职责和活动中。就此而言，论坛可充分利用作为 UNFSS 伙伴的这 5 个联合国机构的力量与特殊功能。这 5 个联合国机构都对 VSS 工作非常积极。他们的目标将是集中资源，协同努力，确保政策一致，联合国各机构间及与重要利益相关集团的合作与协作。这种努力也因而是"联合国作为一个整体"的具体的、务实的工作以最大化其影响与效率。

3 UNFSS 结构

UNFSS 对所有联合国成员开放，但尤其希望推动来自发展中国家的重要公共和私人决策者的参与。论坛每年召开会议，专题研讨会作为补充，有专门的工作组实施相关活动。UNFSS 由指导委员会来推进工作，该委员会由作为论坛伙伴的 5 个联合国机构组成。UNFSS 指导委员会积极致力于 VSS 工作，包括支持有关 VSS 的国家战略制定、标准制定、影响评估、协调平等、调整能力建设、获得支付得起的财政支持及贸易方面等。由合适的发展中国家代表组成的多方利益相关者建议专家组（每年举行两次会议）对 UNFSS 的程序进行指导。指导委员会、重要伙伴及相关项目组对关键问题进行分析。

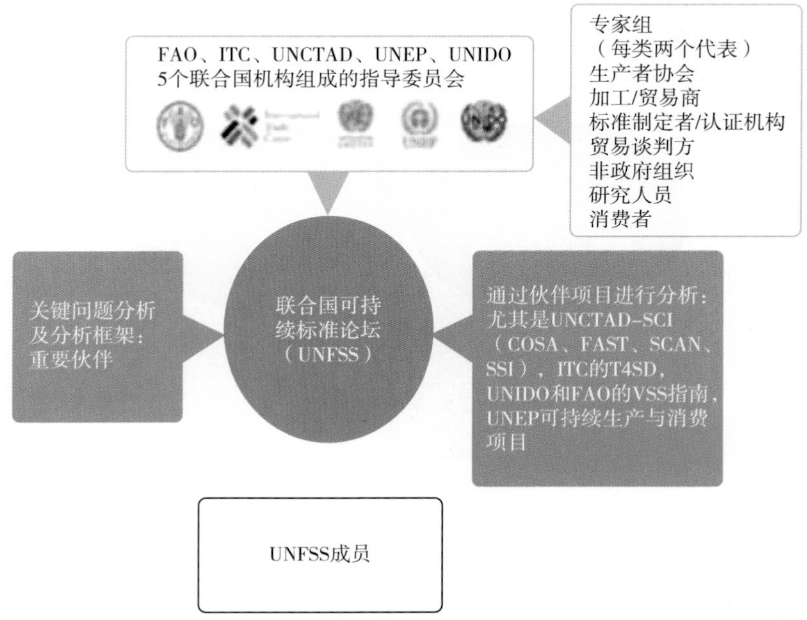

图 2　联合国可持续标准论坛结构

注：SCI＝可持续商品计划　COSA＝可持续评估委员会　FAST＝可持续贸易金融联盟　SCAN＝可持续商品援助网　SSI＝可持续行动状况　T4SD＝ITC 可持续发展贸易数据库

4　UNFSS 活动的分类

UNFSS 首先是一个政策论坛，因此它的三种主要活动类型中，政策对话是最主要的，这在研究分析以提供可靠独立 VSS 信息方面尤为重要。应发展中国家政府请求，论坛还帮助各国实施了积极的 VSS 战略和一些能力建设试点项目。

分析与实证工作包括：

（1）年度旗舰报告：于 2013 年 10 月出版的第一册是对有关 VSS 的优先主题的总体描述，对这一专题的复杂性提出问题并进行了概述；2014 年的报告将注重公共与私人标准间的关系以及政府在 VSS 实际应用中的作用。

（2）决策工具：正在为政策制定者开发一种将 VSS 纳入可持续发展战略中的决策工具，尤其是与 FAO 一起进行的决策。这会是一份动态文件，将用于在选定国家进行实地检验与验证，并进一步发展和改进以适应当地。

（3）系列讨论文章：这些文章关注 VSS 促进公共政策目标实现和公共产品的贡献（个人作者以个人名义撰写专题文章）。第一期 UNFSS 讨论文章于 2013 年 9 月刊出，探寻 VSS 领域元治理的早期经验。

（4）政策概要：UNFSS 时事通讯和交互网站正在准备和开发中，以促进发人深省的对话，更多信息，见 www.unfss.org。

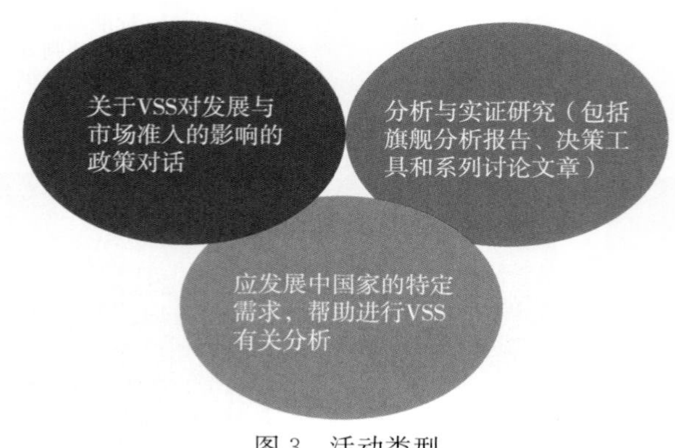

图 3　活动类型

5　UNFSS 的主要问题和活动领域

在多方咨询基础上确定了 UNFSS 的优先问题和活动。咨询过程包括在几个国家举办的国家和地区层面的发布会，在日内瓦举办的一系列简介会、双边会谈、UNFSS 咨询专家组建议、指导委员会相关工作以及 UNFSS 启动大会批准等。这些优先问题与活动如下：

（1）需进一步开发分析与信息工具（旗舰报告、决策工具、讨论文章）。

（2）关键商品或产品组：最初只关注农业食品标准，其他领域还可包括资源管理、能源或材料效率和产品碳足迹等。

（3）国家或地区 VSS 平台：在最近 UNFSS 举办的简介会后，有几个国家正在创建相关平台以促进国家或地区的公私 VSS 对话，并与 UNFSS 政策对话和分析活动相联，尤其关注如何利用 VSS 潜力满足特定国家或地区政策目标的需求。

与下列优先主题有关的 UNFSS 活动将由工作组进行：

（1）VSS影响评估：UNFSS自己不会进行影响评估，但会与现有影响评估项目建立联系，评估其可信度，并促进关于评估方法、结果和相关解释的对话与讨论，同时注意提供可信独立的VSS成本、收益和挑战信息。

（2）加强VSS间的通用性（包括协调与公正）：最初集中于有机农业、良好农业规范（GAP）和公平贸易（各类标准内部或他们之间），目标是简化程序，降低成本以及对生产者和消费者来说信息更透明（尤其要强调促进对小农的便利化管理和降低他们的成本）。

（3）支持新兴标准计划：响应利益相关者要求支持天然橡胶、天然纤维和可可计划，人们寻求UNFSS支持是因为政府在制订可持续计划并在支持其有效实施中起着关键作用。

更多信息，请联系网站unfss. org，现有电子邮箱（info@ unfss. org）或访问网站www. unfss. org/contact-us/。

参考文献

IISD/IIED. 2010. *The state of sustainability initiatives review 2010：sustainability and transparency*. Winnipeg，Canada，International Institute for Sustainable Development，and London，International Institute for Environment and Development（available at http：//www. iisd. org/pdf/2010/ssi _ sustainability _ review _ 2010. pdf）.

Lunenborg，P. & Hoffmann，U. 2012. Crossfire：Private standards are an unnecessary additional barrier to trade that exclude small-scale producers and processors in the developing world. *Food Chain*，2（1）（available at http：//practicalaction. metapress. com/content/v732454k6811w17q/ fulltext. pdf）.

Mbengue，M. 2011. Private standards and WTO law. Geneva，International Centre for Trade and Sustainable Development（ICTSD）. *Bridges Trade BioRes Review*，5（1）（available at http：//ictsd. org/i/news/bioresreview/103540/）.

UNFSS. 2013. *Voluntary sustainability standards：today's landscape of issues and initiatives to achieve public policy objectives*. UNFSS Flagship Report 2013. Geneva，October 2013（available at：www. unfss. org）.

过去经验总结及粮食与农业体系可持续发展评估国际标准的出现

Nadia El-Hage Scialabba
FAO 自然资源管理与环境部高级官员

1 摘要

粮食与农业体系可持续发展评估（SAFA）指南为粮食和农业全产业链的可持续管理、监测与报告提供了国际参考。SAFA 不是可持续性索引，不是可持续性标准，也不是标签工具。SAFA 是：①定义可持续粮食与农业体系是什么，包括环境完整性、经济恢复力、社会福利和良好治理；②制定可持续性所有方面的综合性分析框架，包括合适的指标以及可持续性分级（如最好、良好、适度、有限、不可接受等）；③解释可持续性主题、子主题及中心指标。SAFA 就是对农、林、渔或水产业价值链中的一个或多个实体的可持续性表现进行评估。它可以涵盖所有的实体，从最初的初级生产到最终的销售直到消费者。它可以是自我评估，初级生产者、食品加工商、零售商等世界的每个实体都可以做到。SAFA 评估的结果展示了 21 个问题中每一项的表现。这 21 个问题对可持续的环境、社会、经济和治理等方面都是非常重要的。这种“信号灯”代表了对某种活动可持续性的强调说明，即不可接受（红）、适度（橙）、有限（黄）、良好（浅绿）或最好（深绿）。用黑粗线连接得分与相关的可持续问题，找出较弱的领域。由于这些解释说明，一个实体可以很快地明白它在可持续图景上处于什么位置，需要在哪些方面做出努力以改善可持续的表现。

2 证明

100 多个国家已制定了可持续发展战略，并发布了相关的可持续报告，向可持续发展委员会提交的国家报告证明了这一点。过去十多年来，大学、公民社会以及国内国际组织制定了上百个可持续发展框架，范围涵盖了环境与社会标准到法人社会责任、良好规范准则等，他们有或没有标签，或应用于经营性单位（如农场）或应用于特定供给链（如鱼、咖啡、棉花、棕榈油等）。大部分自愿性可持续机制，不管是不是包含环境或社会部分，都具有如下几个方面：主要的环境标准；社会标准绝大部分与健康、安全和就业环境有关；经济标准则限于产品质量和最低工资要求或没有经济标准。

可持续工具的发展和各种要求给市场中的生产者、贸易商附加了一种责任并令消费者不满意。一种协调支持工具有助于将那些寻求实现可持续性的人们联系起来。

3 有机标准的经验

可持续发展有很多定义，其环境、经济和社会原则在 1992 年的地球高峰会议上得到了普遍的认可。尽管自然、人类与经济间相互依赖的理念已得到普遍认同，但运用综合方法将可持续性的所有方面作为一个整体来进行分析并将其纳入发展战略中仍然是一个巨大挑战。

组织系统性最强的一项可持续发展要求是有机农业：标准规定了生产、加工、标签等，市场准入也需要详细审查。关于其他要求如有益于生物多样性，碳中和或智能能源产品等，有关这些要求的保障机制尚未建立。无论有没有产品标签，自愿性标准不断发展壮大，日益成为世界经济中超国家层面的力量。

有机标准实施十多年来，提供了众多成功经验和失败教训。FAO 与联合国贸易和发展会议、国际有机农业运动联合会一起召集了公共和私人代表组成了有机农业国际协调任务特别小组。该工作组 2003—2008 年致力于创立国际性工具，并于 2009—2012 年通过全球有机市场准入项目实施。

2012 年，有 110 个国家制定了有机标准，包括 66 个全面落实的，19 个完成但尚未全面落实的，以及 25 个处于标准起草过程中的国家。此外，还有认证实体的 121 个私人有机标准。全球有 549 家有机认证实体，最初只在 85 个国家，而后来有机认证活动几乎遍布世界各国（UNCTAD，FAO 和 IFOAM，2012a）。十多年来，随着标准与核查体系的发展，有机贸易的情况也发生了巨大变化，包括南北贸易、东西贸易都有变化。在这种全球性混乱状态下，需要完善各国有机农产品在世界市场的准入机制。要减少管理和金融成本，给生产者、经营者和消费者提供更多市场机会。

经过十年努力，国际工作组开发了一些国际性工具。有机标准对等性评估与技术规范指南（EquiTool）用来判定有机生产和加工过程中有机标准的对等性（UNCTAD，FAO 和 IFOAM，2012b）。它包含了用于评估的程序，用于决定不同标准间的不同之处是否合理的条件，以及判定常用有机目标的附录。2011 年，对规定为有机经营的十项有机目标（如土壤肥料、动物福利等）进行了扩展，成为功能完整的工具：通用有机监管目标（COROS）（UNCTAD，FAO 和 IFOAM，2012c）。COROS 现用于以下几方面：亚洲有机标准（AROS）的发展；对现有有机标准的认可；有机标准与规则的双边和多边比较（如印度尼西亚与菲律宾，东非与欧盟）；及未来双边对等性的自我评估（如加拿大与印度的未来谈判）。

COROS 提供了独一无二的借鉴（和先例）来将标准应用于全球通用目标，这些目标可通过多个途径达成，因此得以保护多样性和主权。

4 自愿性可持续标准

全球贸易和国家间公共物品（如气候、生物多样性、食品安全、金融稳定）的外部性治理促进了跨国私人规则的制定。而规则具有沿产业链的溢出效应，因此发展最快的现象是利用供应链作为监管工具（如减少温室气体排放）。

在有机供给链中，扩散性与片面性导致了规章机制的重叠，对最终受益者或管理者自己并没有真正的外部收益。因为许多私人制度的特点就是片面性，他们的合作就不能没有通用规则的支持，尤其是涉及多方、多个机制的合作时。要实现有效的可持续发展，需要减少这种片面性，预防矛盾的产生，降低不确定性并加强能力建设。

5 粮食与农业体系可持续发展评估（SAFA）

SAFA 的主要目标包括：

（1）在通用目标（主题）基础上建立国际参考，供多用途使用，并允许以不同的方式实现相同的目标；

（2）通过对可持续性所有重要方面，包括环境、社会、经济和治理等的表现进行评估加强可持续报告；

（3）提供一个公平的竞争环境，使其适用于农、林、牧、渔各业经营的所有环境和规模；

（4）允许自我评估，而不需第三方。

因此，SAFA 寻求的是协调、公正、完整、包容和可用性。特别要强调的是 SAFA 不是附录、标准或标签工具，其主要用途就是供给链的影响评估。

表 1　SAFA 可持续性维度、主题与子主题

主　题	子主题
G 维：良好治理	
G1 企业伦理	宗旨；尽职调查
G2 责任	整体审计；责任；透明
G3 参与	利益相关者对话；申诉程序；争端解决
G4 法律制度	合法性；补救、恢复和预防；公民责任；资源占用
G5 整体管理	可持续管理计划；全成本核算
E 维：环境保全	
E1 空气	温室气体；空气质量
E2 水	用水；水质
E3 土地	土壤质量；土地退化
E4 生物多样性	生态系统多样性；物种多样性；基因多样性
E5 材料与能源	材料使用，能源使用，废弃物减少与处理
E6 动物福利	健康与免除压力的自由
C 维：经济恢复力	
C1 投资	对内投资；社区投资；长期投资；收益性
C2 脆弱性	供给稳定性；市场稳定性；流动性；风险管理；生产稳定性
C3 产品质量与信息	食品安全；食品质量；产品信息
C4 地方经济	价值创造；就地采购
S 维：社会福利	
S1 体面生活	生存质量权利；能力建设；公平获得土地与生产资料的权利
S2 公平交易规范	负责任的购买者
S3 劳动权利	雇佣关系；强迫劳动；童工；雇员组织工会的自由与谈判的权利
S4 公平	无歧视；性别平等；脆弱人口支持
S5 人类健康与安全	职工工作场所安全与健康条款；公共卫生
S6 文化发展	本土知识；食物主权

6　SAFA 框架

SAFA 是作为国际参考文件制定的，它是定义可持续要素的基准，是对可持续性各方面的平衡与协同效应进行评估的框架。有几个层面的 SAFA 互相嵌套以增强其连贯一致性。

SAFA 框架从最高水平开始，可持续的总体维度包括：良好治理，环境保全，经济恢复力和社会福利（图 1）。人们认为这几个维度较宽泛，包含了许多方面。这被纳入大家广泛认可的可持续发展定义中，每个可持续的重要方面都有主题和子主题。他们都是可以通过适用于粮食与农业供给链的一系列指标来进行测量和验证的。SAFA 指南为如何应用这些指标提供了指导。

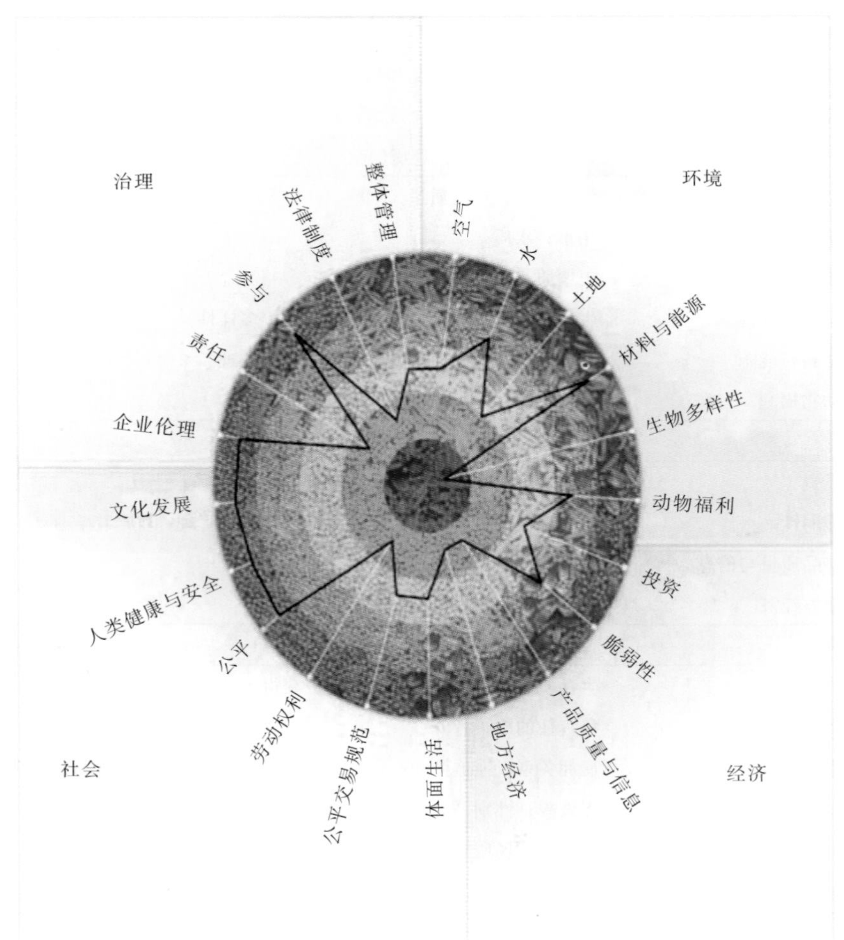

图 1　公司的 SAFA 分类得分示例

SAFA 有一组 21 个核心可持续问题或通用主题。他们可以在任何层面上进行解释，包括国家、供给链或经营单位，因此，它提供了一种实际情况下对可持续含义的一般理解。这些主题因而被视为是通用的。在主题层面上，决策者和国家政府可以向着整体范围可持续的标准和协调努力，不用确定特定路径。SAFA 框架与主题容许综合方法的设计与促进。

21 个可持续主题中每一个都细化为子主题或 SAFA 主题下的单个问题。有 56 个子主题与供给链参与者进行情景分析有关，这明确了风险或热点领域及已有可持续努力仍存在的差距。其他可持续测度方案、标准和基准计划可明确未被该系统覆盖的那些问题和差距，并在子主题层面上确定统一校准工具。

SAFA 已对每个子主题都设定了核心指标来确定该子主题可持续发展情况的度量标准。核心指标适用于宏观水平，即所有规模与类型的企业，及所有情况下都可用。核心指标的目的是提供标准化度量来引导未来的可持续发展评估。需有一套核心指标用于总体情况的报告，这样 SAFA 使用者自己并不必具有制定指标的知识，也不用冒着降低评估水平的风险。核心指标提供了从最好表现（绿）到不可接受（红）的分级标准。评估人员确定自定义指标，并根据情况来决定其表现处于绿与红之间的位置。

7　SAFA 的发展过程

SAFA 发展始于 2009 年，是由 FAO 自然资源管理与环境部、国际社会与环境鉴定标签联盟（ISEAL）联合进行的。ISEAL 是全球可持续标准成员联合会，其任务就是增强可持续标准体系，使之有益于人类和环境发展。它向所有多方利益相关者的可持续标准与认证机构开放，只要他们展示他们有能力满足 ISEAL 良好规范准则及相关要求，并愿意不断学习完善。这种 FAO 与 ISEAL 的合作在一次专家咨询会上建立了第一个 SAFA 框架后终止。

此后，FAO 继续根据流行需求促进 SAFA 的发展。2011—2012 年，与瑞士农业大学合作推动了对利益相关者的定向调查，包括食品农业领域的专家、公共管理部门、非政府组织、多方参与的圆桌会议以及多边机构，目的是为了在现行努力基础上对 SAFA 的目标和内容进行导向。根据收到的各种反馈意见，包括定向问卷调查、国际会议报告、产业和科学代表会议、对可持续标准的广泛筛选和交叉比较、指标体系、措施和规则以及科学文献调查等，SAFA 得到了进一步完善。

2011 年和 2012 年召开的专家咨询会对 SAFA 的不同迭代进行了讨论，此外还进行了两轮公众评论，来自 77 个国家的 410 人参与了电子论坛。第一版 SAFA 指南在 2012 年 6 月联合国可持续发展大会（里约+20）上产生。

该测试版指南提交给了 FAO 部门间工作组，并授权其对指南终稿提供技术支撑。在这个阶段，SAFA 与 9 个可持续标准进行了基准对比，在所有各大洲的 30 个场景进行了初步试验，包括：

（1）拥有多样化供应网的零售公司；

（2）拥有国际化供应网的大型食品公司；

（3）发达、新兴和发展中国家的中等规模加工公司；

（4）经营农业食品生产、非食品生产、渔业（包括养殖和捕捞）、林业（包括种植和原生森林）及野生品收获的小规模生产企业；

（5）与有机和转基因生物（GMO）体系进行对照的同种商品的食品链。

由从业者和合作伙伴参加的SAFA研讨会于2013年3月召开，对2013年公布的SAFA指南草案进行了指导（FAO，2013）。目前，该指南正由参加实验的从业者以及过去五年来参加了SAFA制定工作的专家包括机构代表等（220位）进行同行评议，他们来自以下组织：

（1）多方组织，如可持续发展联盟（48个成员）、农业可持续发展倡议平台（40个成员）、国际社会与环境鉴定标签联盟（14个成员）等；

（2）有公共成员的私人组织，包括地球人（有荷兰政府），阿格罗斯（Agros）（有新西兰政府）和可持续性标准透明倡议（有德国政府）；

（3）公民社会组织，如全球社会责任规则方案可持续评估委员会、国际有机农业运动联合会、海洋管理委员会、森林管理委员会、可持续贸易融资联盟、环球足迹网络国际农村发展基金、全球ID集团、公平贸易国际、雨林联盟、全球良好农业规范、更优棉花倡议等；

（4）私人公司，如百味来（Barilla）、麦德龙集团（METRO Group）、利维集团（Rewe Group）、宾堡集团（Grupo Bimbo）、米格罗（Migros）、联合利华（Unilever）、棉花公司（Cotton Inc）等；

（5）联合国的伙伴，如UNCTAD、ITC和UNEP。

8 未来展望

经测试、同行评议的SAFA指南终稿2013年秋季完成，并于2013年10月世界粮食日当天呈给FAO成员。

一旦建立，SAFA指南将要求一套治理结构可带领其前进。2013年3月，UNCTAD与FAO、ITC、UNEP和UNIDO合作启动了UNFSS。UNFSS由来自各种国际可持续平台的25名专家组成的指导委员会负责，并将SAFA视为唯一的影响评估的工具。

因此，计划将SAFA置于UNFSS之下，而FAO主持SAFA秘书处，并以现有人力和金融资源提供如下支持：

（1）通过提供信息技术工具促进指南实施（2013年结束）；

（2）部门专业化指标，或者需进一步实验（2013—2014年）；

（3）与从业者和合作伙伴加强交流与合作，以继续调整和更新SAFA指南、附录和工具。

考虑到 FAO 是最大的粮食和农业信息库，目前，已要求 SAFA 秘书处开发 SAFA 指标基准数据库。这件事只有当预算外资源可获得时才能考虑。

参考文献

FAO. 2013. *Sustainability Assessment of Food and Agriculture systems*（*SAFA*）. Draft Guidelines. Version 2.0. Natural Resources Management and Environment Department（available at http：//www.fao.org/fileadmin/templates/nr/sustainability_pathways/docs/SAFA_Guidelines_final_draft.pdf）.

UNCTAD，FAO & IFOAM. 2012a. *Proceedings of the Global Organic Market Access Conference. Let the Food Products Flow*！*Global Organic Market Access in* 2012 *and Beyond*. 13－14 February 2012. Nuremberg Messe，Germany（available at http：//www.goma-organic.org/wp-content/uploads/2012/10/Book_Conference-Proceedings_web.pdf）.

UNCTAD，FAO & IFOAM. 2012b. *Organic equivalence tools*：*international requirements for organic certification bodies*（*IROCB*）*and guide for assessing equivalence of organic standards and technical regulations*（*EquiTool*）. Version 2. Global Organic Market Access（GOMA）project（available at http：//www.goma-organic.org/wp-content/uploads/2012/10/Tools_Book_web.pdf）.

UNCTAD，FAO & IFOAM. 2012c. *Asia Regional Organic Standard*（*AROS*）. Global Organic Market Access（GOMA）project（available at http：//www.goma-organic.org/wp-content/uploads/2012/10/GOMA_AROS_web.pdf）.

可持续食品体系的通用标准：畜牧业的问题与目前发展状况
——关于畜牧环境评估及合作

Pierre Gerber　Félix Teillard　Alison Watson
FAO 动物生产及卫生部

1　摘要

可持续标准依靠其指标来对可持续发展进行评估。本文综述了现有的支撑自愿性可持续标准的一些关键指标，并对其未来可能的发展进行了评述。

2　背景

随着人们日益关注食品及其他农产品的生产过程，畜牧部门在不断满足对畜产品日益增长的需求的同时，所面临的评估、完善以及交流其环境状况方面的压力尤重。

生产所必需的自然资源是有限的，因此全球畜牧业的持续扩张需要从根本上提高效率。这种提高效率的需要已成为大家的共识，包括生产者、公民社会和政府，并已采取相关行动以有效提高自然资源利用率。

采取不同方式方法进行的各种不同规模的一系列行动正逐步更好地考虑畜牧食品链的环境状况。现行畜牧部门的环境基准方法发生了实质性变化，他们通常是一次性评估。这种变化及缺乏公认的方法阻碍了进一步完善的可能，并给解决环境和可持续问题带来了挑战。在评估和确保生产过程遵守规定方面，监测是一个关键要素。

3　需解决的问题

总体来说，评估食品生产的环境状况并不简单。现行畜牧部门的环境基准方法发生了实质性变化。这种变化及缺乏公认方法阻碍了进一步完善的可能，并给解决环境和可持续问题带来了挑战（插文 1）。这种情况下，急需广泛认可的合适方法来对环境问题进行监测。此外，所选的参数必须进行持续的评估以备进行知情决策，并提供完善整个价值链功能的动力。

插文 1　关于农业领域生物多样性的自愿性标准

标准图列出了 28 个适用于农产品并涵盖了生物多样性主题的自愿性标准：

- 4 个公共自愿性标准：中国良好农业规范（GAP）、中国有机产品认证计划、有机食品发展中心（OFDC）有机认证标准、美国有机计划；
- 24 个私人自愿性标准：4C 协会、南非 AFRISCO 认证、更优棉花倡议（BCI）、瑞士有机认证、欧盟 Bonsucro 认证、非洲产棉、茶商道德联盟（ETP）、美国公平贸易组织、国际公平贸易、野生公平基金会标准、绿色花卉、国际有机农业运动联盟标准、德国 Naturland 认证、（美）全国技术协会 8080—生物质能源可持续标准、普罗泰拉（Proterra）基金、雨林联盟-可持续农业网络、国际负责任大豆圆桌协会、可持续生物燃料圆桌会议、可持续棕榈油圆桌倡议组织（原则和标准）、小生产者标志、土壤协会有机标准、可持续农业倡议论坛、优质咖啡认证、核证碳标准等。

作者在以下各项基础上对标准进行了评估和比较：外部评论；细节水平；科技文献引用；基本数量指标；生物多样性管理测度；实际生物多样性测度。结果在科学准确性及使用者接受度上显示出巨大差异。

FAO 已经开始提供这种数量信息，尤其是进行了对畜牧生产所排放温室气体的生命周期分析。研究表明，畜牧部门、政府、学术界和非政府组织（NGOs）已经开展了大量有价值的工作。然而，事实也表明许多研究未经协调，导致方法使用的不一致及重复劳动。这成为设计并实施大规模、低成本的效率优先战略的主要限制因素。有鉴于此，FAO 与其他利益相关者决定建立一个正式的合作机制，以在畜牧产业供给链基准与环境监测等方面加强一致性，提高成本效益及与工作的相关性。

要对环境进行一般状况的测度以供从生产者到使用者的供给链决策使用，同时也要告知制定部门战略的决策者和多个利益相关方。为了更有效和有用，一般状况测度不仅要科学准确而且要得到使用者的接受。

4 畜牧环境评估及合作

鉴于面临众多挑战，FAO 动物生产及卫生部官员与来自农业和食品产业的代表们于 2010 年 10 月召开了有关会议。会议的成果之一就是决定探求促进多方利益相关者在畜牧食品链基准和监测等方面合作的可能性。FAO 在此方面展开了行动并不断促进其发展，涉及私人部门代表、政府代表、非政府组织和学术界等。

合作的重点是发展广泛认可的部门专业化指南（测度与方法）以监测畜牧业的环境影响，这将使人们更好地理解并管理影响部门行为的关键因素。

合作初期阶段为期 3 年（2013—2015）。在此期间，合作将承担一项行动计划，以促进前述目标的实现。工作计划重点关注畜牧部门主要商品、体系和过程。这些行动包括涉及合作成员共同利益的活动，也包括成本收益最高方法的联合实施。所有活动分为四大部分，分五阶段实施（图 1）。

2012—2015

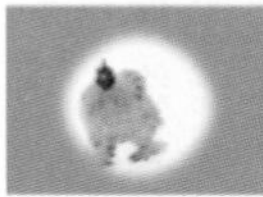	第一阶段 一般原则和主要方法	第二阶段 制定温室气体/环境评估指南	第三阶段 制定温室气体/环境评估指南	第四阶段 方法完善与广泛的环境影响	第五阶段 综述与评估
·项目计划 ·LEAP 启动 (2012 年 7 月)	·一般原则与要素 ·交流沟通方法	·小型反刍动物(山羊和绵羊)标签 ·饲料标签 ·禽类标签 ·饲料数据库开发 ·生物多样性方法学评述	·大型反刍动物(牛等)标签 ·猪标签 ·饲料数据库和平台现场试验 ·生物多样性标签 ·水资源方法学评述	·养分利用效率项目 ·水资源标签 ·案例分析与回顾 ·数据和方法的完善	·发布环境评估指南 ·完成饲料数据库开发和平台建设 ·评估和下一步工作

图 1 LEAP 合作实施阶段

4.1 第一部分：畜牧食品链温室气体排放生命周期评估的部门专业化指南和方法

利益相关方对畜牧部门利用生命周期分析来提高对部门温室气体排放的理解日益增强。人们正考虑进行国家或跨国家的相关研究。尽管人们对此表示欢迎，也代表了一种知识价值取向，然而在不同方法和假设条件基础上所做的众多研究表明，展示出每个部门表现的混乱与不一致情况是有风险的。需要将所有这些进行整合以形成协调一致的方法来评估畜牧生产有关的排放。

活动的重点是确定对畜牧供给链温室气体排放进行生命周期评估的方法和

专业化指南。方法和指南都是与该部门的重要利益相关方合作完成的，力图与已有标准一致，并以此为基础制定相关指南。

4.2 第二部分：饲料作物有关温室气体排放全球数据库

任何畜牧食品链生命周期分析的计算都需要饲料作物产生的排放数据。然而，还没有供从业者使用的全球性数据库，现有的数据一般也限于有关地理范围，而且一般也不反映与土地利用及其变化引起的碳储存的变化。

本部分重点是主要饲料作物温室气体生命周期清单全球数据库的发展。评估范围包括每种饲料原料有关的生命周期的排放，尤其是注重完善方法，对与土地利用及其变化有关的碳储存变化进行量化。

4.3 第三部分：对畜牧业的广泛环境影响进行评估的指标与方法的发展

畜牧生产非常复杂，并以各种不同的方式影响环境，如资源耗费，生态系统改变，对空气、土地和水的排放等。这些影响有许多并未反映在温室气体排放强度中。因此，温室气体排放的测度也是片面的，若不能在畜牧与环境更广泛的背景上来理解的话，它可能导致政策误导。

本次行动的目的就是制定有关指标和方法，以使其能应用于测量全球畜牧业的广泛表现。重点领域包括对营养循环和生物多样性，以及水资源的影响。

4.4 第四部分：传播策略的发展

完整的合作所必须包含的一部分就是制定传播与宣传策略，以使其努力纳入畜牧食品链的基准与监测过程中。经验表明，当所有方面都参与并共享相关协作过程时，畜牧业概况可得到有效改善，这已经得到人们的高度认可并进行了详尽的讨论。

总体目标是制定并实施传播策略，重点是提供改善方案，要通报实施中的问题，保障项目的最大透明度。该策略在兼顾所有利益相关方的情况下，用来完善合作伙伴工作计划框架，并确保相关信息清晰连贯。

参考文献

LEAP. 2013. *Livestock Environmental Assessment and Performance* (*LEAP*) *Partnership*, (available at http://www.fao.org/partnerships/leap/en/).

Standards Map. 2013. *Standards Map*: *Comparative Analysis and Review of Voluntary Standards*, International Trade Centre, (available at http://www.standardsmap.org/).

自愿性标准实地项目经验：结果综述

Allison Loconto　Pilar Santacoloma
合作者：Carmen Bullon、Cora Dankers、Anne-Sophie Poisot、Nadia Scialabba 和 Emilie Vandecandelaere
FAO，罗马

1　摘要

本文通过各部门的收集工作对 FAO 自愿性标准的实际经验进行综合。同事们都积极主动地提供他们最近的实地项目信息，以得出关于自愿性标准项目设计、实施和评估的重要经验总结。通过这种收集的过程，明确了向小规模生产者、加工商和决策者提供支持的主要良好行为规范。

第一部分，对已选的研究案例及所报告的项目进行了概述。第二部分，按照项目周期，即设计、实施和评估几个阶段整理总结了经验教训。最后，文章进行了总结，讨论了自愿性标准要做的一些取舍，并对未来发展提出了有关建议。

2　项目情况概述

本文中的项目时间是 2004—2013 年，包括 17 个项目和 8 个案例研究，覆盖 36 个国家。这些国家有：阿根廷、贝宁、玻利维亚、巴西、布基纳法索、喀麦隆、智利、哥斯达黎加、克罗地亚、厄瓜多尔、加纳、危地马拉、几内亚、马里、摩洛哥、毛里塔尼亚、尼日尔、12 个太平洋共同体的岛国和地区、秘鲁、塞内加尔、塞拉利昂、叙利亚阿拉伯共和国与突尼斯。太平洋区域的项目数最多，其中一系列项目都集中于 12 个太平洋岛国，其次是撒哈拉以南非洲，这里是两个多国项目的重点（图 1）。

FAO 实施的项目提高了小规模农户、加工商、生产者组织和公共实体在处理以下自愿性标准方面的能力：公平贸易、有机、良好农业规范（GAP）和地理标志（GI）。8 个案例研究中有 6 个的项目重点是自愿性标准。尤其要提到的是注重自愿性标准的项目也必须同时支持产业发展、生产技术、保险体系及其他服务，从而使自愿性标准成为可信有效的市场工具。FAO 只是支持了那些包含其他活动的项目。

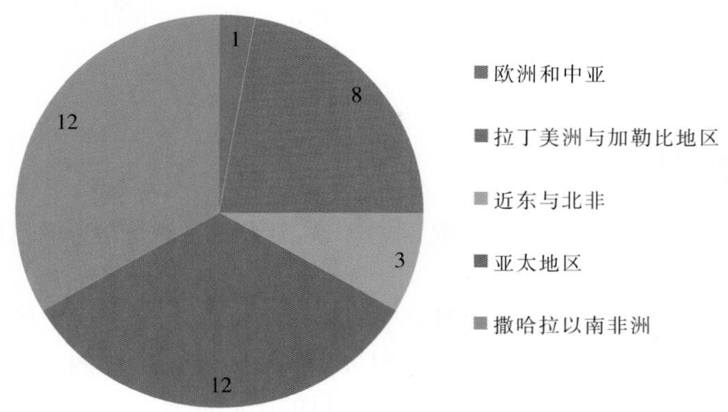

图 1　项目的地理分布

项目投资额从 2 000 美元到 400 万美元不等，大部分平均为 50 万美元，这根据项目阶段（实验阶段或后期阶段）和时间长短不同而定。大部分项目为期三年，这正是 FAO 项目的标准。然而，实验阶段要较短，而多阶段项目则实施时间要长。通常情况下，项目通过技术合作计划进行支持，而其他来自成员的双边支持（如德国、意大利、挪威、西班牙、瑞典），或欧盟、其他多边捐赠者［欧洲复兴开发银行（EBRD）和国际农业发展基金会（IFAD）］。FAO 项目资金经常也会用于对某个项目提供支持。

大部分项目的主要目标是通过政策支持或培训来提高组织机构实施自愿性标准的能力。许多项目尤其注重公共部门、农民或加工商组织的能力建设，以提高他们的收入。因此，项目行动的主要类型就是价值链内的能力发展，政策导向和意识增强。例如，在摩洛哥和突尼斯，对生产者组织提供了支持以帮助他们的地理标志注册。在叙利亚阿拉伯共和国，对科学家、农民和农民组织、政府官员和消费者进行了有机农业所有方面内容的培训。在布基纳法索、喀麦隆、加纳、塞内加尔和塞拉利昂，对农民组织和出口商进行了内部控制系统和市场联系相关内容的培训。在阿根廷、巴西、玻利维亚、智利、哥斯达黎加、厄瓜多尔和秘鲁，FAO 提供了相应支持，对法律法规和引导文件以及标准的设立与实施进行了详尽阐述。信息传播与增强意识通常也是项目活动的一部分。这主要包括文档分发、收音机信息、大会以及研讨会。

所有项目（100%）都是由多方利益相关者在当地实施的，有几个是通过正式的公私合作进行的。这意味着 FAO 与部门官员共同工作，他们或是 FAO 干预的受益人，或作为共同出资人或项目协调人。私人部门在 FAO 与生产者、生产者组织、出口商共同工作时的作用也大致相同。认证人员在项目中也是受益人或共同出资人。民间社会以农村和青年发展非政府组织的形式进行了协作，他们帮助实施或提供了一些支持服务，还有与标准有关的国际非政府组织也提供了帮助，如 IFOAM。

3 经验教训

本部分沿着项目周期分析了取得的经验，因此评论也分为项目的设计、实施和评估三个阶段。

（1）应用整体性方法的重要性：就项目设计来说，显然一个整体全面的方法（包括生产、组织、营销、认证、财务和制度）是很重要的。比如，太平洋岛国项目结果表明，尽管自愿性标准是项目的中心内容，也必须发展相应的治理与认证体系，以使有机标准在出口市场上可信有效（插文 1）。也就是说，没有支持标准保障体系的同步发展，标准本身不能服务于其目的。这在玻利维亚项目中得到呼应验证。在项目开始时需要基础设施的计划与投资，整个项目期间都需要进行能力发展活动，这些对达成项目目标都是最基本的。叙利亚项目中得到的一个重要经验就是项目设计应注重国家有关标签、营销和农产品贸易的法律法规（插文 2）。

插文 1 太平洋岛国：需要持续支持

7 年来（2006—2012 年），FAO 实施的项目解决了太平洋有机标准（POS）不同方面的问题：①参与有机标准制定（适应太平洋岛屿发展中国家气候变化）；②构建机构能力的利益相关者会议（如公-私）；③小农组织认证培训（如内部控制系统）；④补充自愿性标准的可行性探索（如公平贸易）；⑤发展参与式保障体系（促进本地市场发展）；⑥将太平洋有机标准与欧盟和澳大利亚的规则进行校准（促进国际市场准入）；⑦太平洋有机保障体系建立及其治理。

FAO 发现持续增加的支持促进了太平洋有机与道德贸易组织（POET Com）加入太平洋共同体秘书处（SPC）。

插文 2 阿拉伯叙利亚共和国：注重法律框架

FAO 给叙利亚政府提供了有机标准法律方面的技术援助。叙利亚建立了法律制度框架，并创立了包括组织认证在内的认证体系。然而，叙利亚农民组织法不允许建立全国性组织，这阻碍了全国性有机运动的建立，而它可以为生产者和消费者提供有关支持。

FAO 还发现，法律与技术协作在有些国家非常重要，因为法律初步草案如果同时有条例规程草案的话，就只能提交给国会。这就需要为这种项目干预提供支持，这有助于建立全国自愿性标准支持服务体系。

（2）应确保市场定位：项目实施的经验表明，持续注重市场的支持非常重要。首先，项目时间表直接与项目人员达成目标的能力有关。在地理标志项目（阿根廷、巴西、智利、哥斯达黎加、克罗地亚、厄瓜多尔、摩洛哥和突尼斯）和玻利维亚的有机项目中，人们发现识别阶段对传递项目成果是一个关键期。识别阶段中，根据市场机会及其特定要求所选择支持的产品［如本国的、传统（典型）的、高价值园艺］对确保项目成功非常重要。人们在所有项目中都发现，认证不能当作项目支持的出发点，而是作为需进行特别认证产品的贸易关系识别与发展的结果。这意味着通常都需要一个实验或多阶段项目在不同方面及时提供不同类型的支持。实际上，太平洋岛国的项目持续了 5 个阶段。人们发现一次性支持不足以有效地使当地能力得到建设，以制定并维护支持他们的自愿性标准和认证体系。因此，持续的支持在保障项目受益人能长期从事自愿性标准工作方面更有效。

（3）多方利益相关者的合作对减少实施挑战很关键：项目实施中发现的第二点与需要确保当地利益相关者早期阶段的加入与合作有关。所有项目都报告了在与多方利益相关者（如农民、生产者组织、出口商、科学家、非政府组织）及一个公共合作伙伴的多个部门合作时所面临的挑战。这个过程中得到的经验表明，在项目开始之初清楚地界定角色与责任有助于减少管理挑战（插文 3）。地理标志项目中发现，非常有必要通过书面协议确保不同部门间的一定合作方式以提高项目效率。叙利亚和玻利维亚项目表明需要政府的强有力的保证与合作，尤其在法律技术协作领域。西非关于有机和公平贸易认证的项目也表明，类似的私人部门的合作也相当重要，因为需要这些组织参与到项目中以达成项目目标。

插文 3　克罗地亚：利益相关者间的合作是成功的关键

国家级标准的建立需要众多公共和私人伙伴的参与。FAO 发现，确保利益相关者从项目一开始就参与进来是项目成功最基本的条件。

利益相关者的参与通过项目计划中的书面协议实现。这有助于明确个人在标准建立与实施中不同方面的责任。在克罗地亚，FAO 发现农业部与知识产权办公室的合作对地理标志的顺利注册尤其重要。

研究者发现，价值链参与者间的合作在提高人们对标准的理解与遵守方面非常重要。特别是，领导型企业有责任促进其他价值链参与者对标准的理解，这会给他们都带来好处。克罗地亚的经验被广泛地推广应用到自愿性标准的所有项目上。

（4）对自愿性标准成本与收益的理解：项目实施中日益清楚的一点是需要仔细估计并向生产者和决策者提供采用标准的经济意义信息。要确保项目行动的可行性就有必要进行自愿性标准的成本收益分析，但这对项目参与者来说常常并不清楚。在危地马拉项目中，对生产者组织进行了商务计划培训，以帮助他们理解采用自愿性标准规定的技术会带来的投资需求和收入机会。生产和商务计划与会计系统技能得到了加强。生产者组织可申请项目外捐赠者的财政支持。同样的，在塞内加尔和尼日尔河流域项目中，对安全和良好农业规范的引入需要人们理解投资需求和利润机会以完善他们的生产体系。

（5）建立未来评估基准的需要：项目评估的经验在自愿性标准之外有更广泛的应用。在项目开始时就确立一个基准的重要性怎么强调都不为过，它可以用于项目结束时的影响评估。目前，这种做法在自愿性标准项目中并未得到一贯坚持。在危地马拉项目中，人们努力设计了好的基准，并进行了成本收益分析，这使项目最后可以做出丰富的评价。应鼓励这种做法，尤其是加强关注由于引入自愿性标准产生的成本上升。

玻利维亚项目的结果启发人们更好地连接项目设计、实施与评估三个方面，就是促进参与性监测。参与性监测可以通过建立当地委员会来实施。委员会由公共和私人参与者组成，负责项目行动的决策、监测和报告等。

4　自愿性标准要求的权衡取舍

项目实现目标的机会与制约因素分析结果显示，需要考虑众多重要的取舍权衡关系。

本地与出口市场：一个错误的困境？自愿性标准确实导致了大量的时间和资源成本。这不只与认证费用有关，更与需要建设支持自愿性标准的基础设施和制度有关。在那些更直接注重对中小型生产者和企业的能力建设和技术支持的项目中发现，本地市场和基础设施的发展可为认证出口市场的规模扩大提供条件。FAO项目通常都提供支持自愿性标准保障体系发展的技术援助。保障体系需要公共财政支持，因为认证成本给小规模生产者带来了负担。然而，长期看来，这些体系的建立是有助于降低这些成本的。此外，太平洋岛国、西非的有机和公平贸易项目及拉丁美洲的项目报告称，只有本地市场得到较好发展，认证产品的可持续出口才能繁荣，尤其是市场认识到需要不断提高产品质量与安全时。玻利维亚项目说明了当地有保证产品的政府采购在当地市场的发展中起到了多么重要的作用。此外，参与式保障体系在促进本地市场和制度建设中影响巨大，因为它依赖于当地生产者和消费者的协作（插文4）。

插文4　玻利维亚：参与式保障体系是否值得

在玻利维亚的有机项目中，FAO提供了市场联系和认证规范发展支持。该案例说明了一些与参与式认证保障体系有关的挑战和机会：

挑战：

- 需要大量自愿性工作；
- 较高的非直接成本来支持服务，如推广与市场营销。

机会：

- 文件较少，官僚主义较轻；
- 对农民的直接成本较低；
- 供给消费网络高度透明；
- 适合小生产者和企业；
- 促进当地发展。

小农户从改良农作实践中获得较高收入但却难以遵守自愿性标准：前述所建议的自愿性标准采用中需有所取舍的问题尚需解决。西非项目清楚地显示自愿性标准实施所带来的好处（插文5），在最贫穷的受益人那里表现最明显，因为他们的生产实践得到了大幅改善。然而，事实也证明，最贫穷的生产者或出口商通常并未纳入自愿性标准行动中，因为这种市场的特色就是选择能持续地供应满足高质量标准要求产品的较好生产者。此外，最贫穷的生产者通常未做好应对认证出口市场对质量和制度要求的准备。

插文 5　塞内加尔和尼日尔河流域：生产、虫害和污染综合治理

本项目的目的是通过监测有毒杀虫剂和对农民进行综合性害虫治理培训来提高生产率，改善农业社区的卫生和环境状况。它帮助农民进入由于质量和安全性提高而更有利可图的市场。

与其他自愿性标准一样，实施改良的操作实践需要成本。包括：

- 用干净的水来冲洗蔬菜；
- 低残留农药或许更贵，但农民可制造植物性杀虫剂；
- 设备材料（如卫生设备、收获设备等）；
- 处理和包装设备；
- 价值链中其他维持安全和质量所需要的。

推广的标准也许并不是市场最需要的。这种权衡取舍还与对这些项目进行分析引出的另一个问题有关：通过项目推广的自愿性标准是否就是项目受益人所需要的标准。项目所遇到的一些挑战也许源自不适合受益人情况（农业生态、地理、市场、社会等）的某个标准应用。许多项目在实施和评估期间知道了这一点。重要的经验之一就是需要在项目之初就进行适当的市场分析和做出有关自愿性标准的明智决策。因此，建议采用战略方法来帮助生产者衡量参与认证市场所需要做的取舍，并在成本超过收益时劝阻他们参与其中（插文 6）。

插文 6　西非：支持实践操作而非标准

2009 年以来，FAO 致力于食品安全与质量市场营销基础知识和良好农业规范的整合，在西非 7 个国家中将其纳入已有的农民田间学校计划中。本案例解释了认证决策如何取决于当地情况，且必须基于农民能力和市场机会。

遵守自愿性标准的触发因素：

- 农民要求支持生产和营销；
- 贸易商和农民："害虫综合治理的蔬菜口感更好，保质期更长，孩子们生病更少"；
- 农民、推广人员和政府想要"一个商标和商店"。

满足自愿性标准的挑战：

- 认证、追溯和营销成本高昂；
- 农民缺乏组织性；
- 决定“无标签”战略，目标是“本地高端市场”，加上能力建设和农民培训。

注重支持特定环节生产者或贸易商认证或完善综合治理与基础设施？项目效率与长期可持续之间如何权衡？FAO 向追求认证的生产者提供直接支持的所有项目中都有一个广泛存在的问题，即这种支持只是生产者选择的供给链的一部分。公共部门在自愿性标准实施中的重要性日益增强的情况下，加强在当地和全国水平上的对自愿性标准可持续基础设施、制度和治理的干预支持，或有助于提供对所有利益相关者更公正的支持。这种制度援助可利用 FAO 已建立良好规范的战略伙伴关系进行补充，如农民田间学校等方法，从而向更多目标生产者提供自愿性标准培训。

5 未来展望

（1）自愿性标准田间项目的实施要求有个协调良好、先进务实的方法。应考虑应用整体性方法，将生产、组织、营销、认证、金融和制度加强都包括在内。

（2）政府的作用应明确为制度支持（法律和基础设施）。这有助于减少自愿性标准采用相关的成本负担。

（3）即使在目标市场是出口的项目中，增强本地市场促进了专业知识和组织的逐步形成与建立。这些专业知识和组织满足了更多市场对质量和持续供给的需求。参与式保障体系可发挥重要作用，因为这些都是根据当地情况设计的方案或计划，它们意味着消费者和生产者对认证过程的参与性。

（4）最后，自愿性标准规定了生产的技术要求，因此有必要说明标准在可持续良好规范的实施中起到了多大促进作用，包括社会和环境两个方面。

参考文献

FAO. 2013a. *Impact of voluntary standards on smallholders' market participation in developing countries: literature study*. Rome (forthcoming).

FAO. 2013b. *Organic and fair-trade exports from Africa* (available at http://www.fao.org/organicag/organicexports/oe-results/en/).

FAO. 2013c. *Organic supply chains for small farmer income generation in developing countries: Case studies in India, Thailand, Brazil, Hungary and Africa* (available at http://www.fao.org/docrep/017/i3122e/i3122e.pdf).

FAO. 2012. *Organic agriculture and the law* (available at http://www.fao.org/docrep/016/i2718e/i2718e.pdf).

FAO. 2011. *Linking people, places and products* (available at http://www.fao.org/docrep/013/i1760e/i1760e.pdf).

Steering Committee of the State - of - Knowledge Assessment of Standards and Certification. 2012. *Toward sustainability: the roles and limitations of certification*. Washington, DC, RESOLVE Inc.

附件：项目模板

FAO 自愿性标准田间项目经验

<table>
<tr><th colspan="4">FAO 与地理来源有关的质量标准项目</th></tr>
<tr><td>项目代码和名称</td><td colspan="3">（1）TCP/RLA/3211—拉丁美洲的食品质量及其来源和传统；
（2）IL 2/919 CRO—支持克罗地亚的优质食品生产，加强当地农业食品公司与农户间的后向联系；
（3）TCP/MOR/3201—提高地方能力和山区产品质量，如番红花案例；TCP/MOR/3104—摩洛哥技术援助，以建立和发展识别农产品和食品来源和质量的标志系统；
TCP/TUN/3202—支持发展和建立一个控制产品质量与来源的系统。</td></tr>
<tr><td>国家</td><td colspan="3">（1）阿根廷、智利、哥斯达黎加、秘鲁、巴西、厄瓜多尔
（2）克罗地亚
（3）摩洛哥、突尼斯</td></tr>
<tr><td>资金来源</td><td colspan="3">（1）技术合作计划
（2）FAO-欧洲复兴开发银行（EBRD），通过 FAO 投资中心（TCI）实施
（3）技术合作项目</td></tr>
<tr><td>项目目标</td><td colspan="3">（1）对每个国家来说，目的是：组织能力建设（如克罗地亚的增强当地管理部门在支持地理标志注册与保护方面的作用与能力；支持突尼斯和摩洛哥地理标志法律体系的发展）。
（2）对每个国家的试验产品来说，目的是：提高生产者及其他当地涉及地理标志产品的识别、认定及营销的从业人员的能力。
（3）国家间的知识共享与工具传播。</td></tr>
<tr><td>自愿性标准是项目的主要重点还是只是其中一部分？</td><td colspan="3">主要重点</td></tr>
<tr><td>时间框架</td><td>开始日期：
（1）2010
（2）2010
（3）2008</td><td>结束日期：
（1）2011
（2）2013
（3）2011</td><td>阶段：
（1）一阶段
（2）预计两阶段</td></tr>
<tr><td>投资额</td><td colspan="3">（1）50 万美元
（2）36.5 万美元
（3）40 万美元（平均）</td></tr>
</table>

（续）

项目行动类型	
价值链内的能力开发	● 为每种试验产品的生产、营销、认证等从业人员及生产者组织提供CD。 ● 支持建立行为规范及注册提交规定。
信息传播与增强意识	● 研讨会和信息传播（宣传册、广播信息及有时赞助一些节日庆祝）以使消费者、公民社会、生产者、非政府组织和决策者对此有所感受。 ● 在克罗地亚，参加国际博览会推广产品（如意大利的地球母亲）。
政策导向与能力建设	● 组织能力建设，包括：支持周密立法，制定标准建立（评估和注册要求）和实施的导向文件与CD，包括认证和控制体系。
实施中涉及的合作伙伴	
合作伙伴是谁？ 他们在项目中的作用如何？	农业部——受益者 农民、中小企业与合作社——受益者 非政府组织——实施者与受益者 私人公司——共同融资者、实施者与受益者（克罗地亚） 知识产权机构——受益者（摩洛哥和突尼斯） 认证方——受益者（摩洛哥和突尼斯）
哪个标准与本项目有关？	地理标志：保护地理标志和原产地命名
目标市场是什么？	出口、地区和国内市场
已得到的有效成果	所有项目： ● 决策人员和公共部门实施人员得到培训，国家协调机制得到完善（国家评估、认证与控制委员会），对消费者进行了推广和信息传播。 ● 加强了公共私人对话，完善了价值链的后向联系。 ● 试验产品中：对建立的生产者组织、生产者进行了营销和地理标志控制培训；开发了推广和实用工具；明确了产品和战略。 ● 注册或认证的产品： ○ 克罗地亚：有两种产品要注册其特定操作规范，第一种是根据新法规（符合欧盟法规）。 ○ 摩洛哥：塔利温市（Taliouine）的番红花，优特乍得马（Tyout Chiadma）部落的橄榄油，德贝尔坎省的细皮小柑橘。 ○ 突尼斯：斯比巴（Sbiba）的苹果，加贝斯（Gabes）的石榴。
经验总结	
关于自愿性标准	
标准目标	特殊的食品质量
标准依从的目标受众	生产者、加工者
符合性评估体系	第一方（智利） 带有公共控制功能的第一方系统（突尼斯） 巴西开发的第二方参与体系，该体系的有些部分仍在发展过程中 第三方和公共控制（阿根廷、克罗地亚、厄瓜多尔、摩洛哥）

（续）

项目实施达成目标过程中的挑战与约束	
从受益者的角度看	价值链各环节： 约束：建立并实施框架所需的时间（尤其是考虑到控制计划与认证）及成本；对外部支持的需求（学术，公共部门）；直接销售（可能带来更多利润）或卖家参与。 好处：生产者和加工者处于整个过程和认证的中心地位（可能会平衡增加价值带来的权利和直接利益）。
从市场的角度看	好处：欧盟市场准入和价值增加（如法国市场上的加贝斯石榴）及在欧盟的直接注册登记（如摩洛哥坚果油申请欧盟保护以停止欧盟公司对其名称的滥用）。
从法制角度看	制度约束：资源需求（时间、人）、资金（或其他成本将落到生产者身上）。 好处：促进了各种政策的发展，如农业（经济发展）、传统文化、生物多样性、消费者（保护和食品多样性）。
进一步类似行动中需考虑的项目设计中的关键因素	考虑地理标志系统的确定目标和计划行动两个方面： ● 建立和实施标准过程中需要价值链各环节人员（私人部门）的参与。 ● 公共部门：政府的管理、建立和控制；当地或地区当局在支持建立和促进方面起主要作用。 对开发一种地理标志产品来说： ● 确保参与式方法： ○ 所有价值链利益相关者都应覆盖并考虑到。 ○ 争论不可避免但要处理和解决。 ● 标识阶段很重要： ○ 较好的评估产品潜力。 ○ 制定合适的战略发展价值链和市场。 制度层面上： ● 确保各部门间（尤其是农业和知识产权办公室）的合作（和协议）方式。 ● 引入其他部门（旅游、文化、环境等）产生的协同效应。

项目中得到的有助于设计有关自愿性标准更好项目的主要经验
● 加强意识，对农民和加工业者进行自愿性标准培训，使他们可以实施相关标准增加其产品价值（现有不同标准的优势和约束），考虑需求和合作伙伴等，替代发展等，发布有关工具包。 ● 培训公共利益相关者，尤其是对决策者进行培训，使其了解他们在自愿性标准发展和调整中的作用。 ● 培训组织人员以确定合适的自愿性标准政策和战略来实施相应合适的标准。 ● 帮助农民或加工业者参与甚至领导标准建立和实施。 ● 地区合作的重要性。在世界一些地方确保国家间的知识共享，并尽可能地促进法规间的相互认可（如亚洲地区项目的目标）。 ● 克罗地亚项目充分说明了农业食品公司和农民间后向联系的重要性：一方面它为特殊质量产品提供了重要的营销渠道，提高了小规模生产者在领地内的收入（包括可见性和公司提供的支持）；另一方面，由于对小规模生产者产生了社会和环境效益，它提高了公司的声望和形象。可以预见，项目之初的这种状况将确保项目迅速取得成功。

（续）

项目中得到的有助于设计有关自愿性标准更好项目的主要经验
● 如果标准及其效益是集体性的，大型公司就有动力在该地区支持其他生产者发展地理标志。这样，标准就作为一种机制加强了价值链参与者的团结一致性，并对生产者起到激励作用，使他们互相帮助达到要求，并获得使用标准的权利。
其他评论
需要继续支持营销和推广，并将成效扩展到国家的其他价值链中。将根据国家情况不同考虑随后的项目（突尼斯、摩洛哥、阿尔及利亚）。

将安第斯当地生产者进行整合纳入新的国家和国际价值链			
项目代码/名称	UNJP/BOL/044/SPA—将安第斯当地生产者进行整合纳入新的国家和国际价值链（MDGF－2093）		
国家	玻利维亚		
资金来源	千年发展目标-西班牙基金（联合国与西班牙政府的合作）		
项目目标	1. 提高小农的生态生产与效率。 2. 加强市场联系。 3. 促进有利于有机生产的法制和金融环境。		
自愿性标准是项目的重点还是只是其中一部分？	有机组成是项目重点，应通过整体性方法实施（生产、营销、组织、认证和法规）。		
时间框架	开始日期：2010年1月	结束日期：2013年6月	阶段：1
投资额	共800万美元，其中FAO　3 484 121美元		
项目行动类型			
价值链内的能力开发	当地生产者的能力开发，包括加强良好操作规范、组织、认证和营销等技能。		
信息传播与增强意识	通过鼓励消费者和其他利益相关者成为参与式保障体系（PGS）的成员来增强意识。		
政策导向与能力建设	促进国家、省和地方当局在有机产业法规、市场联系和金融机制等方面的能力发展。		
实施中涉及的合作伙伴			
合作伙伴是谁？ 他们在项目中的作用如何？	农业部——通过国家生态生产协调委员会（UC－CNAPE）进行 地方和省当局——共同实施 非政府组织——支持组织和共同实施者 生产者协会——受益者		

（续）

实施中涉及的合作伙伴	
哪个标准与本项目有关？	国家有机标准
目标市场是什么？	出口和地方市场
已得到的有效成果	6 000农民在良好生态操作规范、参与式认证体系、法规、组织和营销方面得到了帮助。 ——批准通过了有机法规和程序（参与式保障体系，有机印章） ——地方参与式保障体系的签署与生效 ——加强了支持组织能力 ——加强了法规及其实施能力 ——学校生态产品的政府采购
经验总结	
关于自愿性标准	
标准目标	有机生产与转化
标准依从的目标受众	生产者和加工者
合格评估体系	第三方和参与式保障体系
项目实施达成目标过程中的挑战与约束	
从受益者的角度看	机遇：生产者是当地人，拥有祖先传承下来的生产体系知识。 机遇：生产者习惯于组织起来进行工作。
从市场的角度看	政府采购被视为主要市场，这对推广生态产品是个机会，然而，在原材料转化和最终产品的生产（大部分与基础设施有关，如能源、水）及技术服务方面存在一些技术约束。
从法制角度看	机遇：当地不同利益相关者的参与，包括地方当局、教师和消费者参与到保障体系中给建立可持续的市场带来了极大机会。 机遇：有机法律的存在促进了法制的进一步发展。 约束：缺乏生态生产的专业知识。
进一步类似行动中需考虑的项目设计的关键因素	1. 选择土特产品来执行良好操作规范。 2. 项目实施中强有力的政府支持。 3. 整体性方法（生产、组织、营销、认证、金融和制度）。
项目中得到的有助于设计有关自愿性标准更好项目的主要经验	
1. 重点强调市场机会的识别及其特殊要求。 2. 在项目一开始就加强基础设施计划与投资。 3. 在项目实施期间做好知识共享计划而非到项目结束时。 4. 建立当地生态委员会（公共和私人参与者）作为项目行动的主要决策机构。	
其他评论	

（续）

<table>
<tr><th colspan="4">通过热带有机产品的公平出口贸易提高西非和中非地区小农的收入和粮食安全</th></tr>
<tr><td>项目代码和名称</td><td colspan="3">GCP/RAF/404/GER——通过热带有机产品的公平出口贸易提高西非和中非地区小农的收入和粮食安全</td></tr>
<tr><td>国家</td><td colspan="3">布基纳法索、喀麦隆、加纳、塞内加尔、塞拉利昂</td></tr>
<tr><td>资金来源</td><td colspan="3">德国</td></tr>
<tr><td>项目目标</td><td colspan="3">提高小农的收入和粮食安全</td></tr>
<tr><td>自愿性标准是项目的主要重点还是只是其中一部分？</td><td colspan="3">重点</td></tr>
<tr><td>时间框架</td><td>开始：2005</td><td>结束：2009</td><td>阶段：2（2004 年规划构想阶段）</td></tr>
<tr><td>投资额</td><td colspan="3">规划阶段（GCP/RAF/389/GER）：146 781 美元
阶段 2：RAF/404/GER：2 389 332 美元</td></tr>
<tr><th colspan="4">项目行动类型（选择一个合格的）</th></tr>
<tr><td>价值链内的能力开发</td><td colspan="3">农民坚持标准生产优质产品的能力
农民组织（FO）委员会和领导的管理与内部控制能力
出口商的内部控制能力</td></tr>
<tr><td>信息传播与增强意识</td><td colspan="3"></td></tr>
<tr><td>政策导向与能力建设</td><td colspan="3"></td></tr>
<tr><th colspan="4">实施中涉及的合作伙伴（列出每个合作伙伴及其在项目实施中的作用）</th></tr>
<tr><td>合作伙伴是谁？
他们在项目中的作用如何？</td><td colspan="3">农民组织：主要受益者，同时也通过服务合同执行项目行动。
出口商（仅布基纳法索和加纳）：执行项目行动，同时也是受益者，但主要是为向他们供货的小农创造更多机会。
非政府组织和咨询机构，对受益者来说是服务提供者，对项目来说是受益者（执行能力建设行动）。
政府（喀麦隆、加纳、塞内加尔和塞拉利昂农业部及布基纳法索贸易部）：重点在于合作，并帮助实施。
国家有机行动：加纳有机农业网（GOAN）和塞内加尔有机农业联合会（FENAB）。</td></tr>
<tr><td>哪个标准与本项目有关？</td><td colspan="3">有机和公平贸易</td></tr>
<tr><td>目标市场是什么？</td><td colspan="3">国际市场（如德国、法国、欧洲）</td></tr>
</table>

（续）

<table>
<tr><th colspan="2">实施中涉及的合作伙伴（列出每个合作伙伴及其在项目实施中的作用）</th></tr>
<tr><td>已得到的有效成果</td><td>● 对所有农民组织进行了培训，总体成效如下：
○ 2 078 名农民接受了有机农业和公平贸易培训。
○ 229 名非洲牛油树籽采集人员接受了有机采集要求培训。
○ 68 名生产者（收获者）接受了质量要求和记录保持（可追溯要求）培训。
○ 36 名内部控制系统（ICS）管理人员或外勤人员或内部监察员接受了内部控制系统培训。
○ 4 名文档人员接受了记录保持、归档和行政管理培训。
○ 16 名农民协会执行董事会成员接受了组织运行培训。
○ 5 名出口农民组织的管理者及 1 名出口商接受了出口事务。所用的培训材料与其他项目执行期间总结的经验归纳整理成一个工具包。
所有组织都按计划得到了认证。
出口发展方面，结果如下：
● 布基纳法索：
○ BurkiNature 的有机芒果公平出口贸易 2005—2006 年提高了 40%，2006—2008 年再次提高 50%。
○ CPBKB 的乳木果油出口在项目期提高了 5 倍。
● 喀麦隆：
○ UNAPAC 的菠萝出口 2005—2008 年增长了 40%。
● 加纳：
○ WAD 有限公司干鲜菠萝销售增加，现在从农民手中收购的菠萝是项目开始时 2.5 倍多（增长了 170%）。
○ VOMAGA 开始向加工商销售芒果。
● 塞拉利昂
○ KAE 于 2009 年 1 月出口了首批获得公平贸易认可的可可。</td></tr>
<tr><th colspan="2">经验总结</th></tr>
<tr><td>关于自愿性标准</td><td></td></tr>
<tr><td>标准的目标</td><td>提出清楚的有机农业的定义，及有机农业使用什么生产方法。</td></tr>
<tr><td>标准依从的目标受众</td><td>农民和加工业者
标签的受众是消费者</td></tr>
<tr><td>合格评估体系</td><td>对农民组织：内部控制系统（ICS）
内部控制系统的第三方认证，这种认证是被认可的。</td></tr>
<tr><th colspan="2">项目实施达成目标过程中的挑战与约束</th></tr>
<tr><td>从受益者的角度看</td><td>机遇：调查发现，新的有机生产方法提高了产品质量。大部分受访者发现，由于单产提高及面积增加，总产量也提高了。乳木果油的产量提高则是由于乳木果收集能力提高及随后乳木果向油的转化率提高。不管这种产量和出口的增长是否减少了贫困，由于两个原</td></tr>
</table>

（续）

项目实施达成目标过程中的挑战与约束	
从受益者的角度看	因，粮食安全变得更加难以确定。首先，新的农业和加工方法的采用对生产总成本的影响在不同子项目间差别非常大。其次，每个子项目开始时的情况也差异巨大，组织成员的贫困和粮食不安全水平也大不相同。考虑到生产成本，显然有机方法的实施一般会导致劳动成本的上升和农业化学品购买相关成本的降低。组织化营销降低了产品到市场的运输成本。至于项目开始时生活条件的差异，一般可归结为，越贫穷的生产者，越能证明项目在减少贫困、提高粮食安全上的影响越大。 一般说来，由于产量提高或支付给生产者的价格提高，项目提高了参与者的收入。认证产品销售带来的收入增加主要用于购买食品或衣物，交学费和医疗支出，从而提高了参与者的生活条件和粮食安全水平。影响调查中发现，7 个子项目中，有 5 个促进了认证产品的销售。这些组织中的生产者几乎全部一致地肯定了生产者组织对认证产品所做营销的积极影响，没有提到不利影响。调查还肯定了项目对就业的影响。项目为直接从事认证产品生产的工人以及为生产提供支持服务的工人和管理人员创造了就业。 约束：增加了劳动需求。
从市场的角度看	与市场有关的一个约束就是，有机市场对高质量产品的需求尤其大，因此大部分项目致力于提高并保证质量，而这最初并不是项目的中心，项目行动和预算也不得不为此进行调整。但这并不困难，因为它显然符合项目目标，而有些行动也预见到了这一点，因此这只是重心的一点小变化而不是完全新的方式方法。 另一个约束是，项目是为已经有一些出口经验或正通过出口商出口的农民组织设立的。塞拉利昂情况不是这样。农民组织文化较低，缺乏财务管理技能，他们不能很好地处理借贷问题，使农民组织陷入债务。塞内加尔也一样，出口操作不得不从头做起，项目试图将农民组织与出口商联系起来，但出口商脱离项目，将其中那些最好的农民作为自己的供货者。有了这种经历后，农民组织不再相信出口商，而坚持建立他们自己的出口组织，但在项目期间，未能吸引到购买者。然而可以理解，项目结束后，他们设法取得了国际贸易中心（ITC）的支持并最终在 2012 年实现了出口。
从法制角度看	项目帮助塞内加尔全国有机农业联合会（FENAB）建立了国家有机标准和认证体系。有人想要建立最先进的认证体系等，类似欧洲法规。但从 FAO 的角度来看，这没什么意义。因为那将过于官僚主义，而且对想向当地市场销售产品的小农组织来说花费太多，出口组织无论如何都需得到欧洲标准的认证，因此这对他们来说不增加任何价值。但我们未能说服他为发展中的当地市场开发一个廉价的参与式系统。

（续）

项目实施达成目标过程中的挑战与约束	
进一步类似行动中需考虑的项目设计中的关键因素	FAO的管理规则使其难以与出口商共同完善供给链功能。还有个基本问题，就是FAO究竟是否应该支持特定链条，使一些出口商受益而不利于另外的出口商。因此，设计的项目最好从总体上支持满足特定条件的国家的供给链整体（如有小农供给基础）。

项目中得到的有助于设计有关自愿性标准更好项目的主要经验
根据项目反馈及该地区更多工作情况，下列经验总结或许合适。更加注重政府在自愿性标准中的作用，及FAO如何在这方面支持政府。因为FAO在这个领域具有相对比较优势。要制定可持续的支持框架，使所有私人部门参与者和农民组织能受益，而不是支持一个特定的链条，那不是FAO真正应起作用的地方。

其他评论
更多信息见项目网站：http：//www. fao. org/organicag/organicexports/oe-results/en/

加强当地农业食品体系动力，重点是集约化商业化和手工农业生产			
项目代码/名称	GCP/GUA/012/SPA——加强当地农业食品体系动力，重点是集约化商业化和手工农业生产。		
国家	危地马拉		
资金来源	AECID（西班牙国际合作发展署，西班牙合作）		
项目目标	1. 通过良好农业规范、更好地利用投入和能力建设等技术援助增强小农生产策略。 2. 完善市场联系。 3. 通过完善家庭生产体系提高粮食安全。		
自愿性标准是项目的主要重点还是只是其中一部分?	项目有一部分是为要实施自愿性标准的1 000名商业化农民进行的。尽管只占项目行动的10%，但它起到了杠杆作用，有助于与其他部分协作进行，如生产者组织、基础设施发展和市场联系等。对自给农民（2 000名）有不同的项目策略。		
时间框架	开始日期：2010年4月	结束日期：2012年6月	阶段：2
投资额	4 407 772美元		
项目行动类型			
价值链内的能力开发	给商业化生产者及其组织关于生产、商务管理、营销和认证的CD		

（续）

项目行动类型	
信息传播与增强意识	
政策导向与能力建设	给地方当局的关于地方发展管理的 CD
实施中涉及的合作伙伴	
合作伙伴是谁？ 他们在项目中的作用如何？	农业部——合作出资 地方当局——合作实施 中小企业（SMEs）——商业伙伴 商业发展服务（BDS）——合作实施 合作社——受益者
哪个标准与本项目有关？	全球良好农业规范
目标市场是什么？	出口和国内市场
已得到的有效成果	1 000 名农民通过以下方式得到了认证并与出口和国内市场取得联系： 1. 共同出资建设认证需要的生产性基础设施。 2. 良好农业规范、商业计划、管理和营销方面的能力开发。 3. 市场联系。
经验总结	
关于自愿性标准	
标准目标	粮食安全
标准依从的目标受众	生产者（全球良好农业规范）和加工商［英国零售商协会（BRC）］
合格评估体系	第三方
项目实施达成目标过程中的挑战与约束	
从受益者的角度看	约束：投资需求（围栏、厕所、肥料贮藏等）。此外，为维持持续供给，他们应装备灌溉系统。 机会：生产点距离危地马拉市和购买他们产品用于出口的包装工厂非常近。 机会：出口促进委员会力量强大，在促进新鲜蔬菜出口方面具有丰富经验。
从市场的角度看	有几家加工商（包装工厂）有意与这些生产者联系并购买他们的认证产品。 在项目区可获得良好的商业发展服务。
从法制角度看	当地协会非常支持项目。 当地一家认证机构支持标准和认证的实施。
进一步类似行动中需考虑的项目设计中的关键因素	1. 基础设计良好，使项目结束后能很好地评估项目行动的影响。 2. 地方当局参与项目设计。 3. 市场可行性分析。

（续）

项目中得到的有助于设计有关自愿性标准更好项目的主要经验
1. 良好规范的确认及其成本收益分析对扩大规模非常关键。 2. 与当地商业界合作向生产者提供特定投入和服务。 3. 从一开始就与购买者合作以明确市场需求。 4. 生产者组织（本案例中已存在）及增强他们的商业计划和管理技能。 5. 使地方当局参加并进行责任分担。
其他评论

持续支持太平洋有机标准	
项目代码/名称	1. 国际农业发展基金（IFAD）/国际有机农业联盟（IFOAM）项目，FAO提供技术建议：建立太平洋有机标准（2006—2012）。 2. FAO自然资源管理及环境部（NRD）、道德与环境认证研究所（ICEA）协议书：支持太平洋岛国有机和公平贸易认证（2008）。 3. FAO/IFOAM/UNCTAD国际有机农业协调与等效问题工作组（ITF）项目：太平洋有机标准与欧盟有机法规对接（2009）。 4. FAO/IFOAM/UNCTAD全球有机市场准入（GOMA）项目：太平洋有机标准与澳大利亚有机法规对等（2012）。 5. FAO技术合作计划（TCP）/RAS/3301：制定太平洋有机和道德贸易运动的有效治理框架，建立太平洋有机标准的保障体系（2010年11～12月）。
国家	12个太平洋岛国和地区
资金来源	1. IFAD拨款，包括NRD支援和对地区利益相关者的年度指导（POETCom会议）。 2. FAO/NRD常规计划。 3. 瑞典国际发展合作署（SIDA）信托基金。 4. 挪威发展合作署（NORAD）信托基金。 5. FAO太平岛屿分区域办公室（FAOSAP）技术合作计划（TCP）设施。
项目目标	1. 有机法规的参与式规划。 2. 对小农组织进行认证培训。 3. 与欧盟有机法规的结盟。 4. 与澳大利亚有机法规的结盟。 5. 建立有机保障体系。
自愿性标准是项目的主要重点还是只是其中一部分？	自愿性标准是重点，但是，要使其在出口市场上可信有效，就不得不发展治理和认证体系。没有相关的保障体系，标准自身不能达到其目的。

（续）

持续支持太平洋有机标准			
时间框架	开始日期：2006	结束日期：2012	阶段：5
投资额	1. 50 万美元 2. 5 万美元 3. 2 000 美元 4. 2 000 美元 5. 20 万美元		
项目行动类型（选一种并使其合格）			
价值链内的能力开发	公益组织［太平洋有机和道德贸易贸易共同体（POETCom）］的年度会议，以建立地区适应性标准，促进第三方认证伙伴和参与式保障体系在小农组织认证中的发展。		
信息传播与增强意识	有关太平洋有机标准的英文、法文信息资料，目标是消费者、公民社会、生产者、非政府组织及政府首脑。		
政策导向与能力建设	机构能力建设		
实施中涉及的合作伙伴			
合作伙伴是谁？ 他们在项目中的作用如何？	POETCom 的构成：农民组织，中小企业（SME），太平洋共同体秘书处（SPC），农村发展与青年非政府组织，农业部，以及新西兰有机与公平贸易认证实体。		
哪个标准与本项目有关？	有机农业与公平贸易标准		
目标市场是什么？	澳大利亚、新西兰、欧盟		
已得到的有效成果	● 对利益相关者进行了标准实施培训 ● POETCom 正式纳入 SPC ● 太平洋有机标准得到太平洋各国批准，现在适用对欧盟和大洋洲国家的出口 ● 太平洋认证得到发展		
经验总结			
关于自愿性标准			
标准目标	有机管理与出口市场要求相结合		
标准依从的目标受众	生产者、加工者、产销监管链		
合格评估体系	国外实体的第三方认证 参与式保障体系		

（续）

项目实施达成目标过程中的挑战与约束	
从受益者的角度看	基层人员为拥有自己的有机标准而自豪，这些有机标准适合当地条件（如气候），得到最高决策者的认可，并得到 SPC 的持续保障。
从市场的角度看	出口市场未见明显增长。
从法制角度看	自愿性标准促进了当地市场有机农业的发展，但产品出口量不大，出口贸易关系仍不成熟。
进一步类似行动中需考虑的项目设计中的关键因素	公私合作是成功与否的关键

项目中得到的有助于设计有关自愿性标准更好项目的主要经验
精确援助还不够，需要持续不断的支持以有效地进行能力建设（这需要时间）。认证不应是起点，而是对特定产品而言的首要贸易关系和需求。保障体系需要公共财政支持，因为小规模经济（典型的认证生产）的认证成本太高。而且，认证产品的可持续出口只有在国内市场存在的情况下才能进一步繁荣。因此，参与式保障体系对建立当地市场来说非常重要。

其他评论
既然标准已经建立，能力建设对建立优质、充足和定期供给产品的良好生产、加工和营销策略来说非常关键。

叙利亚有机农业制度发展			
项目代码/名称	意大利政府合作计划（GCP）/叙利亚（SYR）/011/意大利（ITA）——叙利亚有机农业制度发展		
国家	阿拉伯叙利亚共和国		
资金来源	意大利合作预算外资金		
项目目标	● 在叙利亚建立合适的制度框架促进有机农业的综合协调发展，包括法律、能力建设及制度建立等方面。 ● 获得数量足够、培训良好的技术员、科学家、决策者和农民领导者。 ● 启动以知识为基础、以市场为导向的研究计划，短期内能为希望采用有机农业技术的农民提供有用指导。		
自愿性标准是项目的主要重点还是只是其中一部分？	重点是加强国家采用和实施标准的能力		
时间框架	开始时间：2005	结束时间：2010	阶段：2

（续）

叙利亚有机农业制度发展	
投资额	1 999 823 美元
项目行动类型	
价值链内的能力开发	项目时间和资源都用于全产业链所有的利益相关者（科学家、农民和农民组织、政府官员和消费者）。
信息传播与增强意识	有组织有计划地在不同试验领域实施培训、能力建设和举行研讨会等活动。
政策导向与能力建设	项目包括一些对科学家、农民和农民组织、政府官员和消费者进行的特定培训活动。
实施中涉及的合作伙伴	
合作伙伴是谁？ 他们在项目中的作用如何？	农业部，农民组织。 法律方面也建立了工作组，包括负责卫生、农村发展、贸易、商业、农业、农民组织和私人利益相关者的部门。
哪个标准与本项目有关？	国际有机农业联盟（IFOAM）
目标市场是什么？	国内外贸易（阿拉伯国家，欧洲）
已得到的有效成果	1 项法律和 4 个规则。叙利亚有机标准
经验总结	
关于自愿性标准	
标准目标	有机生产
标准依从的目标受众	生产者、加工者、消费者
合格评估体系	（第三方—政府认证—组织认证）
项目实施达成目标过程中的挑战与约束	
从受益者的角度看	
从市场的角度看	
从法制角度看	叙利亚政府决定批准一项有机生产法律，以禁止将有些产品作为有机产品进行推销，除非他们满足有机标准。法律建立了一个制度框架，创立了认证体系，包括组织认证。所有涉及部门间的合作是主要挑战。 此外，叙利亚关于农民组织的法律不允许建立全国性组织，这阻碍了全国有机组织的建立。另外一批修改《农民法》的项目建议得到批准，但由于政治形势原因又被取消。

（续）

项目实施达成目标过程中的挑战与约束	
进一步类似行动中需考虑的项目设计中的关键因素	需要有法律来规定责任义务，禁止标志、标准或声明的滥用，并规范认证服务的提供。涉及自愿性标准实施的项目应注意国家有关标签、生产者组织及农产品营销与贸易的法律规定。

项目中得到的有助于设计有关自愿性标准更好项目的主要经验
● 部门间合作的重要性。 ● 生产者组织法在自愿性标准实施中的作用。 ● 法律-技术协作的关联性。 ● 有些国家（如叙利亚）的法律草案如果同时伴有法律细则规定则只能提交国会。

其他评论

地中海国家质量标签背后的故事

地中海先进农业国际研究中心/巴里地中海农业研究所（CIHEAM/IAMB），巴里，意大利

1 摘要

地中海国家的农村地区，尤其是山区和边缘地区，已成为一种地理上的标志性地区，该地区发展过程有利于各种系统和优质农产品的产生发展。最初，这些系统和产品首先确保了不断增长人口的食物安全需求，同时它们也促进了领土、知识、传统和文化的展示。这一地区的人们采摘、收集、栽种和食用那些基本的普通产品来保证他们的营养需求，但随着他们对技术的不断学习与开发，逐渐开始有特产提高他们的名声，并促进了当地的经济发展。

这种经验表明，一定范围内自然、经济和社会资源有关的动态变化通常由该地区的行动者发起，他们能给该范围区域一个新视界和创新的远景。

在马格里布国家不同区域，几个由不同行动者（部门、地区、发展组织、非政府组织、农民、合作项目等）支持的当地和地区行动可列为成功案例，尤其是摩洛哥，当地一种典型产品的稳定发展成为政府所采取的新农业政策“摩洛哥绿色”计划的支柱之一。

在 FAO 北非地区局和国际管理与工商学院（IAMB）项目“通过马格里布标签增值当地农产品”框架下，发现了许多有关影响力的有益经验，即当地产品的定价过程对社区的发展具有众多影响，包括改善生计，创造就业，保护自然资源等。这些经验已得到确认，其潜力尽管尚未被完全开发，但也得到了认识，该地区展示了那些产品稳定发展的过程。

考虑到所有不同的情况，不同意识水平及每个国家不同的政治和法律情况，在该项目框架下，还确定了不同参与主体在遵从并强化这种产品定价过程中的作用。

2 地中海环境下当地产品的质量与稳定

试图使消费者安心的质量自愿性标准，通过规范的方式使价值链各阶段正式化。第三方认证实体和监测程序保证这些实际作为世界市场规范的私人标准

得到遵守。

自 20 世纪 90 年代初以来，东部和南部地中海国家已着手建立与欧盟和世界市场已有标准相一致的国家机制。这种法律框架由政府主导，这使他们的规则与全球标准一致，从而符合国际市场准入要求；国家当局正在制定标志、地理标志、标签和声望强化声明等。但这些标准的引入和应用却没有充分考虑当地情况，导致生产者广泛参与时产生了重大困难。

此外，人们将保护产品名誉的需要与政治需求结合以提供公共物品，如农村和地区发展，生物多样性和遗产保护，为突出传统知识和特定区域产品而采取的措施，社会责任和食品安全等。作为这些变化的推动力，在政治、社会、经济和环境背景下，地理标志成了市场工具（反假冒产品）和手段（FAO，2009—2010）。

地中海国家启动了许多项目来发展地理标志产品。这些项目主要与生产者组织及其规范拟订，地理标志治理及公共政策作用等有关。地中海地区传统产品发展项目是作为农业和地方发展的重要举措提出来的。在国际组织的支持和帮助下，有许多行动计划正在开展，通过地理标志的方式来建立传统产品和地区特产的保护与发展体系。

大部分行动关注前期活动——生产的组织，产品潜力鉴定，规范协商或国家与国际管理手段的草拟，而社区民众通常并未参与到这些活动中。然而，经验表明，与一定范围内自然、社会和经济资源有关的新动态通常由该地区的行动者发起，他们能给当地一个新视角，同时带来创新性的远景（Antonelli，Pugliese 和 Bessaoud，2009）。

几个由不同主体（部门、地区、发展组织、非政府组织、农民、合作项目等）支持的当地和地区行动取得了显著成效，促进了马格里布不同区域产品质量的提高。同时，应注意的是，有时合作得不太好，市场和制度的发展并不能同步和完全整合。

在 FAO 北非地区局和 IAMB 项目“通过马格里布标签增值当地农产品”框架下，得到了许多提高当地产品能力方面的有趣经验来促进当地社区发展，包括改善生计，创造就业，保护自然资源等。这些经验已得到确定，其潜力尽管尚未被完全开发，但也得到了认识，该地区展示了那些产品发展的过程。项目还提供了机会来描述 3 个马格里布国家的情况，主要是关于当地产品的法律制度框架和对产品质量不同标识的确认。这导致以下结果：

- 进一步稳定当地农产品物价，确定其潜在可能，并发现能够改善当地人民生计的有利机会；
- 在标签农产品的生产与营销及加强主体能力的规划草案中，要确定关键主体，包括公共和私人主体。

地中海国家的农村地区，尤其是山区和边缘地区，已成为一种地理上的标志性地区，该地区发展过程有利于各种系统和优质农产品的产生发展。最初，这些系统和产品首先确保了不断增长人口的食物安全需求，同时它们也促进了领土、知识、传统和文化的展示。这一地区的人们采摘、收集、栽种和食用那些本来一般的产品来保证他们的营养需求，但他们也学习了技术，特定产品开始提高其声望并促进经济发展。

这些原产地产品代表了农业职业及马格里布国家美食文化的进步。他们还成为一种用来保护生物多样性和向消费者保证质量的良好工具。

这些产品的发展与物价稳定产生了新动态，促进了小规模农业的复兴，尤其是在山区和绿洲，这些地方的农业具有极强的特色，产品都具有独特的传统质量和地方特色。

近 15 年来，地理标志已被视为农村发展的重要因素，同时还是促进当地社区加强生物多样性的管理工具。对环境的关注，及食品加工市场对质量和原产地关注的演变，经济和政治家关注传统知识和保护与差异化工具。在特定质量的自愿性行动中，产品的确认及其产地产生了有趣的特点：由于产品与其产地间联系的确立，同时质量上也考虑到了产品的差异化，在地域范围内将行动者组织起来，保护当地资源并因此有利于减少农村撂荒。实际上，这些标志的建立和发展对国民经济将具有积极的效果，尤其是对农村社会的保护。

要加强当地主体与该地区及产品间的关系，这是农村走向可持续发展的重要一步。这种关系是基于当地的一种能力，即在某一地区保持稳定的同时，在世界市场上创造出一定价值。本地产品所具有的特定质量特性与其产地不可分割，并最终形成一种声望。而这种声望与识别这些产品的地理标志相关联。

3 国家远景

3.1 阿尔及利亚：当地产品寻求保护

阿尔及利亚食品加工体系的特点是，农业部门生产率低下但发展迅速，食品消费率和国家生产水平低，食物依赖性较高。不同食品链还没有整合，农业和食品加工市场更多的属于一种需求市场而不是供给市场。除了某些特定城市外，大部分情况下，消费者只有数量需求。他们的基本日常饮食习惯似乎根本没有质量意识，传统上依靠感官判断，没有营养标准也没有安全标准。

有机生产日期：在尚未从法律上承认有机的国家挑战成功

在 Tolga、Borg ben Azzouz、Foughala 和 Laghrouss 地区，2003 年一个年轻企业家建立了一家私人公司，该公司生产和出口质量最好的土特产品。这家颇有前景公司的目的就是向世界市场再次介绍优质的阿尔及利亚枣椰子，尤其是在有机市场上，保护其原始的软甜的天然味道，没有任何添加剂。该公司要达成五个目标：

- 促进阿尔及利亚乃至世界范围的有机农业；
- 通过良好包装，提高物流速度，提供均匀优质产品；
- 将优质阿尔及利亚枣椰子引入美国有机枣椰子商圈；
- 促进对国际标准要求的严格遵守；
- 促进尊重自然和人性的商务发展。

这些目标是通向国外市场的道路，并将开启国内的标注流程。

2007 年，Biodattes Algerie 被授予法国-马格里布企业家奖，这进一步促进了法国和马格里布国家间的经济行动。

该公司取得了良好效果：有机枣椰子种植面积达 300 公顷，产量 700 吨，主要出口至法国、美国市场。为约 90 人创造了就业机会，包括许多妇女、老年人和残疾人，尤其是产品挑拣活动。

由于该公司的成功，即使面临一些困难，生产者们也已经启动给土特产加地理标志的流程，且日益推进。这些困难有：缺少控制和认证实体；操作规范中没有生态方面的内容；法律框架还不完善；非正规市场过于活跃；消费者对过程参与过少等。

来源：Marsaud (2011)。

过去几年来，人们相信政府已经采取了一些有关质量和优质产品的常规行动来保障食品安全和保护消费者。这些行动主要侧重于常规消费品，而具有名声、特殊质量或原产地价值的特定产品的概念仍不为人们所知。

农业部门已经进行了调整和大幅改革。又有 2008 年通过的《农业方向指导法》，新的发展视角引导了农业经济发展的新模式。它以国家农业和农村发展计划（PNDAR）为中心，主要目标是通过提高农业和农村经济活力，加强农民作为经济角色的基本作用，促进社会、经济发展和环境行动，缩小地区差异等，可持续地提高国家食品安全水平。该计划之后被纳入更大的名为“农业和农村革新政策”（PAR）全球行动中，其基础主要是三个方面：

（1）农业产业链的发展，尤其是特色产品。

（2）通过鼓励农业产业组织的创建与整合，实施农业加工业的物价稳定措施。

（3）大量支持农村综合发展的项目启动都具有如下目标：改善人们生活条件，加强基本服务，稳定当地产品物价，加强市场研究，稳定经济、文化和环境，而不是破坏它们（Sahli，2012）。

3.2 摩洛哥：当地产品的大市场

2008 年对摩洛哥当地产品来说是关键的一年，因为当年启动了摩洛哥绿色计划。该战略再一次将小规模农业和当地产品的物价稳定作为讨论和农村发展计划的中心。

通过制定新的方法，农业渔业部从全球的角度明确了农村发展的定位，提出要建立包括所有农产品生产者与加工商，尤其是小生产者的体系，从而促进农产品质量提高，并加强消费者保护。因此，事实证明了标签制度对优质农产品辨识和发展的极大重要性。

与食品和农产品的突出产地特点和质量有关的第 25－06 号法律创建了基本的法律框架，可以辨识和保护当地产品的特定质量，处理三个突出特征，即地理标志、原产地标签和农业标签。自该法律生效以来，迄今为止，有 15 件产地和质量的独特符号得到了保护。

通过当地优质产品改善妇女环境的成功经验：里夫妇女公司（the GIE Femmes du Rif）

瓦萨尼（Ouezzane）和舍夫沙万（Chefchaouen）地区的土壤贫瘠、沙化严重，生物多样性流失，交通不便，水果尤其是橄榄和橄榄油或是激发社会-环境生态系统活力的可行选择。来自 10 个协会和合作社的约 192 名妇女成立了一个名为橄榄联合会（Fédolive）的协会，之后又转变成为合作企业组织（里夫妇女公司）。目前，该组织由 300 多名妇女在摩洛哥的整合集成计划下从事橄榄油的生产和商务工作。

在橄榄联合会创立之前，妇女们用传统方法压碎橄榄，这会导致橄榄油的大量流失，且影响油品质量。实际上，得到的这种产品是“灯用油”，不能吃，酸度达到 3%以上。压碎期从 11 月到翌年 5 月共 7 个月，大部分产品都是自用。妇女们将多余的用回收罐装起来在阿因贝达（Ain Béida）、毛克里赛特（Mokrissat）和布里克察（Brikcha）地区一周一次的市集上以较低的价格售卖，也就是每升 20～25 迪拉姆（DH）。现在，那里的橄榄林总面积有 400 公顷，特级纯橄榄油也销往国内外市场。

其目的就是成为摩洛哥的领导组织，促进里夫地区当地特产的生产，并重点关注其质量。该政策主要是基于地区标签的创立，消费者信任与满意度的发展，生产率的提高与生产过程的完善，及人类潜力的开发。

自从该组织转变为公司后就步入了新的发展阶段。目前，其经营范围广泛，如橄榄油生产、养蜂业、水果干制、蒸粗麦粉和盐的生产等。

其活动多样化的想法受到了多种因素的综合影响，这些因素与其新结构、橄榄油产业的特点，即自然性、受当地不确定的气候条件影响等有关。

该组织在营销上做出了巨大努力，在橄榄油价值链的其他阶段也同样，但取得了不同的效果。他们还努力向国家现代市场渗透，尤其是大规模零售链。

开始，采用了几种营销方法，如针对农村旅游在许多镇上摆摊；有品尝环节的开放日和门到门日。但这些努力大部分都失败了，中长期都没产生满意的效果。实际上，由于销量小，该组织不得不关闭那些摊位。

该组织的生产得到了几家认证：有机认证和生态改变公平贸易标签的有机证，这使他们可以进入欧洲市场，尤其是法国，这非常有前景，因为那里对有机橄榄油的需求非常大。

未来进一步发展还面临一些障碍：

- 该地区的妇女很分散，离压碎中心很远。
- 设备的定期维护很困难。
- 出现运输相关问题（他们的两辆皮卡过度使用）。
- 组织领导被授予过多的决策权导致的一些组织问题。
- 过于依赖创办者。

然而，经验也表明项目对社区产生了毫无疑问的影响：

(1) 妇女传统知识的丰富与完善。

(2) 妇女生活水平显著提高，她们财务独立性增强，对家庭产生了影响，男人的行为也产生了变化。

(3) 地方当局进行了实物或现金支持，以确保为项目的成功和延续提供良好环境，并鼓励当地人发展类似项目。

(4) 应用现代技术以得到符合国际标准与规范的优质产品，尤其是橄榄的冷压，以及梨干、西梅（梅子）混合干燥技术的引入。

现在，该项目已成为实施类似项目的参考和模式。

来源：Hamimaz 和 Sbai (2008)。

为保证计划的有效性，在部级和地方层面上都设立了新机构，部里设立了地方产品开发司和标签司，地方层面上则为各地产品设立了16个地方农业服务局，每个都有详细的区域计划。

尽管比其他马格里布国家更先进些，但摩洛哥的该产业仍然有一些薄弱点：

（1）部门管理不善，组织架构不完善，缺乏专门组织；

（2）整个产业链的组织不健全，包括生产和分配方面；

（3）产业链价值分配不合理；

（4）由于生产的小规模导致缺乏竞争力；

（5）生产力主要还基于手工和少量投资；

（6）人力资源素质低；

（7）消费者信息不完备；

（8）业内大部分专家忽视了不完备的国内国际市场（Bendriss，2012）。

3.3 突尼斯：机会众多

关于质量，突尼斯强调提高产品质量，尤其是在推动产业现代化的框架下。20世纪90年代启动的国家质量提升计划尤其注重支持实施质量管理体系、食品安全、卫生与环境的公司，并给予他们认证奖励（包括ISO 9000、ISO 14000、ISO 22000、HACCP等）。此外，最近通过的一项法令（2010年9月18日通过的第2010－2525号法令）为一些传统的或具有特色的优质食品建立了突尼斯加工食品的质量标签制度（食品质量标签）。质量特征有特别说明，每种产品都指定了一个标签负责单位。在这个阶段，安排了三个标签，分别名为“哈瑞萨”（Harissa）、“沙丁鱼”（Sardines）和“突尼斯糕点”（Chamia）。至于有机部门，继1999年4月5日通过的第99－30号有机农业法律以及几项法令和命令构成突尼斯有机农业治理的法律框架后，该国十多年来又采取了一系列措施。自2009年6月以来，突尼斯是唯一得到欧盟有机产品列表承认的第三方非洲国家，2011年5月，也得到了瑞士列表承认。目前，突尼斯有7个控制与认证机构。需突出强调的是政府对有机农业的支持。他们支持的形式有新投资补贴、认证费用补贴、暂停特定有机投入的关税和增值税等。当前，该国有机农业认证面积为非洲第二，拥有南地中海国家中独一无二的国家有机产品标志。

关于地理标志的法律，1999年6月28日通过的第99－57号法律与保护原产地名称和农产品产地证明有关，之后，几乎约10年后（2008—2010），才通过了有关它的实施法令。在这个阶段，3种产品获得了原产地标签：加贝斯（Gabès）石榴、斯比巴（Sbiba）苹果、莫纳斯提尔（Monastir）橄榄油，刚刚出现的还有杰布巴（Djebba）无花果。尽管在已得到承认的标签的实施上并没有取得多少进展，但人们对完善当地产品标签程序表现出了很大兴趣（Hassainya，2012）。

尽管特色产品具有极大潜力，组织人员有极强动力，但该部门还有许多弱点，尤其是人们发现生产者参与很少。尽管在地理标志水果的营销与交流（不增加生产价值）方面进行了很多努力，但他们不是这种行动的推动者。这导致贴标的产品很少，对当地发展的影响也十分有限。

即使有少数生产者愿意进一步推动地理标志特色产品行动，显示了该行动具有可行性，但政治因素也无法动员更多生产者参与其中。

突尼斯正对许多产品进行双重认证战略评估，即有机、特色评估以进一步加强供给链。

突尼斯本地产品寻求认同：马耳他橙为例

突尼斯生产的马耳他半血橙是当地的特色产品，闻名国内外。该品种与突尼斯的关系更紧密，突尼斯是该产品的唯一产地和出口地，是真正的地方特产，它的独特质量基本上在卡本半岛以及该国北部和中部的几个热带地区表现最明显。过去50年来，这种橙子因其独有的特征在法国和中东都很闻名。它的特征有：多汁（非常适合榨汁），红色，相当甜，几乎没籽，香气独特。尽管潜力巨大，但其价格比普通橙子高30%～50%，出口量已趋平稳。困难主要在于产品质量问题，以及产业组织形式不适应向竞争激烈市场出口的现实。此外，生产者分散和缺少物流设施也使他们难以控制生产销售，并难以在销售过程中突出水果所具有的内在品质。

此外，负责推广突尼斯产品的水果国际贸易组织（GIFruits）选择突出该马耳他橙的果汁质量，因此将他们与那些便宜得多的其他橙子（西班牙橙子、摩洛哥橙子等）放在了直接竞争的位置，而不是突出使其在市场上成为差异化产品的更独特的质量。

在卡本半岛为马耳他半血橙设立地理标志保护（PGI）项目的可能性：该PGI项目由世界银行支持，包括采取措施提高生产者素质以确保其在出口市场的竞争地位；划定生产区域；加强地理标志的一致性，这种一致性要以使该区域成为原产地的因素为基础，因此应是该区域产品的竞争决定性因素。

PGI项目表明，在适用性战略选择中，进行清晰的战略定位和信息传播存在诸多困难。突尼斯产的马耳他橙在国内外市场都享有盛誉。这表明与其独特质量和信息一致性具有十分紧密的关系，这种关系的紧密程度超过了与其特定地理原产地的关系。而且，一个PGI有必要排除其他区域外的生产者，以免有两种马耳他橙的情况，即一种有PGI，一种没有，将容易导致人们对产品质量的困惑。

组织的努力应更注重提高产品质量，改善供给结构，以提高国内市场（通过有组织的物流分销）和出口市场的供给效率。

来源：Mediterra（2012）。

4 行动前景

FAO和国际管理工商学会的研究使我们有机会了解该行动的不同参与者的承诺，考虑各国不同的政治、法律和意识层面的现状。因此，在国家和地区层面进行分析的基础上，提出了项目建议。

项目建议基于稳定当地产品物价的方法。该方法的目标是确定以下各方面的影响：高质量和普通产品的产业链，市场对产品质量的需求，生产和交易成本，每个阶段的增加值以及人员和组织能力。需要强调的是这个项目注重产品的物价稳定，它必定是有利于不同参与者的。不是单独帮助经营者的问题，而是通过他们的合作社、生产者组织和协会来支持他们，从而支持整个产业。

就此而言，项目的目标就是发展或加强当地产品物价稳定联盟，在瑞士就是职业协会，法国是保护原产地名称工会，意大利则为保护联盟。这些联盟处理如下问题：

（1）按区域和国家制定目录清单，确定目标特产；

（2）制定产品的生产标准和质量标准（规格说明）；

（3）帮助成员满足上述条件；

（4）代表成员对是否合规进行管理与认证；

（5）组织集体性标签（地理标志、集体标志或认证标志）的推广；

（6）常规推广战略的制定与实施。

5 结论

建立国家法律框架并不足以保证相应权利在国内外的可行性。地中海南部和东部国家缺乏国内监测体系，而现有制度不能有效保证已获得授权的人们能够完全遵守规范。

过去十多年来，地中海周边国家各类人群已日益熟悉质量、标签程序、物价稳定、当地发展等概念。他们日常工作和生活中都用到这些概念。这对他们来说是一个认可的过程。然而这个过程在不同情况下发生时具有不同的特点。

适应当地情况的制度变革势在必行。规定物价的过程必须基于真正的特异性，否则，要考虑应用其他标准。在这个问题上没有哪种观念方法是应该采用的。

参考文献

Antonelli, A., Pugliese, P. & Bessaoud, O. 2009. Diversifier l'activité rurale. In B. Hervieu & H-L. Thibault. *Mediterra 2009: Repenser le développement rural en Méditerranée*. Paris, Presses de Sciences Po.

Bendriss, K. 2012. *Valorisation des produits agricoles locaux du Maghreb à travers la labellisation: Rapport Maroc*. Rome, FAO, and Bari, Italy, IAMB.

FAO. 2009-2010. *Linking people, places and products. A guide for promoting quality linked to geographical origin and sustainable geographical indications*. Rome (available at http://www.fao.org/docrep/013/i1760e/i1760e.pdf).

Hassaïnya, J. 2012. *Valorisation des produits agricoles locaux du Maghreb à travers la labellisation: Rapport Tunisie*. Rome, FAO, and Bari, Italy, IAMB.

Hamimaz, R. & Sbai, A. 2008. *Key factors relating to the integration of small and medium-sized Moroccan olive oil producers into the modern markets. Case studies of two successful producers: GIE Femmes du Rif and Star Olive S. A. R. L.* Regoverning Markets Innovative Practice Series. London, IIED.

Marsaud, O. 2011. *Cultures bio et tradition-Rencontre avec Faycal Khebizat Biodattes Algerie*. In Africa24 (available at http://www.biodattes.com/RevueDePresse/africa24biodattesalgerie.bmp).

Mediterra. 2012. *Diète méditerranéenne pour le développement régional*. Paris, Presses de Sciences Po.

Sahli, Z. 2012. *Valorisation des produits agricoles locaux du Maghreb à travers la labellisation: Rapport Algérie*. Rome, FAO, and Bari, Italy, IAMB.

自愿性标准：影响小农的市场参与

Allison Loconto
国家农业研究院（INRA）
FAO 农村基础设施和农产工业司

1　摘要

本文是 FAO 2012 年针对自愿性标准对小农参与市场能力影响研究的文献综述的结果（FAO，2013）。研究发现，经验证据对以下三个主要标准的分析非常有限，即全球良好农业规范（GAP）、公平贸易标准和有机标准。而且，大量研究集中于两种商品：咖啡和园艺产品。尽管地理上覆盖范围较广，但大部分研究集中于少数几个国家：墨西哥、肯尼亚、秘鲁、哥斯达黎加和乌干达。本研究采用了影响路径模式来组织和分析经验证据中发现的趋势。结论可总结如下：第一，遵守标准的激励行为主要包括公平和可持续的供应链联系、提高资产的可获得性及支持合作社发展。第二，公共和私人参与者在支持自愿性标准方面都具有比较优势，相互合作时更有效。最后，政府可以提供服务，如基础设施和良好法制，这可以促进将小农纳入认证价值链。研究最后提出了政府如何调和自愿性标准影响的有关政策建议。

2　引言

自 20 世纪 80 年代以来，食品和其他农产品的消费需求日益增长。它们都具有与成分、产地、生产方法或贸易条件等有关的一些特定特征。这导致了大量有关这种产品的自愿性标准、标签和规则的出现，并影响了国内和国际市场。国际贸易中自愿性标准的快速扩散应用通常与全球化效应有关，而对全球价值链中超级市场控制的加强则伴随着食品安全恐慌和消费者对社会环境可持续问题的关注（Santacoloma，2014）。尽管认证产品市场仅占国际农产品贸易的一小部分（估计不超过 10%），但这种认证价值链越来越依赖于发展中国家的小农经济。

自愿性标准是有关一种产品或过程的规则、指导或特征。他们不是强制性制度，而是由生产者、加工者、零售商和消费者自愿应用的。

自愿性标准通常由私人参与者（如公司或协会）、公民社会代表或公共机构制定。

小农农业被认为是全球食物和原材料的最大供给来源，也是农村最大的就业来源（HLPE，2013）。对一些认证产品的主要出口市场来说，小农是最主要的生产者。例如，肯尼亚的小农生产了60%以上的认证茶叶（Kinyili，2003），全球市场上70%多的认证咖啡是小农生产的（Potts，van der Meer和Daitchman，2010）。然而，小农通常处于弱势，农村贫困人口约占世界贫困人口的75%（FAO，2012）。世界食品安全与营养委员会高级专家组发现，小农能够通过以下几种手段积极面对有利的市场条件：一是创新；二是为获取新的市场机会加强组织；三是提升加工能力；四是强化市场支配力。所有这些应对都是增加小农收入的方式，反过来又会促进食品安全。因此，理解自愿性标准如何影响小农参与市场的能力就可以清楚自愿性标准如何促进FAO所有人粮食安全目标的实现。

本文是FAO 2012年所做研究的文献综述结果（FAO，2013），该研究是应FAO的一个理事机构农业委员会（COAG）的要求做的，研究了自愿性标准对小农参与市场能力的影响。因此，本文的目的就是对该研究的主要结论进行总结。文章首先介绍了研究的目的与范围。简要描述了研究的数据搜集方法以及分析框架。研究总结主要根据文献中发现的四个主题来进行：①获得认证的决定因素；②规模经济和市场联系等决定哪些生产者能参与认证市场；③制度支持对促进小农参与市场非常重要；④生产者的价格和他们为认证所付出的成本都提高了。本文揭示了研究所得到的主要经验教训。

3 研究目的与范围

FAO的影响研究有两个目的：①对迄今为止已经进行过的单独的经验研究结果进行梳理总结；②找出现有文献和那些或许是FAO进一步研究所关注领域的主要差距。研究范围限定在自愿性标准对农、林、渔业的影响上。该研究也仅限于通过认证与其他验证形式来确认符合标准的框架。

与任何文献综述一样，本研究也存在许多局限性。第一，研究局限于独立研究人员当时在公共领域写作并出版的研究资料。第二，原始研究的偏差会转入综合研究中，因此从这些研究中得出一般结论时需注意这一点。第三，自愿性标准在实践领域快速发展，利益相关者不断讨论对话，并定期地寻求对该体系的进一步完善。这意味着标准及其实施系统相对于数据库中1993年进行的第一项委托研究时期已经发生了巨大变化。近来，多方利益相关者行动的发展趋势意味着更多的利益相关者在标准制定过程中获得了发言权，实施过程中遇到的那些问题或许会随着时间变化而解决。然而，文献综述的价值在于它能揭示自愿性标准如何影响小农市场参与的相关知识状况，并对未来的研究与实践指明方向。

4 研究简介

本研究采用了文献系统分析的方法，以定性和定量地描述发展中国家有关农、林、渔业自愿性标准的知识基础。首先，对 2003—2012 年由有关机构所做的 10 篇近期文献进行了梳理（其中 7 篇是 2009—2011 年的）。其他文献是通过滚雪球抽样法从原始数据库中抽取合适的文章，以及从网上查询特定作者的更多文献。FAO 的合适出版物也包括在原始数据库内。其次，采用国际贸易中心（ITC）的方法，用关键词查询斯高帕斯数据库（Scopus）科学指引和科学网（Web of Science）数据库，来确定 2011 年和 2012 年出版的文章或在其他文献中遗漏的文章。第三，查询那些包含认证部分的涉及技术援助项目主要捐助机构（包括标准发展组织）的网站，查找行动相关项目报告。由于很难找到内部评估，缺乏 FAO 项目评估的详细信息，作者只好依赖那些项目报告和公共领域出版的那些评估报告。这些查询查找了与本研究有关的其他出版物，最后得到了总共 340 篇原始文件资料库。

对这 340 篇文献的关键词和摘要进行了检查，被选入证据基础的研究符合以下六个标准：

（1）可获得性：可在线从出版商或通过图书馆文献数据库获得全文。

（2）实证研究：注重初始经验数据（事后分析）而非事前模拟或二手数据的理论讨论。

（3）重点部门：农业、林业、渔业部门及其他部门（不包括旅游、矿业、纺织或其他工业部门）。

（4）影响水平：关注生产水平或价值链影响，而不是消费者需求、政策或认证体系的治理方面。

（5）地理重点：发展中国家或转型国家。

（6）没有利益冲突：研究人员须独立于标准组织之外。

按此标准找到了共 138 项研究。对这些研究进行了完整的阅读。除了本研究特别关注的研究问题（即私人标准对小农市场参与的影响）外，那些完全符合六大标准的案例都被选入。相同研究样本得出重复结论的研究也剔除以减少

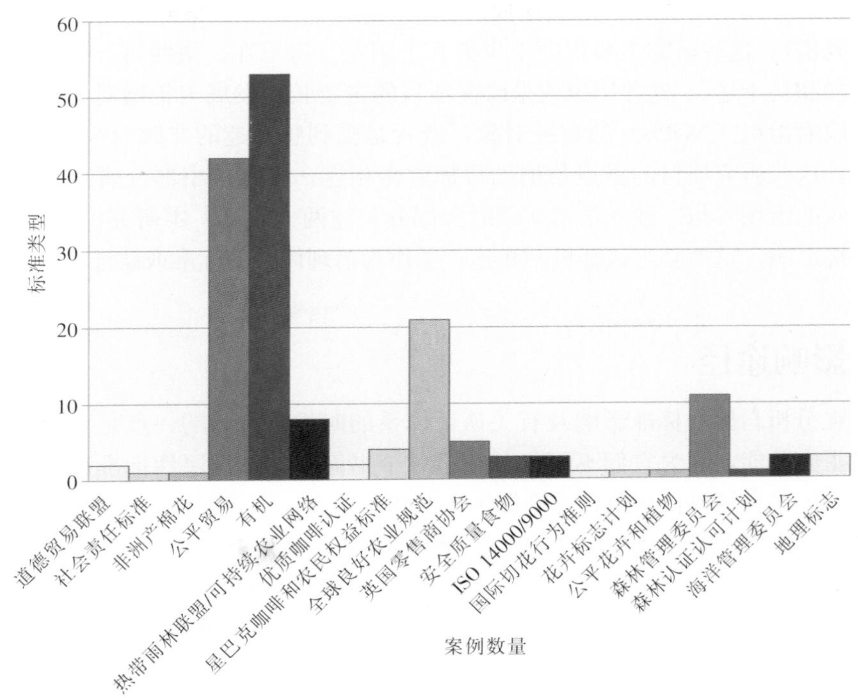

图 1　每种自愿性标准分析的案例数

来源：作者说明。

注：案例总数是 166 个，这里展示了 123 个独立的案例，其中有些案例分析了不止一种标准。

重复报告，共 101 个研究①构成了本综述的实证基础（图 1）。

实证基础包括项目报告、同行评审的期刊文章、灰色文献等。要找到标准和认证对指标（如收益率）变化或不同的影响的原因，需要建立反事实的证据。反事实就是如果农民或价值链没有进行认证，指标会如何变化的证据（Blackman 和 Rivera，2011）。有两个途径搜集反事实证据：实证研究设计或可以控制类似因素的统计技术。出人意料的是，对反事实实验进行控制的研究相对较少，实证基础中仅有 30 例。认识到这些挑战对评估的影响，本研究进行了定量和定性的研究，试图对实证基础有一个宽泛的了解。因此，研究中，我们试图抓住自愿性标准造成的广泛影响与后果，而不是仅关注那些标准造成的影响。

根据研究类型和方法对文献进行了严格分类，以对现有文献进行宽泛研究的同时，也能对非常严格的研究给予更多的关注。结果发现，大部分文献利用

① 研究案例报告数共 123 个，有些文章记录了不同结果的多个案例，为避免造成混乱，这些案例在分析中予以剔除。

了一组核心的实证研究，他们主要关注三大标准（全球良好农业规范、公平贸易和有机）。这些研究主要集中于少数几个国家（肯尼亚、墨西哥、秘鲁、哥斯达黎加和乌干达）。这些国家或是研究项目的主要长期发展与捐赠对象，或是相关非政府组织（NGOs）的委托对象，或者是受到感兴趣的非政府组织的委托。因此，这些研究项目的重点与捐助目标紧密相连。只有一小部分研究项目重点是小农的市场参与。独立学术文献的大部分关注两大领域，本研究中未考虑到：①环境影响，这不必与认证机制相连；②作为治理体系的标准或认证。

5 影响途径

在分析自愿性标准影响及有关认证体系的时候，重要的一点是要突出该框架的主要功能，因为它们不仅仅单纯是一个书面标准。自愿性标准形成的体系是用于定义良好操作规范，并确保生产者和消费者认识并回馈这些规范（图 2）。体系由标准开始逐渐形成，标准是一种书面文件，其中包括一些标准与指标。它规定了需要做什么及如何去做。通常需要通过审计或监管等手段对某些生产者或贸易商进行认证或控制。这样我们就可以知道一件事做得是否正确。

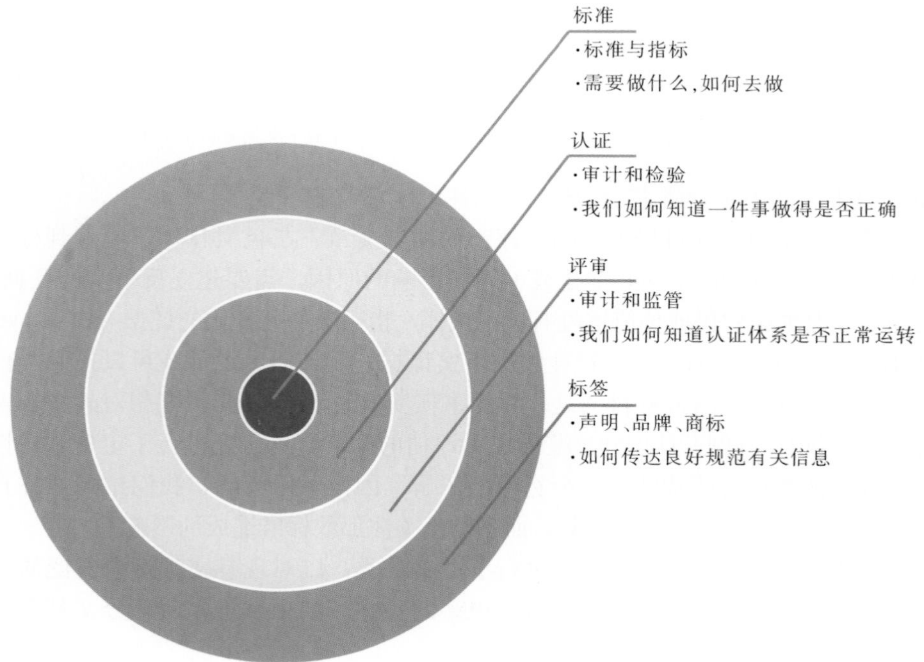

图 2　自愿性标准体系

来源：作者说明。

这种检查可以是自我评估，可以是市场交易的一方，通常是购买方，还可以是独立第三方。评审是这些体系的重要一环，因为评审是一种监管机制，来确保认证体系的正常运转。换句话说，有效的认证机构授予的认证意味着我们可以相信认证提供的结果。认证和评审都是标准核查系统的功能之一。最后，通常都有个标签。这个标签是一个标志或一个品牌，它将标准的关键信息传达给消费者。在目前应用的各种标准体系中，这些组成部分通常以不同的方式组织在一起。各部分的特定组合方式取决于标准运行的市场及其实施和执行的情况。

对文献的分析是基于“影响路径”的概念框架，在此框架下，可对其从认证的即时结果（产出）、短期效果和长期影响的角度来进行分析（图 3）。这个框架解释了标准的效果取决于标准的构成，一方面是其对生产方法和产品特征的技术要求严格，另一方面是对核查体系的组织要求。标准体系是否有内部支持服务也是影响标准效果的重要因素。

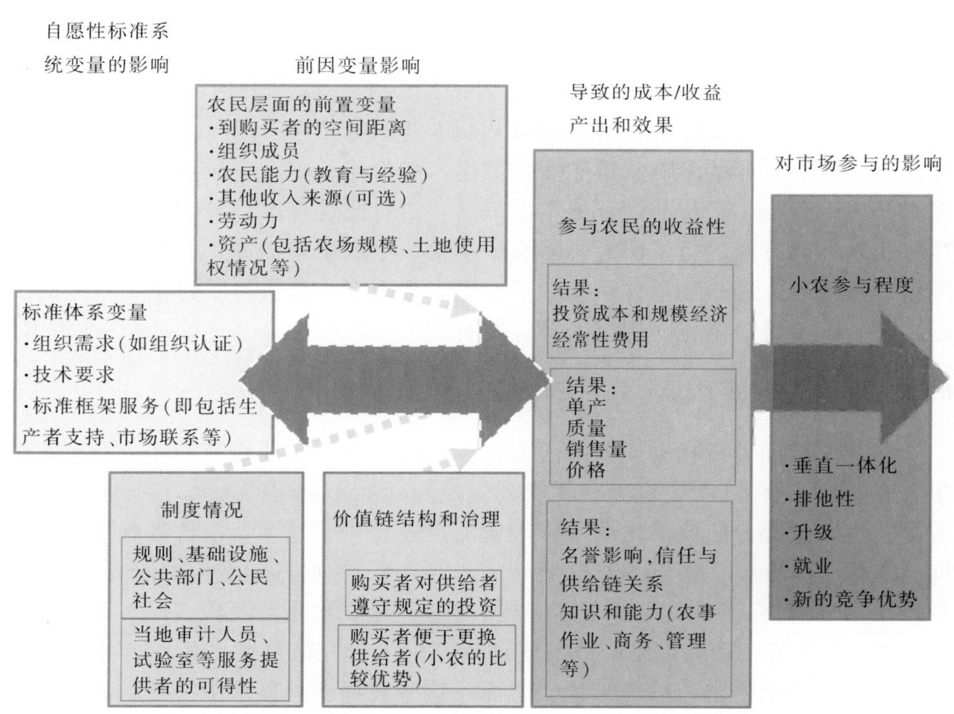

图 3　FAO 建议的分析自愿性标准对小农参与价值链影响的一般框架

来源：作者说明，FAO（2013）。

标准体系自身这些特征的影响还取决于其实施时的情况。例如，如果一个生产者已经使用了符合技术要求的生产方法，这些技术要求就不会产生那样的影响。然而，有些影响来自生产者必须遵守承诺的事实，框架也表明，市场参与是短期影响，而不是通过长期发展所得到的结果。也就是说，我们并不建议将市场参与同经济发展、可持续发展或食品安全摆在同样的位置。市场参与仅是漫长发展道路上的其中一步。

图3中未包括的一个方面是销售量和价格取决于各种外部因素，如市场对认证产品的需求，标准的贸易规则，设立最低价格及产品的质量或原产地等特征特性。实际上，图3代表了一种理解影响的启发式工具，而非设定因果关系的正式框架。下面的结论按照这个框架来进行叙述。

6 结论

在考虑自愿性标准对小农市场参与的影响上，确定了四组重要的变量指标。第一组指标是农户是否采用自愿性标准的影响因素，也就是农民层面的因素，如农场规模、家庭财富、家庭规模、教育或经历、农业外活动、距离市中心或市场远近，这些因素影响农民是否采用标准。第二组指标是农业体系指标，研究审视了规模经济、组织成员和制度背景等指标。第三组是收益产出指标，研究搜集了那些影响收益的变量数据，如价格、单产、质量、知识或能力建设、声誉影响、产量和遵守成本。最后，对自愿性标准调节小农市场参与的途径在以下几方面进行了研究：垂直一体化、小农素质提高、农村就业和小农及出口排他性。这些变量在后面的子专题中按以下主题进行了讨论：采用的决定因素、价值链一体化、规模经济、现有制度和收益性。

6.1 采用的决定因素

在农民层面分析标准影响的研究很少，仅为所有实证研究的23%（123个里有28个）。有19项研究考察了农场规模与标准影响间的关系，其中18项是实证研究，大部分研究质量属于中等偏上，还有一个是项目报告基础上写出的期刊文章（Asfaw，Mithöfer和Waibel，2010）。考察其他变量的研究更少：9个涉及家庭财富，11个关于家庭规模，16个关于教育与经历，8个关于农业外活动，7个关于距离市中心或市场远近。由于研究数量少，所用方法又各种各样，因而不能得出一般性结论。然而，这些数据还是显示出一些趋势。

第一，农场规模通常与认证正相关。这不是公平贸易案例的结论，而是那些考察有机、热带雨林联盟、星巴克咖啡和农民权益惯例、全球良好农业规范、英国零售商协会和国际标准化组织标准的研究发现的相关关系（Aloui和Kenny，2004；Arnould，Plastina和Ball，2009；Asfaw，Mithöfer和Waibel，2010；Bain，2010；Barham等，2011；Gibbon，Lin和Jones，

2009；Maertens 和 Swinnen，2009；Philpott 等，2007；Raynolds，Murray 和 Leigh Taylor，2004；Roy 和 Thorat，2008；Ruben，Fort 和 Zúñiga-Arias，2009；Ruben 和 Zúñiga，2011；Setboonsarng，Leung 和 Cai，2006；Vagneron 和 Roquigny，2011）。第二，大量考察农民初始财富和资产的研究发现，这些因素与认证是正相关关系。这种资产、农场规模与标准采用之间的一致相关关系表明，农民进行认证初始投资的能力非常重要（Beuchelt 和 Zeller，2011）。有些研究发现，上述结果在早期的标准采用者中尤为明显（Eyhorn，Mader 和 Ramakrishnan，2005），这符合创新采用理论，即早期采用者的情况（资产方面）已使他们能冒更大的风险。然而，早期采用还受其他因素影响，如小农联合行动形成的规模经济，再如墨西哥咖啡、可可和芝麻生产中有机和公平贸易标准的早期采用者的情况等（Gómez Tovar 等，2005）。总之，似乎确有证据表明，在这些系统中存在一种自我选择的倾向，那些有能力进行初始投资的农民和出口商（如农场有更多资产）是最早加入的。研究还建议，农民和出口商满足自愿性标准要求的能力很大程度上取决于能力增强，意即标准所描述的他们实施良好农业规范的能力。

6.2 规模经济促进价值链整合

将小农整合进认证价值链的方式对于决定小农参与认证市场的手段和时机非常重要。作为标准采用决定因素的农场规模和农民能力的重要性表明，进入认证市场通常都要求规模经济。实际上，除提到规模经济的 11 个研究（两个项目报告和 9 个实证研究）外，所有的研究都发现规模经济对小农认证很重要。规模经济可从两个途径减少小农的遵守成本。第一是将成本分摊给众多小农，从而减少单个小农的前期投入，或者进行整合和集中，因为规模较大的生产者有更多资源机会有助于满足遵守成本（Cubbage 等，2009；de Battisti，Mcgregor 和 Graffham，2009；Dolan 和 Humphrey，2000；Henson 和 Humphrey，2009；Maertens 和 Swinnen，2009；Mausch 等，2009；Melo 和 Wolf，2007；Santacoloma 和 Casey，2011）。除个人土地和资产的集中外，小农还可以通过两种主要的组织模式实现规模经济，获得认证。

第一种就是通过合作社或其他类型的农民组织，实行内部管理控制体系并支付认证费用。这种组织可以向出口商销售或自己直接出口产品。这在 51 个案例中得到证实。此外，对小农的研究中从未发现小农是不属于任何一个组织的（Bacon，2005；Bass 等，2001；Utting-chamorro，2005；Valkila 和 Nygren，2009）。在有些标准中（如公平贸易和一些地理标志），小农参与生产者组织是加入标准实施计划的必要条件。第二种模式产生于订单农业，由购买者（或贸易商）组织内部控制系统和支付认证费用（Asfaw，Mithöfer 和

Waibel，2010；OECD，2007；Okello 和 Swinton，2007；Okello，Narrod 和 Roy，2007）。这种方式通常是为了在价值链中从无组织的小农那里获得一致的质量和供给（FAO，2005）。这样，自愿性标准的影响会因此与组织形式的影响重叠。然而，这些组织形式的影响并不能总是归因于自愿性标准，因为产品特征及其他方面也可能有利于合作社或订单农业（Loconto 和 Simbua，2012；Maertens 和 Swinnen，2009）。

总之，作为某个组织的成员确实是小农参与认证市场的必要条件。更严谨的研究通过寻找公平贸易协作要求中存在的困难发现了组织成员关系中更细微的方面。通常人们注意到的是行政失误（Sáenz-Segura 和 Zúñiga-Arias，2008），尤其注意到的是合作社规模与价格的负相关关系，这可能与过度供给，及合作社难以在认证市场卖掉大部分产品等问题有关（Barham 和 Weber，2012）。尽管如此，除了对出口商的特别销售和其他不协调的贸易关系外，自愿性标准的组织要求确实对小农参与认证价值链的方式有直接影响。实际上，文献一致认为，尽管这些标准被视为由消费者偏好导致的市场驱动，但企业买家、供应链龙头以及认证价值链的信息传递者等才是生产和消费扩张的动力。

6.3 现有制度很重要

价值链组织、决定农场是否采用标准的影响因素和标准体系之间的关系通过国际、国家和地方层面的制度环境和中介机构进行传导。本综述中有一半研究提到了制度环境，近期的文献也强调了自愿性标准应用的制度环境的重要性（Barham 和 Weber，2012；Henson，Masakure 和 Cranfield，2011）。制度环境对理解自愿性标准与已有的生产和贸易规范之间的交互作用非常重要。这也使人们认识到，决定影响效果的变量远多于现有研究中的常用变量，因此增加了解释难度。

制度基础设施支持中常被引用的例子是国家或项目特定补贴。捐助者支持的项目为帮助小农进行初始投资提供了巨大支持（Asfaw，Mithöfer 和 Waibel，2010；Damiani，2003；de Battisti，Mcgregor 和 Graffham，2009；FAO，2009a；Giovannucci，2005；Naqvi 和 Echeverría，2010；Ramm 等，2008）。然而，对于与全球良好农业规范和有机标准相关的项目，人们也注意到一旦项目停止，小农也会变得没有资格了。据称这是因为常规遵守成本和价格溢价的不确定性（de Battisti，Mcgregor 和 Graffham，2009；Van Elzakker 和 Leijdens，2000）。国家补贴项目也有助于农民重新分配资源用于自愿性标准投资。例如，Barham 等（2011）发现，墨西哥的“进步/机会”等政府补贴使种植咖啡的净收入水平与家庭平均收入水平持平。另一个研究也在墨西哥发现了类似情况（Calo 和 Wise，2005）。

国家机构在标准采用中或许也发挥了重要作用。比如，越南咖啡和可可协会（Vicofa）加入一些公共、私人伙伴计划后成为4C协会的创办会员，这些伙伴计划包括德国技术合作公司（GTZ）、诺伊曼集团、莎莉集团、卡夫及其他伙伴（Manning等，2012）。现在，Vicofa在越南4C标准实施中发挥了重要作用。类似的，哥伦比亚全国咖啡种植者协会在其国内的标准采用中发挥了重要作用（Grieg-Gran，2005）。Henson、Masakure和Cranfield（2011）分析了十个非洲国家鲜活农产品生产出口公司采用全球良好农业规范的决定因素。结果发现，显著的影响因素包括内部能力（如在解决市场紧急状况方面有历史问题的公司不太会被认证），技术和财政援助，以及园艺产业的规模具有显著影响。Espach（2005）解释了供给因素，如产业特征、公共政策和公司的企业文化显著影响着项目的实施。Ruben和Zúñiga（2011）的研究也表明结构因素影响小农加入标准体系的选择，也影响小农为其产品寻找出口市场的可能性。

简而言之，即使生产者、农场的那些内部限制因素，如遵守自愿性标准必需的人力、物质资本和财力等能够解决，许多外部限制因素也仍然存在。这包括宏观或产业的一般公共基础设施与服务，如运输通信系统、能源供给和检测设施等。这些因素在一定程度上限制了生产者/出口商满足出口需求的能力，对生产者/出口商进入出口市场造成阻碍。这对无法利用私人资源克服系统约束的中小型生产者来说可能是一种重要的障碍（OECD，2007）。这证明获得国内的支持服务和基础设施对小农运营而言是一种关键因素。这类的研究才刚刚开始，如果我们要明确制度背景何时以及如何才能有利于小农生产者，就还需要进一步加强此类研究。

6.4 小农从认证中是否受益

实证基础中有50篇论文提到了收益，85个报告了价格产出，50个研究了单产，15个与质量有关，28个提到知识或能力建设，11个研究了声誉影响，35个提到遵守成本，而49个研究了生产成本。总体说来，现有文献表明所有的指标都得到了提高。也就是说，一般趋势是收益率上升，成本也上升。然而，这些文献在数据搜集、分析技术方法及结果报告方面存在显著差异。没有一项研究涉及所有这些指标，而通常对与自愿性标准有显著关系的2～3个指标（如价格、单产和成本；价格、成本和收益）进行了检验。考虑到数据质量较差，研究仅报告了从29个高度严谨的研究中所得到的具体收益结果。

图4显示有些标准（如有机、公平贸易、星巴克咖啡和农民权益标准及热带雨林联盟）的收益结果看起来要比其他的好（如全球良好农业规范、ISO14000、森林管理委员会、森林认证认可计划和地理标志）。这并不是说靠

后的那些标准就是没用的，因为发展中国家关于小农的证据既少又带有不确定性。

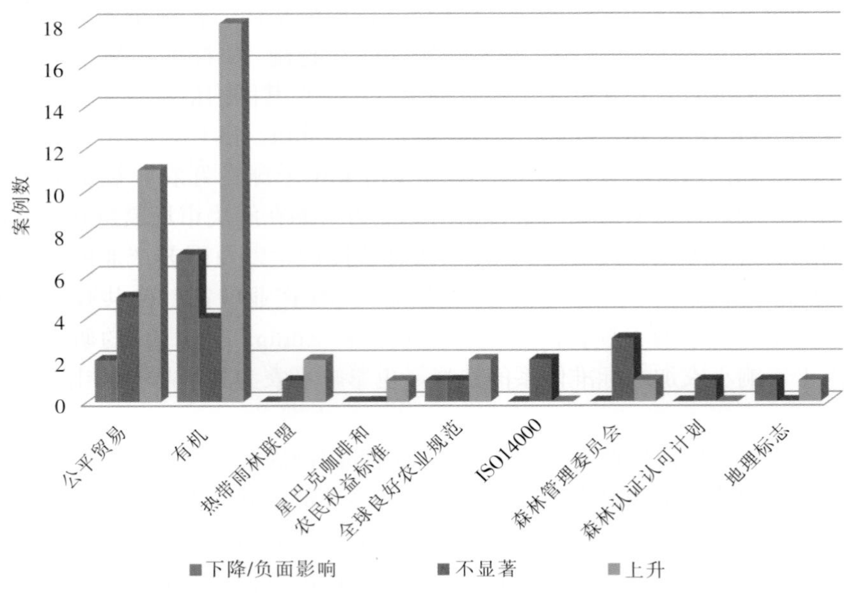

图 4　自愿性标准的好处

来源：作者说明，FAO（2013）。

很难决定这些标准是否有利的一个原因就是，众多因素对收益形成综合影响，如价格、单产、产品质量、成本、管理、贸易关系与声望等。我们对这些因素单独对标准的影响要比整体的收益影响了解得多。例如，农民确实看到他们产品的价格上涨了，尤其是有机和公平贸易中（Bolwig，Gibbon 和 Jones，2009；Ruben，Fort 和 Zúñiga-Arias，2009；Setboonsarng 等，2008）。同时，随着参与认证，生产者的成本也增加了或保持不变（Daviron 和 Ponte，2005；Henson，Masakure 和 Cranfield，2011）。生产成本看来要比遵守成本增加得多（Barham 等，2011；Santacoloma 和 Casey，2011），但需注意的是研究中的许多生产者并未支付认证费用，因为有些补贴、项目或贸易商支付了这笔费用。这种费用常常被计入农民获得的价格中，这意味着农民所报告的价格上涨中的一部分（或没变化）包括已支付的认证费用。这才是实际成本。还要重点指出的一点是，尤其是公平贸易、星巴克咖啡和农民权益标准、有机和热带雨林联盟案例中，较高的收益来自单产的增加，而不是直接来自价格的上涨（Barham 等，2011；FAO，2009b；Lyngbak，Muschler 和 Sinclair，2001；Ruben 和 Zúñiga，2011；Valkila，2009）。最后，有些研究针对标准对市场声望和管理能力（包括更好的农场管理和商务管理）的积极影响进行了评论

（Bass 等，2001；Daviron 和 Ponte 2005；de Lima 等，2008；Raynolds，Murray 和 Leigh Taylor，2004；Ruben 和 Zúñiga，2011；Sáenz-Segura and Zúñiga-Arias，2008）。

7 结论

研究发现，尽管人们就标准对小农市场参与的影响进行了大量研究，但大部分文献都关注重点的几项实证研究，这些实证研究主要集中于三个标准（全球良好农业规范、公平贸易和有机）。许多研究主要集中于少数几个国家（肯尼亚、墨西哥、秘鲁、哥斯达黎加和乌干达）。这是因为这些国家或是研究项目的主要长期发展与捐赠对象，或是相关非政府组织的委托对象。这使研究结果与捐助目标紧密相连，因此搜集到的关于小农市场参与的证据仅是一小部分研究项目的重点。也就是说，现有文献的代表性不够充分。这使目前的知识基础有限而不能得出一般性的结论。

此外，不同背景下自愿性标准的影响存在差异。标准体系的内部矛盾，产品生产的地理、制度和价值链差异都表明，特定背景导致了标准对小农市场参与方式的影响存在差异。因此很难得出一般性结论，某种特定标准是具有排他性还是包容性。然而，十分清楚的是小农需要组织起来以加入认证价值链。经验证据表明，公平和可持续的供应链联系（意即从购买者处得到中长期的承诺），资产的可获得性和支持合作社的发展促进了小农对标准的遵守。

最后，政府可提供服务使小农的参与更容易。与早期研究不同，近来的实证研究和综合文献综述已认识到，公共部门在自愿性标准发展中确实起到重要作用。文献中已有将自愿性标准作为纯私人制度到将自愿性标准视为与公共部门协作的混合制度的转变趋势。总之，不管是公共还是私人部门在支持自愿性标准方面都具有比较优势，两者联合的效率最高。

参考文献

Aloui, O. & Kenny, L. 2004. The cost of compliance with SPS standards for Moroccan exports: a case study. In *Agriculture and Rural Development Discussion Paper*. Washington, D C, The World Bank.

Arnould, E.J., Plastina, A. & Ball, D. 2009. Does fair trade deliver on its core value proposition? Effects on income, educational attainment, and health in three countries. *Journal of Public Policy & Marketing*, 28 (2): 186-201.

Asfaw, S., Mitöfer, D. & Waibel, H. 2010. What impact are EU supermarket standards having on developing countries' export of high-value horticultural products? Evidence From

Kenya. *Journal of International Food & Agribusiness Marketing*，22（3-4）：252-276.

Bacon，C. 2005. Confronting the coffee crisis：can fair trade，organic，and specialty coffees reduce small-scale farmer vulnerability in Northern Nicaragua? *World Development*，33（3）：497-511.

Bain，C. 2010. Governing the global value chain：GLOBALGAP and the Chilean fresh fruit industry. *International Journal of Sociology of Agriculture and Food*，17（1）：1-23.

Barham，B. L. & Weber，J. G. 2012. The economic sustainability of certified coffee：recent evidence from Mexico and Peru. *World Development*，40（6）：1269-1279.

Barham，B. L.，Callenes，M.，Gitter，S.，Lewis，J. & Weber，J. 2011. Fair trade/organic coffee，rural livelihoods，and the "agrarian question"：Southern Mexican coffee families in transition. *World Development*，39（1）：134-145.

Bass，S.，Thornber，K.，Markopoulos，M.，Roberts，S. & Grieg-Gran，M. 2001. Certification's impacts on forests，stakeholders and supply chains. London，International Institute for Environment and Development.

Beuchelt，T. D. & Zeller，M. 2011. Profits and poverty：certification's troubled link for Nicaragua's organic and fairtrade coffee producers. *Ecological Economics*，70（7）：1316-1324.

Blackman，A. & Rivera，J. 2011. Producer-level benefits of sustainability certification. *Conservation Biology*，25（6）：1176-1185.

Bolwig，S.，Gibbon，P. & Jones，S. 2009. The economics of smallholder organic contract farming in tropical Africa. *World Development*，37（6）：1094-1104.

Calo，M. & Wise，T. A. 2005. *Revaluing peasant coffee production：organic and fair trade markets in Mexico*. Medford，Massachusetts，USA，Global Development and Environment Institute，Tufts University.

Cubbage，F.，Moore，S.，Henderson，T. & Araujo，M. 2009. Costs and benefits of forest certification in the Americas. In J. B Pauling，ed. *Natural resources：management，economic development and protection*，pp. 155-183. New York，USA，Nova Science Publishers.

Damiani，O. 2003. *The adoption of organic agriculture among small farmers in Latin America and the Caribbean：thematic evaluation*. Rome，International Fund for Agricultural Development.

Daviron，B. & Ponte，S. 2005. *The coffee paradox：global markets，commodity trade and the elusive promise of development*. New York，USA，Palgrave Macmillan.

de Battisti，A. B.，Mcgregor，J. & Graffham，A. 2009. *Standard bearers：horticultural exports and private standards in Africa*. London，International Institute for Environment and Development.

de Lima，A. C. B.，Novaes Keppe，A. L.，Corrêa Alves，M.，Maule，R. F. & Sparovek，G. 2008. *Impact of FSC forest certification on agroextractive communities of the state of*

Acre, Brazil. Imaflora-Piracicaba, SP, Imaflora.

Dolan, C. S. & Humphrey, J. 2000. Governance and trade in fresh vegetables: the impact of UK supermarkets on the African horticulture industry. *Journal of Development Studies*, 37 (2): 147-176.

Espach, R. 2005. Private regulation amid public disarray: an analysis of two private environmental regulatory programs in Argentina. *Business and Politics*, 7 (2): 1-36.

Eyhorn, F., Mader, P. & Ramakrishnan, M. 2005. The impact of organic cotton farming on the livelihoods of smallholders. Evidence from the Maikaal bioRe project in central India. Frick, Switzerland, Research Institute of Organic Agriculture FiBL.

FAO. 2005. *The growing role of contract farming in agri-food systems development: drivers, theory and practice*, by C. A. B Da Silva. Rome.

FAO. 2009a. *Increasing incomes and food security of small farmers in West and Central Africa through exports of organic and fair-trade tropical products. Assessment of the impact of the project in Burkina FasoCameroon, Ghana, Senegal and Sierra Leone*, by C. Dankers, E. Pay & L. Jénin. Rome.

FAO. 2009b. *Natural Resources Management and Environment Department comparative analysis of organic and non-organic farming systems: a critical assessment of farm profitability*, by N. Nemes. Rome.

FAO. 2012. *The State of Food and Agriculture. Investing in Agriculture*. Rome.

FAO. 2013. *Impact of voluntary standards on smallholder market participation in developing countries. Literature study*, by A. Loconto & C. Dankers. Rome (forthcoming).

Gibbon, P., Lin, Y. & Jones, S. 2009. Revenue effects of participation in smallholder organic cocoa production in tropical Africa: a case study. In *DIIS Working Paper* 2009: 06 Copenhagen, Danish Institute for International Studies.

Gibbon, P. & Ponte, S. 2005. *Trading down: Africa, value chains, and the global economy*. Philadelphia, USA, Temple University Press.

Giovannucci, D. 2005. *Evaluation of organic agriculture and poverty reduction in Asia*. Rome, International Fund for Agricultural Development, Office of Evaluation.

Gómez Tovar, L., Martin, L., Gómez Cruz, M. A. & Mutersbaugh, T. 2005. Certified organic agriculture in Mexico: Market connections and certification practices in large and small producers. *Journal of Rural Studies*, 21 (4): 461-474.

Grieg-Gran, M. 2005. *From bean to cup: how consumer choice impacts upon coffee producers and the environment*. Consumers International. London, Consumers International and International Institute for Environment and Development.

Henson, S. & Humphrey, J. 2009. *The impacts of private food safety standards on the food chain and on public standard-setting processes*. Paper Prepared for FAO/WHO. Rome, FAO, and Geneva, Switzerland, World Health Organization.

Henson, S., Masakure, O. & Cranfield, J. 2011. Do fresh produce exporters in sub-Saharan

Africa benefit from GlobalGAP certification? *World Development*, 39 (3): 375-386.

HLPE. 2013. Investing in smallholder agriculture for food security. A report by the High Level Panel of Experts on Food Security and Nutrition of the Committee on World Food Security, Rome.

ITC (International Trade Centre) . 2011. The impacts of private standards on global value chains. In *Literature Review Series on the Impacts of Private Standards*; Part I. Geneva, Switzerland.

Kinyili, J. 2003. *Diagnostic study of the tea industry in Kenya*. Nairobi, Export Promotion Council.

Loconto, A. & Simbua, E. 2012. Making room for smallholder cooperatives in Tanzanian tea production: can Fairtrade do that? *Journal of Business Ethics*, 108 (4): 451-465.

Lyngbak, A., Muschler, R. G. & Sinclair, F. 2001. Productivity and profitability of multistrata organic versus conventional coffee farms in Costa Rica. *Agroforestry Systems*, 53 (2): 205-213.

Maertens, M. & Swinnen, J. F. M. 2009. Trade, standards, and poverty: evidence from Senegal. *World Development*, 37 (1): 161-178.

Manning, S., Boons, F., von Hagen, O, & Reinecke, J. 2012. National contexts matter: the co-evolution of sustainability standards in global value chains. *Ecological Economics*, 83: 197-209.

Mausch, K., Mithofer, D., Asfaw, S. & Waibel, H. 2009. Export vegetable production in Kenya under the EurepGAP standard: is large "more beautiful" than small? *Journal of Food Distribution Research*, 40 (3): 115-129.

Melo, C. & Wolf, S. 2007. Ecocertification of Ecuadorian bananas: prospects for progressive North-South linkages. *Studies in Comparative International Development* (*SCID*), 42 (3): 256-278.

Naqvi, A. & Echeverría, F. 2010. Organic agriculture: opportunities for promoting trade, protecting the environment and reducing poverty. Case studies from East Africa. Synthesis report of the UNEP-UNCTAD CBTF initiative on Promoting Production and trading opportunities for organic agriculture in East Africa. In *UNEP-UNCTAD Capacity Building Task Force on Trade, Environment and Development* (*CBTF*) . St-Martin-Bellevue, France, UNEP.

OECD (Organisation for Economic Co-operation and Development) . 2007. Private standard schemes and developing country access to global value chains: challenges and opportunities emerging from four case studies. In *Directorate for Food, Agriculture and Fisheries Committee for Agriculture*, edited by Working Party on Agricultural Policies and Markets. Paris.

Okello, J. J. & Swinton, S. M. 2007. Compliance with international food safety standards in Kenya's green bean industry: comparison of a small-and a large-scale farm producing for export. *Applied Economic Perspectives and Policy*，29 (2)：269-285.

Okello，J.J.，Narrod，C. & Roy，D. 2007. Food safety requirements in African green bean exports and their impact on small farmers. In *IFPRI Discussion Paper* 00737. Washington，DC，International Food Policy Research Institute.

Philpott，S.M.，Bichier，P.，Rice，R. & Greenberg，R. 2007. Field-testing ecological and economic benefits of coffee certification programs. *Conservation Biology*，21 (4)：975-985.

Potts，J.，van der Meer，J. & Daitchman，J. 2010. *The state of sustainability initiatives review* 2010：*sustainability and transparency*. Winnipeg，Canad and London，UK，A Joint Initiative of IISD，IIED，Aidenvironment，UNCTAD and ENTWINED.

Ramm，G.，Fleischer，C.，Künkel，P. & Fricke，V. 2008. Introduction of voluntary social and ecological standards in developing countries. In *Evaluation Reports* 043. Berlin，Federal Ministry for Economic Cooperation and Development.

Raynolds，L.T.，Murray，D. & Leigh Taylor，P. 2004. Fair trade coffee：building producer capacity via global networks. *Journal of International Development*，16 (8)：1109-1121.

Roy，D. & Thorat，A. 2008. Success in high value horticultural export markets for the small farmers：the case of mahagrapes in India. *World Development*，36 (10)：1874-1890.

Ruben，R.，Fort，R. & Zúñiga-Arias，G. 2009. Measuring the impact of fair trade on development. *Development in Practice*，19 (6)：777-788.

Ruben，R. & Zúñiga，G. 2011. How standards compete：comparative impact of coffee certification schemes in Northern Nicaragua. *Supply Chain Management：An International Journal*，16 (2)：98-109.

Sáenz-Segura，F. & Zúñiga-Arias，G. 2008. Assessment of the effect of Fair Trade on smallholder producers in Costa Rica：a comparative study in the coffee sector. *In* R. Ruben，ed. *The impact of fair trade*. Wageningen，Netherlands，Wageningen Academic Publishers.

Santacoloma，P. 2014. Nexus between public and private food standards：main issues and perspectives. In *Voluntary standards for sustainable food systems：challenges and opportunities*. A Workshop of the FAO/UNEP Programme on Sustainable Food Systems. Rome.

Santacoloma，P. & Casey，S. 2011. Investment and capacity building for GAP standards：case information from Kenya，Chile，Malaysia and South Africa. In *Agricultural Management，Marketing and Finance Occasional Papers*. Rome，FAO.

Setboonsarng，S.，Leung，P. & Cai，J. 2006. Contract farming and poverty reduction：the case of organic rice contract farming in Thailand. In *ADB Institute Discussion Paper No*. 49.

Setboonsarng，S.，Stefan，A.，Leung，P.S. & Cai，J. 2008. Profitability of organic agriculture in a transition economy：the case of organic contract rice farming in Lao PDR. In *16th IFOAM Organic World Congress，Modena，Italy*，16-20 *June* 2008.

Utting-chamorro, K. 2005. Does fair trade make a difference? The case of small coffee producers in Nicaragua. *Development in Practice*, 15 (3-4): 584-599.

Vagneron, I. & Roquigny, S. 2011. Value distribution in conventional, organic and fair trade banana chains in the Dominican Republic. *Canadian Journal of Development Studies/Revue canadienne d' études du développement*, 32 (3): 324-338.

Valkila, J. 2009. Fair trade organic coffee production in Nicaragua-sustainable development or a poverty trap? *Ecological Economics*, 68 (13): 3018-3025.

Valkila, J. & Nygren, A. 2009. Impacts of fair trade certification on coffee farmers, cooperatives, and laborers in Nicaragua. *Agriculture and Human Values*, 27 (3): 321-333.

Van Elzakker, B. & Leijdens, M. 2000. *Not aid but trade: export of organic products from Africa; 5 years EPOPA programme*. Bennekom, Netherlands, Commissioned by Sida-INEC, Agro Eco.

地理标志作为可持续食品体系的工具：属地原则的重要性

Emilie Vandecandelaere
FAO经济与社会发展部食品安全组

1 摘要

世界贸易组织（WTO）《与贸易有关的知识产权协定》（TRIPS）中将地理标志（GI）定义为："其标志某商品来源于某WTO成员地域内，或来源于该地域中的地区或某地方，该商品的特定质量、信誉或其他特征主要与该地理来源有关。"地理标志因而是受成员保护的知识产权，通常是在注册之后。注册主管部门认为，使用者要证明特定质量与原产地有关，并提交用以检验的技术说明或行为规范，如情况属实，则当局就会批准该地理标志。地理标志因此成为基于本地生产过程的自愿性标准的例子。这可以通过实地项目案例来说明（摩洛哥、克罗地亚），尤其是因为它直接涉及生产者，更重要的原因是，通常小农才是掌握具有强烈地方特色传统产品的人。因此，本地生成的过程成为一种加强价值链后向联系的方式。

2 引言

地理标志可因其基于地域的特定方法而被视为可持续食品体系的工具——该地域就是生产区域，当地生产者（农民、加工业者）决定联合起来一起去促进并保护他们的特定质量的产品。这种本地化的方式假定在可持续的角度上存在不同因素，即使地理标志并不是因此而确立的。其中一个因素就是明确当地生产者，尤其是小规模的生产者在技术要求或行为规范（Cop）的建立和管理中的中心地位。这些小规模生产者通常是最好的传统守护者。

介绍了地理标志的定义之后，两个案例可以解释参与这种特定的自愿性标准可以得到什么好处。发展地理标志的好处很多，但不是可以自发完成的，需要在分析中引入一些重要条件。总之，有些条件可能与发展其他标准有关。

3 地理标志是什么

地理标志在世界上具有广泛的多样性，有些老的如香槟、帕尔马奶酪（帕马森）、皮斯科等，还有更近一些但已在世界相当知名的，如哥伦比亚咖啡、大吉岭茶及一些得到世界性认可的，如中国在欧洲市场注册的龙口粉丝，印度尼西亚的金塔马尼巴厘咖啡。地理标志不只是用于主要出口的原产地产品，有些非常传统的产品在当地也销售很好。每个地理标志都有其自己的徽标及其他视觉相关物来作为知识产权进行保护。人们可以看到，有趣的是还有些国家（或地区）的官方徽标证明了其是由官方当局注册的（见欧盟、阿根廷、摩洛哥和瑞士的例子）。

实际上，地理标志是一种知识产权［世界知识产权组织（WIPO），2013］，这并不是最近才有的方法。1958 年，《里斯本协定》（27 个缔约方）将原产地名称定义为：原产地名称是指一个国家、地区或地方的地理名称，用于指示一项产品来源于该地，其质量或特征完全或主要取决于地理环境，包括自然和人为因素（《里斯本协定》，1958）。更重要的是，1994 年，随着 WTO（153 个成员）的《与贸易有关的知识产权协定》的签署，地理标志成为主要的知识产权，《与贸易有关的知识产权协定》第 22 条第 1 款将其定义为："其标志出某商品来源于某成员地域内，或来源于该地域中的地区或某地方，该商品的特定质量、信誉或其他特征主要与该地理来源有关"（WIPO，2003）。地理标志因此受到成员保护。保护地理标志可用不同的法律工具，但主要是注册体系（商标或独特的法律）。

最近的发展表明，世界地理标志数量不断增长，支持国家间的合作项目不断增加，尤其是发展中国家，他们不断加强建立与实施适当的法律和制度框架。

不是所有产品都可以用地理标志：实际上这意味着与原产地相关且必须进行证明，这在世界知识产权组织外观设计与地理标志法律常设委员会 2005 年 SCT/10/4 文件中解释如下（WIPO，2003）：

"与原产地关联说明地点与定义中一个或多个因素有关系，强调一个事实，即那种生产要素生产了……根据有效地理标志保护体系的不同，需要或多或少地根据多种不同因素进行，或者仅根据其中一种因素，以及相对精确和详细的文献进行验证。无论实际情况如何，都需要根据具体情况的评估来判断是否应该授予地理标志保护。"

上面摘录的这段话还突出了其他两个重要方面：

- 国际上并没有要求有专门的法律工具来保护地理标志；对原产地评估体

系也一样，因此从一国到另一国这种评估或多或少地会加强。

- 然而，原产地的关联性必须有据可查。因此，需要根据特定文献（技术说明或行为规范）判断每个地理标志保护权利的正当性。

4 地理标志及与原产地有关的质量

地理标志不仅仅是一种知识产权。与原产地有关指的是当地体系：一个领域，领域内的人群，当地资源，包括自然与人文资源。

一方面，对涉及的经济利益相关者而言，除知识产权使用上的排他性外，地理标志还是一种与当地系统有关的区别工具，也就是给消费者的一个信号。地理标志有三个组成部分：人、地点和产品（FAO，2010）（图 1）。

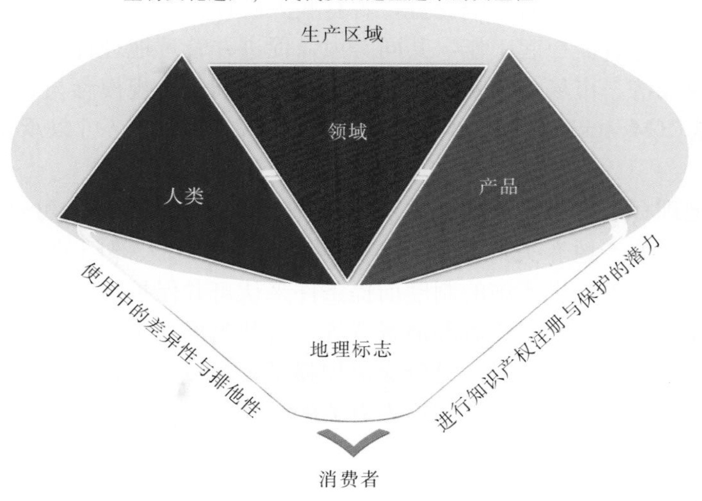

图 1　地理标志体系构成

（1）产品具有独特性，它的质量与特定地点有关，使其声名远扬。

（2）对特定地方资源的利用造就了产品的独特性：自然因素（温度、海拔、一些特定的酶类、属类或品种）和人文因素（传统实践），在本地得以发展和保护，产生连锁反应，并得到代代传承。

（3）人，首先是当地生产者（种植业者、饲养业者、加工业者），是关键要素：当地生产者是这些特定知识的主人和守护者，共同推动传统价值的保护。

因此，地理标志的发展过程（比如促进原产地产品质量和生产资源保护的过程），可视为一种由生产者创造的经济工具（生产者发展出来）与保护或促进当地遗产的工具之间的结合（Vandecandelaere，2011）。经济工具的属性还可以证明地方政府与机构在研究和发展等方面的支持是合理的。实际上，地方政府的支持通常发挥了重要作用。

这种方法使地理标志成为一种尤其重要的自愿性标准：

（1）行为规范，即技术说明，是专门针对某个特定生产区域的产品，也是实现其可持续发展的重要因素。基于管理和认证框架，在技术说明中定义当地资源（自然与人文）的作用，使适应当地条件的传统生产体系随着时间发展不断传承。

（2）初级生产者和加工业者对特定质量所起的作用也因此通过行为规范得到认识：他们从增加的价值中受益，这些价值在当地进行再分配（Barjolle，Reviron 和 Sylvander，2007）。

（3）地理标志方法是集体性的，因为地理标志及其名誉是集体性的：该领域内所有生产者都从该名誉中受益，若有些人破坏也跟大家的利益都有关。因此，价值链参与者需一起工作，共同努力，促进并管理地理标志。集体行动的优势（规模经济、市场力量强、协同效应等）有利于小规模参与者，使其受益于质量标志（Moschini，Menpace 和 Pick，2008），而自己可以承担得起相应支出。

（4）地理标志（与原产地有关）由公共当局进行评价与认可（注册）。通过地理标志对原产地有关产品进行推广是由公共和私人部门的特定关系造成的。公共部门负责提供实施的制度前提条件来认可并保护地理标志。这包括起草法律，使法规能保护生产者和消费者等。公共当局（全国和地方层面）和生产者就地理标志评估和注册的充分交流加强了公私对话，这可以促进许多项目的顺利实施，而并不仅仅是地理标志有关的问题。此外，从农村发展和文化遗产的角度来看，公共部门（独立于那些负责注册的机构）通常在支持地理标志发展过程中发挥着重要作用。

5 好处：两个实地案例

5.1 摩洛哥

摩洛哥实施了一项质量政策以支持边远地区的发展，这些边远地区能发现各种各样的丰富遗产。借此，农业和海洋渔业部发展战略已将推进特定质量和原产地产品纳入发展日程，而且由于其复杂性和新奇性，他们请求FAO给予帮助。2008—2010年，FAO已与其农业部合作开展了两个独立的项目，一个是在制度层面进行能力建设，制定新的法律制度框架；另一个是在区域层面的试点项目，在安第-阿特拉斯地区塔利温市的藏红花生产者间进行。

藏红花的柱头自古以来就被用于香料制作，用做香水和化妆品制备中的颜料，以及医药用途。人们认为藏红花是世界上最有价值和最贵的香料，其收成和收入变化极大。尽管全球90%的藏红花产于伊朗，但摩洛哥仍是世界上前十大生产国之一，位列印度和希腊之后，而在西班牙之前（Garcin 和 Carral，2007；Vaes，2008，2010）。摩洛哥几乎所有的藏红花都产自苏斯马塞德拉大区，全国产量的95%来自北高阿特拉斯、南安第-阿特拉斯、塔鲁丹特省和瓦尔扎扎特省。多年来，由于当地藏红花生产的独特性，该地区在全国乃至世界都非常知名。

藏红花非常适合山区生产，那里的土壤、海拔和气候条件更有利于它的生长。操作都是传统的特定劳动（灌溉、花的收获以及手工修剪）。该产品已成为当地文化与认知的一部分（Bouchelkha，2009）。

研究表明，塔鲁丹特省藏红花的特殊质量是由一系列因素综合造成的，包括该地区的土壤、气候条件等（Birouk，2009；Aboudrare，2009，2010）。

关于生物多样性的研究表明（Birouk，2009），当地无性系具有多样性，人们已充分认识到其质量。这也造成了一些困难，因为有些鳞茎在其他地区售卖和散布，生产者漏掉其中一些。为解决这个问题，进行了一些试验并提出相关建议，以确保当地品种在本地的繁殖。此外，多年来生产者摸索并总结出的独特经验已成为宝贵的文化遗产并一代代传播下去。塔鲁丹特省关于藏红花的最早记载在500多年前，但其何时引入仍然未知。它被当地人视为黄金，不只是因为它现在的价值，而且是因为它的黄颜色。这种香料在当地人的经济、社会和生态生活中发挥着重要作用。

有关的行为规范由地方委员会和生产者制定，当地一家非政府机构通过组织各种会议来讨论不同方面及要求，并根据当地传统操作（如无化肥、作物轮作、使用当地品种等）进行制定，以保护当地环境和文化（Région Souss Massa Dra，2009）。同时，对当地机构和生产者进行最佳农业与可持续操作行为培训，以在保证质量的前提下提高藏红花生产率。这促进了一些行为规范的改善而不用改变传统的可持续方式，如不用塑料收集，使用烘干机以更好地保存香氛（Migrations et Développement，2011）。谈判成功的表现就是，2010年4月，苏斯-马塞-德拉大区地方委员会提交了认可塔鲁丹特省藏红花的相关文件，其后进行了官方正式认定。该认证由国王在年度藏红花节上亲自颁给了生产者。

收集的藏红花柱头——1 千克需 10 万朵花

塔鲁丹特省藏红花标识阶段的主要成果

——历史与传统：12 世纪，首次证实塔鲁丹特省塔利温市和瓦尔扎扎特省塔兹纳喀什地区藏红花的存在。

——当地自然资源：火山壤过滤的雨水和来自锡尔沃（Siroua）山脉的水可决定藏红花的特定质量。

——当地知识：传统实践对种植和制备都很重要，其中妇女和年轻人起主要作用；当地知识与柏柏尔文化紧密相连，传统村落的本土化仍然是很强大的社区传统。

价值链组织得到了调整与加强：创立并加强了合作社组织，所有生产者、合作社、公司都组织起来形成一个经济利益集团（GIE），这最初是从七家合作社和两家公司合并开始的，该集团也是负责地理标志事务的协会。结果是价值增加了（在当地和国际市场谈判中获得更高价格），价值链的出口与合作得到加强，并避免了误导（图 2）。

塔鲁丹特省塔利温市和瓦尔扎扎特省塔兹纳喀什藏红花：产量、生产者和市场

- 生产者数：约 1 400。
- 涉及人数：7 000～8 000。
- 生产率：3 千克/公顷，塔鲁丹特省塔利温市（远低于 10 千克/公顷的潜力值）。
- 总产量：2008 年约 3 吨，其中 1.8 吨产自塔鲁丹特省 560 公顷产区，1～1.5 吨产自瓦尔扎扎特省塔兹纳喀什。
- 花粉出口市场（藏红花出口总量的 2%）：1998—2009 年，意大利（42%），西班牙（28%），美国（14%），加拿大（6%），法国（5%），沙特阿拉伯（2%）和其他国家（3%）。
- 花丝出口市场（藏红花出口总量的 98%）：1998—2009 年，西班牙（61.4%），瑞士（36.6%），法国（1.2%），意大利（0.8%）和其他国家（0.1%）。

来源：Dubois（2010）和 Vaes（2008，2010）。

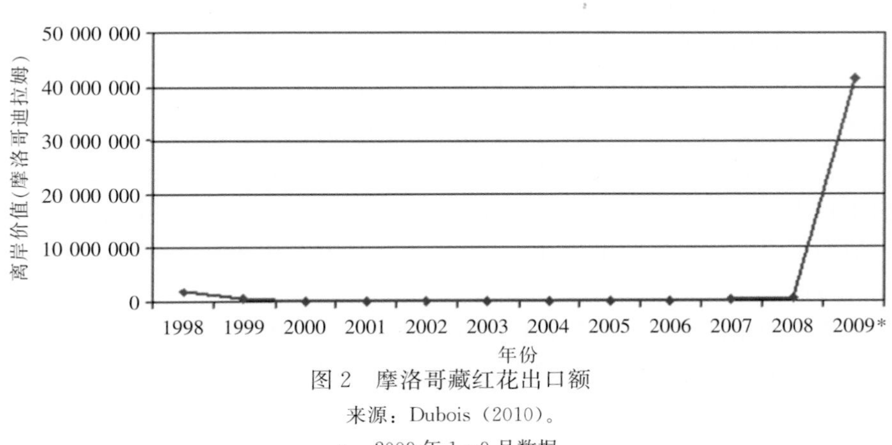

图 2　摩洛哥藏红花出口额

来源：Dubois（2010）。

*：2009 年 1～9 月数据。

因此，地理标志的发展使可持续生产体系的各种因素得以保护和加强，这包括经济、生物多样性和文化等方面。此外，值得一提的另一个影响是，整个领域内与藏红花有关的农业旅游得到了发展。

5.2　克罗地亚

“支持克罗地亚优质食品以促进农业食品公司与农民的后向联系”项目于

2011年3月启动，目的是充分利用国家当局以及阿格罗科尔（Agrokor）公司（克罗地亚一家农业龙头企业，欧洲复兴开发银行的客户）在地理标志发展领域所做出的努力。其目标是：①加强公司与其农业供给者的后向联系；②加强公共私人部门的交互作用，促进当地地理标志发展；③支持本地强大品牌（相对国际品牌而言）的发展以增强农村经济；④提高质量在消费者选择中的重要性。

克罗地亚确定了两种实验产品以为地理标志的发展做好准备：①巴兰斯基胡椒味香肠；②内雷特瓦河柑橘。这两种产品处在地理标志识别的不同阶段，但项目中的行动建议对两者均可提高其地理标志认可度，且为当地生产者提供了新的市场机会。克罗地亚农业部也表示有兴趣支持该倡议并参加几项行动，目的在于提高地理标志识别与保护的能力。

该项目突出表明了公共与私人部门合作的重要性及市场领导者的作用。

第一，由于试验项目的互惠学习及欧洲国家的游学，农业部从该项目中受益。2013年该项目开始时新法律下还没有注册地理标志，两年后，有12个地理标志进行了评估并注册，其他正处于评估中。

第二，从价值链的角度来看，这种方法加强了后向联系，初级生产者在市场决策中的重要性增加，因为人们知道当地条件与需求并将其考虑在内。除了这种纵向的关系外，该区域内生产者间在横向上也加强了合作，尤其是在支持小规模生产者方面。阿格罗科尔公司的领导型生产者在加强小规模生产者的信息获取方面起到了重要作用，提出产品优化建议（如食品安全方面）并支持建立了生产者组织。这在巴兰斯基胡椒味香肠案例中十分明显。当地由于战争遗留问题，人们之间难以互相信任。后来，两个案例中都对生产者组织进行了强化，并就进入缝隙市场达成了共识。尽管小规模生产者最初有点缺乏自信，但他们正越来越多地参与这些活动。最后，组织中有一个市场领导型公司很关键，他们可以保证良好的市场进入，推广巴兰斯基胡椒味香肠和内雷特瓦河柑橘这类特产。

从推广的角度来看，公共和私人部门的合作也是非常有意义的。公私合作可以通过特征与视频宣传等方式，提高克罗地亚消费者对地理标志的认识。

6 地理标志：一个强大但并不神奇的工具

可持续的三个方面有众多好处可从实地项目中学到，或通过阅读分析相关案例研究得到。地理标志对可持续发展的作用可描述如下（Frayssignes，2007，2009a，b；Pradyot 和 Grote，2012；Suh 和 Macpherson，2007；WIPO，2013）：

（1）经济影响：避免名称滥用，进入缝隙市场，增加价值，稳定价格，在生产者中对增加的价值进行重新分配，获得的利益反馈该区域，提高生产者收入，维持或发展边远地区经济活动，及发展能够从地理标志声誉中获利的经济活动。

（2）环境影响：保护或实际上改善自然资源，促进农业和野生生物多样性，传统操作往往更有利于环境。

（3）社会影响：保护文化遗产和生活方式，促进社会和专业网络的发展与繁荣，促进与生产和服务等其他当地活动产生协同效应的观念的发展，提升对生产者的尊敬，肯定生产者保护当地产品的努力。

（4）消费者福利：保护食物多样性，为改善消费者的选择权而标明具体质量，通过认证保证产品的质量水平和具体特征。地理标志显然是高质量产品的有效认证工具（Moschini，Menpace 和 Pick，2008）。

然而，必须注意的是，并不是说注册了地理标志就会产生相应影响。实际上，注册本身什么都做不了，所有的都有赖于框架的建立与管理，尤其是在当地作为集体战略的一部分，并在制度层面保障系统的可靠性。

实际上，如果建立、实施以及管理不完善的话，使这个工具强大的因素同样也可以使其弱小。尤其有两个重要特点需加强注意：

6.1　良好行为规范的建立没有通用的规则

（1）当地社区那些最了解原本操作和自然资源的人来确定行为规范中最合适的规则，以确保特定质量和当地资源的再生产。

（2）然而，如果这种规则制定过松（以避免过多限制）或过紧（会将一些潜在生产者排除在外）的话可能会产生问题。

（3）这种权衡的解决方法就是法律与制度框架，它会提供规则或评估程序以确保合理的平衡。

6.2　农民和生产者是该过程的中心

（1）由于认可他们在行为规范中的作用，因此他们是地理标志系统的中心，参与决策过程并从增加的价值中受益。

（2）然而，当他们与市场脱节或他们在进行地理标志相关工作未考虑下游价值链（或下游价值链人员不愿意参加）时就会产生问题。

（3）这就是为什么要将不同利益相关者及其作用都从营销的角度考虑周全非常重要的原因，是为了制定价值链战略。

7　结论

作为一种以地域范围为基础的本地化方法，地理标志对可持续食品体系来说是个很有意义的自愿性标准。行为规范反映了当地条件、自然资源与传统操作，使当地资源可以得到再生产，并将当地生产者，尤其是保护传统文化的小规模生产者纳入其中。此外，地理标志发展的先决条件是一种有利于整个框架可信度的公共-私人合作方法，它能加强消费者意识和信任度。它是一个强大但并不神奇的工具。它强烈要求当地人的参与，通常还需要一些外部支持，以证明与原产地的关系。FAO已采取一些措施来支持这种特定方法以促进可持续发展和与原产地有关的质量良性循环（FAO，2010）。

尽管地理标志可以被认为一种特别的自愿性标准（一种产品，一种技术规定），有些方面对引入其他自愿性标准来说也很有意义：

（1）对该领域初级生产者的价值再分配；

（2）所有不同类型经营者的代表都参与其中；

（3）自下而上的方法，从田间开始；

（4）当地资源及其特定特征考虑在内或采用长期的方法；

（5）公共监管框架下的私人倡议；

（6）消费者保护与公共监管信息（公章、行政控制）。

参考文献

Aboudrare, A. 2009. *Diagnostic agronomique de la culture du safran dans la région de Taliouine-Tazenakht* (available at http://www.fao.org/fileadmin/templates/olq/documents/documents/morocco/FAOTCPMOR3201-2a.pdf).

Aboudrare, A. 2010. *Bonne pratique agronomique de la culture du safran dans la région de Taliouine-Tazenakht* (available at http://www.fao.org/fileadmin/templates/olq/documents/documents/morocco/FAOTCPMOR3201-10.pdf).

Barjolle, D., Reviron, S. & Sylvander, B. 2007. Création et distribution de valeur économique dansles filières de fromages AOP. *Economies et Sociétés*, 29 (9): 1507 - 1524.

Birouk, A. 2009. *Renforcement des capacités locales pour développer les produits de qualité demontagne-Cas du safran. Mission report* (available at http://www.fao.org/fileadmin/templates/olq/documents/documents/morocco/FAOTCPMOR3201 - 1.pdf).

Bouchelkha, M. 2009. Etude sociologique sur la filière du safran. Projet FAO *pour développer les produits de qualité de montagne au Maroc-Cas du safran*.

Dubois, A. 2010. Analyse de la filière safran au Maroc: Quelles perspectives pour la mise en place d'une Indication Géographique? Montpellier: CIHEAM-IAMM. 84 p. (Master of Science No. 107).

FAO. 2010. *Linking people, place and products*. Rome, FAO, and SinerGI.

Frayssignes, J. 2007. *L'impact économique et territorial des Signes d'Identification de la Qualité et de l'Origine. Rapport d'étude*. Conseil Régional Midi-Pyrénées and Institut

Régional Institut Régional de la Qualité Alimentaire Midi-Pyrénées Tip - 533.

Frayssignes, J. 2007a. *L'impact économique et territorial des Signes d' Identification de la Qualité et de l'Origine-une analyse à travers les exemples AOP/AOC Rocamadour, IGP Label rouge Agneau fermier du Quercy, IGP Label rouge Haricot Tarbais et Label rouge Boeuf fermier Aubrac*. Conseil Régional Midi-Pyrénées and Institut Régional Institut Régional de la Qualité Alimentaire Midi-Pyrénées.

Frayssignes, J. 2009b. *L'impact économique et territorial des Signes d'identification de la Qualité et de l'Origine-aspects comptables, évaluation de l'importance économique, synergies entre activités*. Conseil Régional Midi-Pyrénées and Institut Régional Institut Régional de la Qualité Alimentaire Midi-Pyrénées.

Lisbon Agreement. 1958. For the protection of appellations of origin and their international registration of 31 October 1958, as revised in Stockholm on 14 July 1967, and as amended on 28 September 1979.

Migrations et Développement. 2011. *Rapport final pour le protocole d' accord avec la FAO sur le renforcement des capacités locales pour développer les produits de qualité de montagne Cas du safran*. (available at http://www.fao.org/fileadmin/templates/olq/documents/documents/morocco/Migration2011.pdf).

Moschini, G. C., Menpace, L. & Pick, D. 2008. Geographical indications and the competitive provision of quality in agricultural markets. *American Journal of Agricultural Economics*, 90 (3): 794 - 812.

Pradyot, R. J. & Grote, U. 2012. Impact evaluation of traditional Basmati rice cultivation in Uttarakhand State of Northern India: what implications does it hold for geographical indications? *World Development*, 40 (9): 1895-1907.

Région Souss Massa Draa. 2009. *Dossier de demande de protection de l'appelation d'origine 《Safran de Taliouine》*. Royaume du Maroc.

Suh, J. & MacPherson, A. 2007. The impact of geographical indication on the revitalization of a regional economy: A case study of 'Boseong' green tea. *Area*, 39 (4): 518 - 527.

Vaes, A. 2008. *Renforcement des capacités locales pour développer les produits de qualité de montagne-Cas du safran. Mission report* (avalable at http://www.fao.org/fileadmin/templates/olq/documents/documents/morocco/FAOTCPMOR3201-7a.pdf).

Vaes, A. 2010. *Renforcement des capacités locales pour développer les produits de qualité de montagne-Cas du safran. Rapport de la deuxième mission* (available at http://www.fao.org/fileadmin/templates/olq/documents/documents/morocco/FAOTCP-MOR3201-7b.pdf).

Vandecandelaere, E. 2011. *Combiner les Dimensions économiques et de bien public Pour contribuer au développement durable des territories*. WIPO, Worldwide Symposium on Geographical Indications, Raisonnements socio-économiques sous-jacents au développement des indications géographiques. Lima.

WIPO (World Intellectual Property Organization) . 2003. Standing Committee on the Law of Trademarks, Industrial Designs and Geographical Indications, *SCT/10/4 Geographical Indications*. Tenth Session, Geneva, Switzerland. 28 April-2 May 2003.

WIPO. 2013. *Geographical indications*; *an introduction* (available at www. wipo. int/export/sites/www/freepublications/en/geographical/952/wipo _ pub _ 952. pdf) .

联合国粮食及农业组织与私人部门的合作战略观

Annamaria Pastore
私人部门组长，FAO

1 摘要

越来越多的消费者、政府和企业试图探索和衡量环境对农业的影响和外部效应。本文重点从农场、农区以及国家层面研究可持续农业市场联盟在追踪农业足迹中的作用。

消费者对粮食生产质疑之声愈发强烈，而农户和下游供应链组织表示其商业经营行为是负责的。可持续农业市场联盟能够提供丰富的农事信息，弥补了供应链分析中的不足。

该联盟组织形式独特，联合政府、种植业协会、环保组织、企业等粮食和农业供应链相关主体，尤其是嘉吉公司、可口可乐公司、邦吉公司等，以实用、科学的技术和手段，加深农户和产业组织农事活动可持续性的认识。当前，美国和加拿大运营的是农田到市场模式，该模式正在欧洲和巴西进行推广。

Fieldprint 计算器是一种简单的高清快照工具，记录农事活动如何影响能源利用、环境、土壤流失和水资源使用，还能将农户田地基线图与国家、州以及县级平均水平作比较。

最后还提出了美国国家年度指标报告，该报告追踪了美国环境、社会经济指标及农田生产的影响。

2 引言

自 20 世纪 90 年代初以来，尽管世界饥饿人口大幅减少，但根据 2012 年 FAO 发布的《世界粮食不安全状况》，每天仍有近 8.7 亿人在挨饿（FAO, 2012a）。世界上仍有大量人口遭受饥饿，饥饿已成为人类发展面临的巨大挑战。显然单个组织或部门难以独立解决饥饿问题。

因此，FAO高度重视与私人部门间的联系，积极开展下至地方，上至国家、区域及国际层面的合作。通过合作努力，FAO及其伙伴能更切实有效地促进根除饥饿，削减贫困，改善贫困脆弱群体对食物的获取。

FAO以坚持可持续农业和农村发展，消除饥饿与极端贫困为使命，将广大的各类私人部门实体组织作为潜在合作对象，包括低收入国家农民组织和中小企业、跨国企业与私人基金会等。

农业开发与生产是私人部门的核心业务，他们可通过负责任的生产性投资、创新、提高效率和创造就业等多个途径，帮助大量的发展中国家人口摆脱贫困和饥饿。

发展中国家约有20亿小农，他们在反贫困和应对全球人口增长，粮食需求增加过程中起到重要作用。改善农业生产、提高技术转化效率以及知识和设备的可获得性，提高农业生产效率固然重要，但仅靠这些不会使农户和社区脱贫，而应当优化小农经营体系，以实现农业产业持续增长，农民的收入提高机会不断增加。因此，需要更宽广的发展思路，要以整个市场体系为目标，与所有利益相关方，包括私人部门保持紧密合作。

FAO关注私人部门合作始于巴西的成功与多方面经验。巴西的工作中强调共享价值和企业社会责任。企业社会责任相比偶然性行动，能更全面地解决社会问题，提升企业界形象。企业社会责任的前提是企业文化作为社会有机组成，在演变过程中应是健康的、可持续的。因此，实施零饥饿项目既调动了热衷社会活动解决食物短缺问题的企业，同时也为其他企业重新调整业务提供了机遇（Belik，2011）。

在新框架中，FAO要求合作者必须围绕如下五大战略目标：①消灭饥饿；②持续增产；③减少农村贫困；④使食品体系更具包容性，效率更高；⑤加强生计对威胁和危机的应对能力。

FAO各层次已开始进行改变，并通过文化转变过程完全融入工作之中。2013年4月30日，FAO办公室主任、文化变革新任主任Fernanda Guerrieri在采访中说："目前最大的变化是所有同事间需更进一步加强合作，而不受地域或职位的约束。这是新战略目标实施的直接结果，尽管数量少，但横跨领域大，也是FAO 2014年将着手实施的战略。"

正如格拉济阿诺·达席尔瓦所说，"私人部门一直以来对FAO做出了巨大贡献，但这种贡献常常未被大家所认可或重视，这种状况正在开始改变"（FAO，2012b）。

3 私人部门概念界定

私人部门包括各种规模、所有权和结构的企业、公司、厂商，涵盖粮食、农业、林业和渔业体系从生产到消费所有领域及相关服务，如金融、投资、保险、市场营销和贸易。

FAO认为私人部门包括很大一部分实体，包括：农民组织、合作社、中小企业、大型跨国集团、私人金融机构、产业贸易协会及代表私人部门利益的联盟。

曾成功合作的私人部门伙伴名录如下：

（1）企业：星巴克、默克公司、法国雅高集团等；

（2）专业联合会：国际饲料工业联合会（IFIF）、国际动物卫生联合会（IFAH）、世界兽医协会、印度商会和行业联合会；

（3）金融机构：法国农业信贷银行、南非渣打银行、印度商业银行、荷兰拉波银行、肯尼亚公平银行等；

（4）国际产业协会：泛非洲农业综合企业联盟、坦桑尼亚农业委员会可持续粮食实验室、欧洲农场动物饲养者论坛；

（5）私人基金会：比尔和梅琳达·盖茨基金会、洛克菲勒基金会、克林顿基金会、福特基金会、普华永道基金会；

（6）科研机构：世界资源研究所（WRI）、明尼苏达大学、非洲农业研究论坛（FARA）、康奈尔大学、墨西哥国立理工学院、全球粮食系统领导倡议（GIFSL）、加州大学、国际生命科学研究所、行业发展协会等。

4 合作领域

FAO最新通过的与私人部门合作政策中，已经确定六大领域的合作（FAO，2013）：

4.1 技术开发项目

私人部门可以在地方、区域及至全球层面对FAO的技术工作形成补充。私人公司可以与政府项目、FAO实行的地方项目相辅相成，刺激本地市场。跨国企业和大中型企业通过合理分配商品和服务，提供农业保险及信贷金融机会、增加农业投入、促进技术革新等，拉动当地中小企业和其他部门的发展，增强国家实力，促进经济增长。

技术开发项目案例表明了私人部门的贡献，比如，普华永道基金会“为缅甸恢复粮食安全和生计提供紧急援助”，以及福特基金会对“FAO 印度畜牧扶贫政策项目”的支持。

4.2 政策对话

私人部门参与国家和国际层面的粮食和营养安全问题的政策对话，有助于争论取得成效。它使私人部门利益和技术专家的意见得以考虑。这可以激发人们的归属感，从而增强政策采用与实施的可持续性。FAO 可在国际、国内各层次上积极鼓励和引导这种政策对话。

这种政策对话论坛的例子包括世界粮食安全委员会（CFS）的私人部门机制（PSM），畜牧供应链环境基准伙伴关系和世界香蕉论坛。

4.3 规范和标准制定

FAO 负责召集和主持国际行为准则、粮食和其他商品安全质量标准、FAO 职责范围内的国际惯例和监管框架（如负责任渔业行为守则、国际粮食与农业植物遗传资源条约、任期内土地、渔业和林业责任自愿准则）的磋商与实施。

4.4 宣传与交流

宣传与交流方面，私人部门在很多方面都能与 FAO 进行战略合作，实现 FAO 战略目标。比如，世界粮食日和电视粮食集资活动是私人部门参与赞助的主要例子，主要负责组织国家级主题活动。私人部门还通过实物捐赠和服务的方式，来提高世界和当地公众意识行动的知名度和有效性。这些合作的目的包括：保障 FAO 在全球公共议程中的优先权，尤其是食物权、抗击饥饿和农业可持续发展等领域；调动私人部门积极性，支持国际国内粮食和农业宣传与交流。

4.5 知识管理与传播

FAO 旨在为国际社会提供公正的信息和知识，包括粮食和农业统计数据等。国际公共机构和私人组织常常向 FAO 寻求技术咨询，而私人部门则通过提供市场趋势和新兴技术方面的数据和信息，提升 FAO 的知识和研究能力。私人部门的知识和技术在公共事物发展中发挥着重要作用。FAO 鼓励和支持私人部门通过全球网络，在整个价值链进行信息的共享和传播，如全球农业研究文献在线获取（AGORA）、渔业信息网（FIN）以及粮食安全信息网（FSIN）等。

4.6 资源流动

人力资源、金融资源及其他资源的流动是FAO项目得以开展的基础。私人部门能为特定活动提供专门的人力资源、管理和金融资源。当FAO应对人道主义危机时，私人部门合作伙伴可通过多种渠道进行协助，如提供知识、专家服务、实物捐赠或基金等。这不但可以促进全球各层面筹资筹款，发起各种行动，而且促进各国政策和项目与FAO资源流动与管理战略保持一致性，提高项目实施效率。

5 创造农业共享价值

随着地方乃至全球农业生产和流通体系的调整，私人企业对其自身职责和机遇的认知也在发生变革。受观念变化的影响，FAO与私人部门间的合作也在发生本质性变化，反过来影响FAO对私人部门的合作观念。

私人企业曾认为企业仅仅对其企业所有者和经营底线负责，而企业慈善与经营业务很大程度上并无关联。随着世界经济内在联系日趋紧密，成功的企业都有其独特的竞争特质，通过加深价值链及其内在集群效应的认识，促进企业竞争性战略的发展，使企业做大做强。

然后，企业将社会责任的概念融入企业战略之中。世界可持续发展工商理事会将企业社会责任定义为“秉持商业伦理，推动经济发展，同时提高企业员工及家庭生活质量，造福社区，回报社会”（Asongu，2007）。企业社会责任已成为企业的重要构成。企业自身制定并采用一系列明确的商业原则，用于特定的采购、制造、物流、市场营销和其他商业环境。企业社会责任标准有很多，包括公认的国际标准ISO 26000。投资的标准即为联合国环境规划署和联合国全球契约的负责任投资原则。

然而，单纯的企业社会责任作用有限。如Porter和Kramer（2011）所言，“企业承担的社会责任越多，受到社会失败方面的指责就越多，进而会导致注重狭义的价值创造，优化短期泡沫财务业绩，而忽略了更重要的客户需求及其他决定其长期成功的广泛影响因素”。

竞争策略和企业社会责任的丰富经验有助于深入理解企业成功与可持续发展的内在联系。共享价值的概念恰恰反映了当前FAO与私人部门合作的核心内容。简言之，共享价值的原则就是既能创造经济价值，又能通过强调社会需求与挑战创造社会价值（Porter和Kramer，2011）。共享价值的内涵是引导企业融合利益相关主体，拓展业务，优化关系，保持环境可持续，使企业从中获益，最终实现业务循环可持续发展。

FAO丰富的农业发展专业知识为其与私人部门合作创造共享价值提供了保障。FAO支持包括种植业、畜牧业、林业和渔业在内的所有农业部门中特定涉农产业和价值链的发展。历年来，FAO涉农产业的业务范围主要集中在农业和农业企业层面的技术、生产力和生产效率上。近年来，FAO支持了一些涉农产业（FAO，2007）。FAO与私人部门合作过程中，价值链项目直接解决了共享价值方面的诸多问题。

企业都愿成为一个负责任的法人机构，比如支持所在社区和原料来源社区的发展。农业领域发展、普及共享价值的动机有时在于它能使人们体验到良好的金融、业务往来，如确保可靠的供给等。但在农业中，共享价值意味着发展多方主体间错综复杂的关系。FAO与私人部门合作包括多方面维护已有关系，并从相关技术领域的长期经验中受益。影响农业共享价值的相关主体众多，包括消费者、投资者、供应商和企业所在社区等。政府通过激励机制和法规，而民众通过实际行动，共同影响共享价值的发展及在商业中的体现。

相比其他问题，消费者更关心吃的食品是否安全、营养、优质，他们也同样关注其他农产品。因为消费者的特别关注，所以出台相应的规范和标准：①可追溯性；②生产和处理卫生标准；③投入品质量（种子、饲料等）；④质量管理体系。

农业共享价值修正了消费者的定义，过去关注点在现有市场及市场中的消费者，但如今所有的国家都在致力于那些被忽视的市场，满足贫困人口需要。如Prahalad（2010）在对欠发达市场研究过程中，强调了农业领域要开展小额信贷服务。

投资者关心各种问题，包括企业在当地的经营活动。需要指出的是，共享价值的概念承认社会需求，而不仅仅是传统的经济需求决定着市场（Porter和Kramer，2011）。有些与农业劳动力状况相关的共享价值策略主题如下：①职业健康与安全；②就业事项（如工资、工作时间、合同、工作制度）；③工作场所人权（如结社权、临时工权利、禁止强迫劳动或童工、非歧视）；④基本就业和家庭福利（如住房、获得教育和医疗的机会）。

FAO在欠发达地区农业现代化与转型过程中与农业中小企业开展广泛合作。这些企业在农产品加工中的作用也成为共享价值观念的一部分。一系列聚集中小企业竞争力的圆桌会议发现，这类企业扎根地方，为地方创造就业、居民增收做出巨大贡献。有很多企业，可能大多为小农户供应商提供技术支持和其他援助，多数企业为特定消费者专门生产，有时这些产品是按照当地饮食习惯和传统食谱生产的（FAO，2012c）。

FAO和澳大利亚政府理事会曾发文提到，“农业企业和产业的发展有助于提升国际国内市场竞争力，但无法做到利益均享。农业食品体系变动将对小农户、交易商、加工企业、批发零售商带来特定风险”（FAO，2007）。

企业所处社区与企业利益息息相关，也是共享价值策略中的重要构成，具体如下：①厂商经济可行性；②为工人和当地经济带来经济红利；③其他社会和经济权利（如原住民土地权，本土咨询）；④商业道德（如公平交易、无腐败、市场透明度）；⑤教育及其地位（如开放天数）。

即便最贫困的地区，也存在合作受益的可能性。Collier（2007）主要的业务是处理农业生产、贸易和企业间关系，而问题的复杂性和主体间伙伴关系的协调需要 FAO 发挥关键性作用。传统的集群竞争力不断增强，实现了集群发展的共同价值，为社区可持续发展创造了大量机遇。

所有利益相关者都关心环境，构成并影响企业共享价值的有关主要环境问题包括：①生态系统和生物多样性，如原始森林保护条款；②自然资源投入，如用水、土壤质量；③人为投入，如农药、病虫害防治、转基因生物；④能源利用和温室气体排放；⑤废物管理；⑥生产实践，如农作物轮作、选址、动物福利、过度捕捞。

本次研讨会提出的自愿性标准是影响农业和食物生产领域共享价值的规范和标准的一部分，得到了 FAO 的广泛参与。相关规范和标准在企业社会责任背景下得到了深入分析，并在 FAO 和联合国工业发展组织联合发表的题为“农业产业发展”一文中探讨（Genier，Stamp 和 Pfitzer，2009）：①负责任大豆生产的巴塞尔标准；②咖啡社区的通用管理规则；③欧洲农业可持续发展倡议（EISA）；④道德贸易联盟；⑤公平贸易标准；⑥全球良好农业规范；⑦国际奶业联合会 FAO 良好乳品生产准则；⑧海洋管理委员会；⑨雨林联盟/可持续农业网络；（雨林联盟认证的标准被称为“可持续农业网络标准”，译者注）；⑩棕榈油可持续圆桌会议；⑪社会责任标准 SA8000；⑫可持续农业倡议原则和可持续农业实践；⑬可持续农业标准SCS－001；⑭国际优质认证生产（谷物）。

所有上述农业主题和议题均在 FAO 技术领域内。正如联合国社会发展研究所的著名思想家 Peter Utting 所说，“多数自愿性方案的成功实施需要一系列制度设计，如有关信息披露和信息自由的基本法律、监督机构和强有力的公民社会运动”。然而，许多国家的此类条件还很薄弱，甚至缺失（Utting，2000）。对 FAO 而言，这是与私人部门多方利益相关主体合作，创造共享价值的重要领域。具体而言，Utting（2000）提出，“政府与企业间磋商协议以及在制定标准方面拥有重要影响力的非政府组织、消费者和协会的‘公民监督’，塑造了商业与社会和环境之间的关系”。

FAO农业委员会指出（FAO，2007），目前已有具体行业标准和质量要求正在快速推广。过去十年来，许多农业企业、行业组织和协会都颁布了各自的标准和质量要求，它们常常超过公共标准。多数行业标准和质量要求的主要目的是进行产品质量和安全的风险管理。过去几年中，基于过程的生产标准得到了强烈关注。基于过程的生产标准主要关注环境、社会和经济可持续发展，公平贸易，食品安全，以及产地保障、产品特征的组合等。FAO继续坚持职责，在标准协商和实施过程中起到重要的领军作用，与私人部门在共享价值领域深化合作。

FAO与私人部门合作的一个重要领域是政府与私人部门的关系上，尤其在政策和程序方面。比如，鉴于农业企业和产业领域未解决事宜复杂多样，政府需修订制度文件，以影响、规范和支持私人部门投资（FAO，2007）。在价值共享和合作伙伴关系背景下，联合发展战略未来大有可为，而非传统意义上的对立关系。

农业生产外部性较强，对企业及相关主体而言，机遇与挑战并存。FAO积累的大量经验和丰富的技术支持能够合理驾驭农业外部性，为所有相关主体创造共享价值。外部性对政府政策制定至关重要，需要一些政策弥补农业生产外部性的社会成本。

合作成功需要私人部门有一个清晰的共享价值认知。比如，共享价值政策的性质和实施有很大差异。跨国企业的共享价值视野往往比国内企业或地方企业更宽。然而，共享价值概念反映的是加工地概念而非原产地。考虑到FAO专业知识注重共享价值，因而FAO与私人部门的合作包括标准、规范、原则和实践方面的合作，通常是在全球层面上制定，进行地方适应性改变，与企业加强交流实施共享价值项目。由于企业忽视了满足社会基础需求的机会，同时误解了社会危害和缺陷对价值链的影响（Porter和Kramer，2011），因而FAO会有众多机会，通过加强与私人部门合作，从多方面支持农业发展。

FAO在多个国家农业生产体系中积累了大量的价值链经验，意味着FAO可以与私人部门开展多层次合作，从多方面提升集群竞争力（Fairbanks和Lindsay，1997），同时，促进企业和社会更大程度地追求共享价值。无论世界还是地方范围内，农业私人部门都占有非常重要的地位，FAO通过与私人部门各种形式的共享价值合作，有助于大力减少饥饿，保障食品安全和营养。

6 FAO自愿性标准

自愿性标准泛指用户可自愿采纳的公共和私人部门标准，由政府、政府间组织、私人企业或联盟、非政府组织或多元利益主体制定。自愿性标准能通过促进对国际贸易规则的遵守，提高产品差异性，带来市场机遇，盘活经济活力，改善环境与社会影响，但也会带来挑战（如成本和排他性），尤其对小规模生产者来说挑战更大。

FAO自愿性标准的核心目标是推动建立相关机制，在公共和私人部门自愿性标准发展与实施中保障公共部门和小规模相关主体的利益。FAO可提供粮食、农业、畜牧、渔业和林业的技术标准，合力完成基线调查、分析、知识分享并提供自愿性标准指导。

FAO与私人部门合作参与的自愿性标准实例如下：

6.1 尊重权利、生计和资源的负责任农业投资原则（PRAI）

负责任农业投资关注农村人口生计和权利，以及农业社会与环境可持续投资。这些原则由FAO、联合国贸易和发展会议、国际农业发展基金和世界银行联合组成的工作组负责制定，目前正在世界粮食安全委员会协商之中。投资原则可用于影响评估、商务合同谈判和企业社会责任战略的参考。它是建立在对农业外商直接投资和各种国际承诺的研究基础之上，包括世界粮食安全委员会的《国家粮食安全范围内土地、渔业及森林权属负责任治理自愿准则》(2012)、《赤道原则》(2013)、《经济合作与发展组织跨国企业准则》(2011)、《国家粮食安全战略范围内逐步实现充足食物权的自愿准则》(2005)。

在详细研究私人部门性质、业务范围以及影响力和法律政策最佳实践的基础上制定了投资原则，试图为国家制度、国际投资协议、全球企业社会责任行动和个人投资合约的制定提供经验借鉴和框架。

6.2 节约粮食倡议

节约粮食倡议的提出是建立在协力减少世界范围内粮食损失和浪费的理念之上。建立伙伴关系有助于提高节粮成效和影响力，从而有助于提高各地的粮食和营养安全水平。节约粮食倡议有四大支柱，涉及私人部门在所有阶段的合作：提高公众认识，使其认识粮食损失和浪费的影响及解决方案；在减少粮食损失和浪费全球举措下进行合作与协调，与积极参与抵制粮食损失和浪费的公共部门和私营部门组织及公司之间建立伙伴关系；制定政策、战略和计划以减少粮食损失和浪费。包括在国家和区域层面开展一系列实地研究，将食品链损失评估方法与成本效益分析相结合，以确定能够带来最优投资回报的减少粮食损失干预措施；支持由私营和公共部门实施的投资计划和项目，包括在分部门和政策层面为食品供应链各环节参与减少粮食损失和浪费的行动者和组织提供技术和管理支持以及能力建设（培训）。

6.3 粮食和农业体系可持续性评估

粮食和农业体系可持续性评估（SAFA）是对公司或产地的可持续表现进行评价。SAFA准则详细确定了评估流程、原则和最低要求。其目的在于支持整个部门的可持续性管理，包括粮食和农产品从生产到加工及流通的整个过程。SAFA准则的目标群体包括农业生产商、粮食生产商、拥护可持续发展的零售商以及代表这些主体从事可持续性分析的机构。此外，致力于改善供应链可持续能力的企业、组织和其他利益主体也被鼓励将可持续评估准则作为其产品供应链发展的框架。

7 私人部门坚持自愿性标准的动机

私人企业与FAO合作能够：①提高在粮食和农业国际标准制定中的发言机会；②促进国家标准与国际标准接轨，减轻业务负担；③促进私人部门参与负责任商业行为准则编制。

激励私人部门采用自愿性标准会引起以下领域的变化：

（1）治理：标准的合法性基于利益相关主体的平衡代表权及其解决产业发展所带来的社会环境问题的能力。

（2）范围：预期进行跨国监管，因此目的是制定跨国应用领域的制度。

（3）提高声誉/企业形象：对私人部门研发、制造和销售过程中融合企业社会责任的关注日益凸显。

总体而言，自愿性标准是实现私人部门经济、社会及环境可持续的重要途径。FAO和私人部门在自愿性标准方面的互利共生的合作伙伴性质，促进了当前标准体系的完善，预示着未来标准体系的良性发展。

在私人部门的协助下，FAO为国家、区域以及国际自愿性标准的应用提供支持。通过加强农业、渔业、林业、自然资源管理以及从农户到消费者的食物链的发展等，FAO与私人部门间的有效合作有助于应对饥饿和营养不良。

FAO 伙伴关系战略总则

- 伙伴关系应有助于达成明确而互利的共同目标，降低成本，扫除障碍。
- 伙伴关系应有助于提高农业和农业发展国际治理的效率，包括成果监测、吸取合作教训经验，与 FAO 战略目标保持一致。
- 在持续合作基础上，新的伙伴关系应充分发挥各自的比较优势。
- FAO 在伙伴关系中的作用，可能是领导者、推动者或参与者，应由投入和所提供服务的本质和相关性来决定。
- 任何时候 FAO 在伙伴关系中都应保持中立、公正、公开，避免利益冲突。
- 全球伙伴关系应考虑地区和国家的条件和需求。

8 尽职调查和风险管理——FAO 与私人部门的合作标准

FAO 与商界合作受益匪浅，扩大了 FAO 工作的影响，但同时也带来了各种风险，需加以识别和管理。从对私人部门的被动策略向主动策略重构过程中，FAO 建立了一套选择私人部门合作对象的尽职调查程序。

尽职调查的目的是尽可能地降低风险，保障调查对象符合 FAO 任务要求和使命，遵从 FAO 原则和指导方针。事实上，监测和定期评估 FAO 合作关系是主动寻求私人部门合作的关键一步。

实际上，作为公正的政府间技术机构，采用开放和前瞻性方法监测和评估与私人部门关系需要适当的机制，以识别并管理那些会影响 FAO 声誉的潜在风险。这些机制包括战略性选择合作伙伴、界限清晰的协议、监测和评估。

FAO 伙伴关系战略总则为合作伙伴的选择提供总体框架。

该总则首次于 2000 年作为 FAO 私人部门合作原则和指导方针的纲领。该总则与联合国商业指南①保持一致，与其他联合国组织机构总则也较为相近，如联合国全球契约十项原则 ②。

① 联合国与企业合作的联合国指南（2009 年发布）是联合国系统与商务界合作的一般框架。该指南阐述了合作的一般原则，包括公开透明、诚信、独立和无不当得利。

② 联合国全球契约十项原则（2000 年发布）阐述了人权、劳动、环境和治理等领域的核心价值，由《世界人权宣言》《国际劳工组织工作基本原则和权利宣言》《里约环境与发展宣言》《联合国反腐败公约》等发展而来。

FAO与私人部门所有合作关系准则如下：

（1）遵守联合国准则和国际协议：遵循和遵守联合国准则是开展互利合作的先决条件。

（2）符合FAO的使命、任务、目标和工作计划：合作务必符合FAO的使命，并应加强工作计划的有效性。FAO杜绝与被认定产品、项目和运行方式有违道德或权威的组织和企业合作，包括有损组织作为信托和基金管理人在成员中公信力的其他合作。

（3）共同目标与互利互惠：合作的先决条件是遵从组织的使命和任务，以及与潜在合作伙伴的长期目标。

（4）非排他性无优惠待遇、不当得利或支持：若协议排除与其他合作伙伴谈判达成类似安排，FAO不会通过此项协议。

（5）中立和公正：伙伴关系务必确保组织态度中立，FAO公正性、独立性与声誉不受威胁。尤其在利益声明中，政策、标准、知识产品和推广都应清晰地纳入合作协议之中。

（6）合作方责任明确：合作各方将保证权责清晰，计划并开展各方合作。

（7）公开性：FAO与私人部门合作战略将完全公开，对于达成一致的信息将公之于众，还将以文档形式提交至FAO理事机构。对于合作中的商业机密、专有知识可基于现有标准和明晰的协议要求，在信息完全公开中作为特例。

（8）可持续性：合作主要为促进经济、环境、社会可持续，优化合作方资源，应在双方同意的基础上，将监督与评估纳入到合作战略计划中。

（9）尊重公共产品中的知识产权：在材料版权、专利及其他知识产权等特定活动中，FAO和私人部门还需磋商与事先协定。

（10）科学信用和创新：合作活动应客观、科学，合情合理。

风险评估程序和尽职调查是评估与私人部门合作的工具，特别是FAO作为公正的论坛和知识机构，任何风险都可能影响到FAO声誉，如利益冲突、标准设置不当及企业不当得利。

风险评估包括初步筛选，FAO合作委员会审查、监测和评价。合作议案或提案要提交由总干事负责及由高级管理层组成的合作委员会审批。合作委员会下设金融和其他协议审查委员会（SubCom-RFA），它的作用是进行审查和预评估，然后呈递至合作委员会请求批准。

目前，已开发了各种评估流程工具，包括：在联合国共同标准和FAO划定风险因素基础上的尽责审查；私人部门历来的合作关系与员工培训数据库。这些工具的目的在于降低风险，保障潜在的私人部门合作伙伴遵从FAO使命和任务，遵守FAO合作原则和准则。

9 总结

自愿性标准是私人部门实现经济、社会和环境可持续的重要途径。FAO和私人部门在自愿性标准中的共生合作有助于推动现有标准体系的发展，为今后标准体系的建立与发展奠定基础。

在私人部门的协助下，FAO为国家、地区及全球范围内实施自愿性标准提供支持。近几十年来，随着新技术、知识、金融、资源管理和创新的发展，粮食和农业的治理也日益向全球化发展，而私人部门在此过程中的作用日趋重要，而且往往是这种转型的开始。

因此，FAO与私人部门的有效合作，加强FAO在农业、渔业、林业、自然资源管理和从农户到消费者的食物价值链等方面的工作，将有助于抵抗饥饿，解决营养不良问题。

参考文献

Asongu, J. J. 2007. The history of corporate social responsibility. *Journal of Business and Public Policy*, 1 (2) .

Belik, W. 2011. Mobilization of enterprises around the fight against hunger. *In* J. Graziano da Silva, M. E. Del Grossi & C. G. de Franca, eds. *The Fome Zero (Zero Hunger) Program, The Brazialian experience*, pp. 113-142. Brasilia, Ministry of Agrarian Development.

Collier, P. 2007. *The bottom billion: why the poorest countries are failing and what can be done about it*. New York, USA, Oxford University Press.

Fairbanks, M. & Lindsay, S. 2007. *Plowing the sea: nurturing the hidden sources of growth in the developing world*. Boston, USA, Harvard Business Review Press.

Equator Principles III. 2013 (available at http://www.equator-principles.com/index.php/ep3/ep3) .

FAO. 2005. Voluntary guidelines to support the progressive realization of the right to adequate food in the context of national food security (available at http://www.fao.org/docrep/meeting/009/y9825e/y9825e00.HTM) .

FAO. 2007. *Challenges of agribusiness and agro-industries development*. Committee on Agriculture. Rome.

FAO. 2012a. *The State of Food Insecurity in the World* 2012. Rome.

FAO. 2012b. *Greater private sector role needed to fight hunger, poverty. FAO meets with private sector groups to mobilize sustainable development efforts*. 30 November (available at http://www.fao.org/news/story/en/item/165557/icode/) .

FAO. 2012c. *Enhancing the competitiveness of small and medium agricultural enterpri-*

ses. Committee on Agriculture. Rome.

FAO. 2013. *FAO strategy for partnerships with the private sector*. Council Document CL 146/LIM/5. Rome (available at http://www.fao.org/docrep/meeting/028/mg311e.pdf).

FAO and CFS. 2012. *Voluntary guidelines on the responsible governance of tenure of land, fisheries and forests in the context of national food security*. Rome (available at http://www.fao.org/docrep/016/i2801e/i2801e.pdf).

Genier, C., Stamp, M. & Pfitzer, M. 2009. Corporate social responsibility for agro-industries development. *In* C. A. da Silva, D. Baker, A. W. Shepherd, C. Jenane & S. Miranda-da-Cruz, eds. *Agro-industries for development*, pp. 223-251. Wallingford, UK, CAB International, for FAO and UNIDO.

Graziano da Silva, J., Del Grossi, M. E. & de França, C. G., eds. 2011. *The Fome Zero (Zero Hunger) Program. The Brazilian experience*. Brasilia, Ministry of Agrarian Development.

OECD. 2011. *OECD guidelines for multinational enterprises* (available at http://www.oecd.org/daf/inv/mne/oecdguidelinesformultinationalenterprises.htm).

Porter, M. E. & Kramer, M. R. 2011. Creating shared value. *Harvard Business Review*, January.

Prahalad, C. K. 2010. *The fortune at the bottom of the pyramid: eradicating poverty through profits*. Revised and updated edition. Upper Saddle River, USA, Pearson Education.

Utting, P. 2000. Business responsibility for sustainable development. Geneva, Switzerland, UNRISD.

联合国粮食及农业组织渔业和水产业生态标签认证准则的发展与应用

Iddya Karunasagar
FAO 渔业和水产养殖部，生产、贸易和营销服务组，罗马

1 摘要

生态标签和认证机制在全球渔业和鱼产品领域的应用日益广泛。遵守认证机制保障了捕捞鱼产品及水产公司的可持续管理，坚持标准认证体现了制度发起者所重视的社会文化价值。这样，消费者通过购买有标签产品促进资源可持续利用；或有时也说成，生态标签和认证机制通过市场手段激励物质和人力资源的负责任利用。

许多大型零售商和食品服务企业是水产养殖和捕捞渔业有关可持续和社会标准认证的需求来源。FAO 成员 1996 年在 FAO 渔业委员会（COFI）上首次讨论了生态标签。此后，FAO 渔业委员会在多次对话中讨论渔业捕捞和水产养殖问题，提出并实施了三套准则：①海洋捕捞渔业中鱼和鱼产品生态标签准则（海洋准则），2005/2009（修订）；②内陆捕捞渔业中鱼和鱼产品生态标签准则（内陆准则），2011；③水产养殖认证准则（水产养殖准则），2011。

目前，全球海洋食品可持续性计划（GSSI）的提出进一步表明了这些准则对产业的重要作用。全球海洋食品可持续性计划是一个跨部门计划，将海洋食品领头企业、公共机构和非政府组织以及公民社会、学术机构联合起来，以制定一个普遍适用、一致的全球化方法，来改善项目认证，促进海洋食品可持续发展，确保世界各地海产品的可持续供给。

本文将概述行业准则的范围与内容，介绍全球海洋食品可持续性计划及其他产业部门准则的实施情况。

2 引言

尽管渔业被认为是一种可再生资源，但人们日益关注有些鱼类的过度捕捞

问题。FAO 出版的半年刊《联合国粮食及农业组织世界渔业和水产养殖状况》重点分析了过度捕捞、完全捕捞以及不充分捕捞鱼产品状况。2010 年全球鱼类产量 1.485 亿吨，产值 2 175 亿美元（FAO，2012），其中，食用鱼占 1.28 亿吨，水产养殖占食用鱼的比重约为 47%。全球渔业捕捞和水产养殖生产趋势如图 1 所示。20 世纪 90 年代中期以来，渔业捕捞产量停滞不前，但水产养殖产量在过去的 20 年中增长显著，其中亚洲产量占水产养殖总量的 80%。鱼是主要的国际贸易食品之一，2010 年，渔业进口总额达 1 118 亿美元，欧盟成员国、美国和日本是全球主要渔业进口国，占全球进口额的 67.3%，其中，欧盟占 40%，美国占 13.9%，日本占 13.4%。过去 20 年中，主要进口国超市链在渔业流通中的作用日益增强，例如，英国 70%的消费者选择从超市购买鱼产品。非政府环境组织对海产品供给担忧不断加深，比如绿色和平组织报告《灾难因素：永不满足的超市海鲜需求》（绿色和平组织，2005），这给零售商带来巨大压力。零售商自身有需求，如获得相关认证以使消费者增加对海产品市场可持续的信心。在世界自然基金会和联合利华的倡导下，海洋管理委员会（MSC）制定了可持续渔业的准则和标准。符合标准的就给予认证，这些进入市场的鱼产品可以带有 MSC 标志。此外，其他认证机构如海洋之友（Friend of the Sea）有自己的认证方案。有些非政府组织，如绿色和平组织和海洋保护协会已发布零售商产品销售和采购政策环境可持续的排行榜。这使零售商有压力去取得较高排名，差异化其产品与其他竞争者来保持较高的名次。随着市场对可持续认证需求不断增加，FAO 成员要求 FAO 制定认证准则，具体制定过程如下所述。

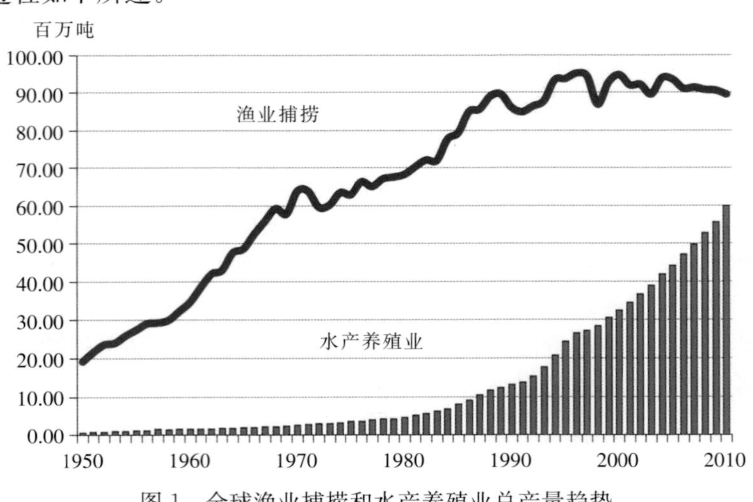

图 1　全球渔业捕捞和水产养殖业总产量趋势

来源：FAO（2012）。

3 FAO 主导的生态标签战略

《1982 年联合国海洋法公约》，特别是《1995 年联合国有关养护和管理跨界鱼类种群和高度洄游鱼类种群的协定》（联合国鱼类资源协议），是致力于保障渔业可持续的重要表现。1995 年，FAO 制定了《负责任渔业行为准则》，为成员渔业管理、水产养殖和贸易提供参考。1992 年在里约热内卢举行的联合国环境与发展大会（UNCED）上，为环境友好产品和生产过程而创造的基于市场激励的生态标签制度的潜在好处，得到了国际层面的广泛认可。1998 年 10 月，FAO 召开海洋捕捞渔业产品生态标签非歧视性技术准则的可行性技术磋商会。会议确定了一些生态标签制度原则，具体如下：①与《负责任渔业行为准则》保持一致性；②公开、自愿和市场导向；③杜绝歧视，不制造贸易壁垒，允许公平竞争；④按照国际标准明确计划推广和认证机构的责任；⑤可靠的审计和审查流程；⑥承认国家主权，遵守所有相关法律和条例；⑦确保各国标准的对等；⑧以充分的科学依据做支撑；⑨实用、可靠、可查；⑩确保标签信息真实无误、清晰明确。

FAO 已发布了产品认证和渔业可持续生态标签技术文件，该文件概述了相关理论基础、现有制度及对国际贸易的潜在影响等（Wessels 等，2001）。

4 FAO 生态标签技术准则

FAO 根据渔业委员会第二十五届会议（罗马，2003 年 2 月 24～28 日）的要求，2003 年 10 月 14～17 日在罗马召开了关于制定海洋捕捞业鱼和渔产品生态标签国际准则的专家咨询会。此次专家咨询会拟定了海洋渔业捕捞和水产品生态标签国际准则草案（FAO，2003），包括海洋渔业和产品生态标签的原则、最低实质性要求、标准和程序。该准则来源包括国际标准化组织（ISO）相关准则、世界贸易组织（WTO）《贸易技术壁垒协定》（TBT 协定），尤其是附件 3《标准制定、采用与实施的良好行为规范》，以及国际社会与环境鉴定标签（ISEAL）联盟（FAO，2003）。按照渔业委员会第二十五届会议规定，该国际准则草案提交至 2004 年 2 月 10～14 日在德国布莱梅举办的第九届渔业贸易小组委员会讨论。渔业贸易小组委员会认识到，能确保渔业和鱼产品自愿生态标签制度的信誉，得到国际认可和广泛接受的准则，对渔业管理者、生产者、消费者及其他主体都有好处。在小组委员会的推荐下，FAO 于 2004 年 10 月召开技术咨询会议，促进草案完成，供 2005 年 3 月第二十六届渔业委员会审议。2009 年 3 月 2～6 日，罗马第二十八届渔业委员会通过了法案的修正，技术准则第一修正版也正式上线（FAO，2009）。

海洋捕捞渔业生态标签技术准则于2005年3月7～11日，罗马第二十五届渔业委员会大会开始实施，2009年3月2～6日第二十八届罗马渔业委员会大会修订。该准则定义了范围、大纲原则、注意事项、计划条款及定义，描述了最低实质要求和生态标签标准内容，为渔业可持续标准的审查和认证提供支持。最低实质要求包括三方面：①管理体系；②正在寻求认证的渔业以及受关注的物种；③生态系统考量。上述每个领域都制定了是否满足要求的检验准则。

管理体系相关标准的重点包括要有物种当前状况和未来趋势的详细数据、符合《负责任渔业行为准则》（第7.5条）的最佳科学证据和预防方法，及管理目标与获得最大可持续产量的一致性。文件还指出了小规模渔业所需特别注意的地方。物种标准规定是，该物种没有过度捕捞，在考虑到由于自然变异，生产率可能发生长期变化，及捕鱼外的其他因素影响渔业发展的情况下，保持在既能达到最优化利用目标，又不影响当代和未来几代人利用的水平。基于生态系统考量，相关准则规定，要合理评估和有效处理渔业对生态系统的负面影响；要考虑物种在食物链中的作用；要对食饵种群采取一定的管理措施，避免对捕食者造成严重的不良影响；除了关注物种外，还要监测包括废弃物在内的非目标渔获物种以及非"受关注的物种"，同时管理目标不应使这些非"受关注的物种"受到严重的灭绝风险；一旦出现物种灭绝的风险，那么就必须采取果断有效的措施，予以补救。

渔业委员会第二十六届大会在采用上述准则后，提请FAO在内陆捕捞渔业中采纳类似准则。因此，2006年5月23～26日，召开专家磋商会议（FAO，2006），起草相关准则，并于2011年渔业委员会第二十九届大会通过（FAO，2011a）。该准则与海洋捕捞渔业准则相近，但针对内陆捕捞渔业的情况做了相应调整。

5 FAO水产养殖业认证技术准则

第三届渔业委员会水产养殖分会（9月4～8日，印度）要求FAO制定水产养殖标准技术准则。FAO与亚太水产养殖网络中心合作，在全球范围内组织了一系列的专家研讨会拟定准则草案（曼谷，2007年3月27～30日；巴西福塔雷萨，2007年7月31日至8月3日；印度高知县，2007年11月27日；伦敦，2008年2月28～29日；北京，2008年5月6～8日；美国银泉，2008年5月29～30日），最终呈递至成员技术磋商大会（罗马，2010年2月15～19日）。最终，渔业委员会第二十九届会议在罗马举行期间通过了该准则

(2011 年 1 月 31 日至 2 月 4 日)。该准则与生态标准准则的基本结构类似 (FAO, 2011b), 涵盖了四项最低实质性要求: ①动物健康和福利; ②食品安全; ③环境协调性; ④社会经济方面。动物健康和福利方面，世界动物卫生组织设定的准则和标准应作为基础标准。食品安全方面，食品法典标准、准则和行为规范应予以采纳。认证计划要保证对资源贫乏的小规模农户给予特别关注以保障其利益，尤其是不影响食品安全情况下参与计划的财务成本和收益。

6 标准制定机构对 FAO 技术准则的利用

FAO 推出技术准则后，设想私人和公共标准制定机构会利用该准则来制订认证计划。该准则包括可持续渔业标准制定，审查准则及认证准则等。MSC 官网宣称其符合包括 FAO 准则和国际社会与环境鉴定标签联盟 (ISEAL) 的良好行为规范在内的所有认证和生态计划的最高标准。MSC 是最早认证的机构之一，市场机制完善。目前，MSC 拥有 207 个认证渔业公司，产量达 700 万吨，占全球产量的 8% (http: //www. msc. org/business-support/key-facts-about-msc)。此外，其他使用 FAO 生态标签技术准则的例子也很多，爱尔兰寰宇数位认证中心 (Global Trust) 在 FAO 准则下，设立了负责任渔业管理认证; 阿拉斯加鲑鱼产业已经取得负责任渔业管理认证，并获市场认可; 冰岛负责任渔业项目 (IRF) 也在 FAO 准则基础上，获得 Global Trust 认证。海洋之友 (http: //www. friendofthesea. org/about-us. asp) 是另一家遵照 FAO 生态标签准则的认证机构。该认证机构在其官网上声明“按照 FAO 准则，海洋之友的价格结构对手工渔业和小规模生产者而言也是合理的，他们占海洋之友产品的 50%以上”。

认证机构越来越多，为消费者和生产者也带来了一些不便之处，对消费者而言，越来越困惑于不同认证机构的优点何在; 对生产者而言，需付出更大的资源投入以满足客户的认证需求。当前，人们已经开始试图协调各种认证计划。德国国际合作机构代表德国经济合作与发展部及其他合作伙伴，包括渔民、生产商、加工商、制造商、零售商和餐饮部门，如艾斯博森、皇家阿霍德、美国海产品集团、大黄蜂食品、格顿、达顿、德尔海兹集团、高班轮食品、艾格楼食品集团、克罗格、麦德龙集团、国家渔业研究所、桑斯博里、海洋渔业局、索迪斯集团、三叉戟海产品集团以及威廉·莫里斯超市等，拥护全球海产品可持续战略 (GSSI)。全球海产品可持续战略计划采用 FAO 制定的生态标签技术准则和水产养殖认证技术准则作为各项认证制度的基础，已受到多家认证机构认可，如 MSC 等，进而降低认证成本，帮助小规模农户和渔民获得认证。

参考文献

FAO. 2003. *Report of the Expert Consultation on the Development of International Guidelines for Ecolabelling of Fish and Fishery Products from Marine Capture Fisheries*. Rome，14-17 October 2003. FAO Fisheries Report No. 726. Rome，36p.

FAO. 2006. *Report of the Expert Consultation on the Development of International Guidelines for Ecolabelling of Fish and Fishery Products from Inland Capture Fisheries*. Rome，14-17 May 2006. FAO Fisheries Report No. 804. Rome. 30p.

FAO. 2009. *Guidelines for ecolabelling of fish and fishery products from marine capture fisheries*. Revision 1. Rome. 97p. （available at http：//www. fao. org/docrep/012/i1119t/i1119t00. htm）.

FAO. 2011a. *Guidelines for ecolabelling of fish and fishery products from inland capture fisheries*. Rome. 106p. （available at http：//www. fao. org/docrep/014/ba0001t/ba0001t00. pdf）.

FAO. 2011b. *Technical guideline on aquaculture certification*. Rome. 122p. （available at http：//www. fao. org/docrep/015/i2296t/i2296t00. htm）.

FAO. 2012. *The State of the World Fisheries and Aquaculture* 2012. Rome. 209p. （available at http：//www. fao. org/docrep/016/i2727e/i2727e00. htm）.

Greenpeace. 2005. A recipe for disaster：supermarkets' insatiable appetite for seafood. London. available at http：//www. greenpeace. org. uk/files/pdfs/migrated/MultimediaFiles/Live/FullReport/7281. pdf.

Wessells，C. R.，Cochrane，K.，Deere，C.，Wallis，P. & Willmann，R. 2001. *Product certification and ecolabelling for fisheries sustainability*. FAO Fisheries Technical Paper No. 422. Rome. 83p.

畜牧业私人部门自愿性标准调查

Irene Hoffmann　Roswitha Baumung　Claire Wandro
FAO 动物遗传资源部

1　摘要

本文阐述了畜牧业私人部门自愿性标准全球调研问卷的大概结果，大多数标准涉及肉、奶和蛋，所涉问题较多，如动物福利和卫生、食品安全和质量、环境完整性等。全文描述并分析了受访者采用标准后，带来的牲畜、社会和环境方面的好处和挑战。

2　引言

近几十年来，私人部门标准一直是政府管理农业食品链的重要内容，对国内市场和国际贸易的影响日益加强。许多部门都制定、实施了不同的标准；私人部门标准和公共部门标准在执行过程中动态交流，不断完善。而公共部门和私人部门标准都面临的一个挑战就是，如何在世界贸易组织［详见《实验卫生与植物卫生措施协定》（SPS 协定）第三条］准则指导下促进标准协调统一[①]。组织成员应采取充分合理的措施，保障非政府机构接受并遵守《技术性贸易壁垒协定》附件 3 中的要求（标准制定、采纳、实施的良好行为规范）[②]。事实上，国家食品安全法规相比国际标准而言，相对滞后。私人部门食品安全标准破坏了这个统一的进程，他们采用了新的治理层次，使国内市场面临根据食品安全要求不同而进一步细分的风险，而出口商必须遵守这些要求。

2008 年，40 个成员政府对 WTO 关于 SPS 协定有关私人标准影响的调查问卷反馈结果表明，新鲜、冷冻肉（牛和家禽）是最常被私人标准影响的出口畜产品（WTO，2009a，b）。68 个国家和 8 个国际或区域组织在回答世界动物卫生组织（OIE）对私人标准调查问卷（OIE，2010）时，都一致认为关于

① http：//www. wto. org/english/tratop _ e/sps _ e/spsagr _ e. htm

② http：//www. wto. org/english/docs _ e/legal _ e/17 - tbt _ e. htm

卫生安全的私人标准和关于动物福利的私人标准间要有明确的区别。大部分（82%）表示私人部门卫生安全标准已经或可能对本国出口造成严重贸易问题，但有62%认为私人部门卫生安全标准已经或可能让本国畜牧价值链显著受益。

2008年世界贸易组织调查问卷中反响最强烈的是私人部门标准过多，缺乏协调性，遵守成本过高是最大困难，是遵守官方标准后的额外成本。许多食品法典委员会（CAC）成员极为关注私人部门标准推广事宜，但遵守和认证私人部门标准却极为不易，尤其对发展中国家来讲，标准更为苛刻（FAO/WHO，2009，2012）。然而，私人部门标准的设立通过全球食品安全倡议（GFSI）[①] 等标杆计划推动了与官方标准的协调进程。

私人部门标准通过要求生产者提高管理效率，降低经营成本，改善市场准入，提高产品质量，使生产者获得较高价格而使其受益（Liu，2009）。遵守环境标准可改善自然资源管理，职业健康安全标准则使农业劳动者拥有更好的工作和健康条件。

私人部门标准整合有助于扩大经济规模，较高的投资收益水平有利于提高经济效率，促进经济发展（OECD，2006）。Henson 和 Humphrey（2009）发现对私人部门食品安全标准的争议是由对标准演化原因和标准功能的误解造成的。他们指出，私人部门食品安全标准常常与制度要求紧密联系在一起，其关键作用在于保障消费者在全球农产品价值链中的利益，满足监管要求。Henson 和 Humphrey（2009）认为越来越多的成员标准监管部门将私人部门食品安全标准作为提高私人部门合规性和降低成本的手段。私人部门自愿性标准能够推动公共标准的制定，如美国国家有机认证项目制度。过去仅在部分州实施的私人部门标准，如今已成为全国通用的自愿认证标准。

私人部门标准也能为私人部门创造市场机遇，尤其在法律制度尚不完善，农产品部门机制不够成熟的国家，作用更加明显。有些情况下，私人部门标准能够间接地推动欠发达国家食物供应链的升级优化和现代化程度的提升（Liu，2009；Henson 和 Humphrey，2009）。

世界贸易组织问卷调查反馈结果表明，对小农户的影响是不均衡的，但也为其带来了机遇，有些小规模畜牧生产者通过建立协会成功获得了认证（WTO，2009a，b）。因此，关于将小农户排除在出口价值链以外的说法并不是最终结论（Henson 和 Humphrey，2009）。

为了解私人部门标准对畜牧业的影响，FAO于2012年首次发放问卷，共收回105份，多数来自政府机构、非营利非政府组织及商业组织（代表粮食和畜牧产业的几个下级部门）等。多数应用标准具有多重目标，大部分为食品安

① http://www.mygfsi.com/about-gfsi/gfsi-recognised-schemes.html

全，其次是动物和公共卫生。然而，总体上，标准覆盖范围很广，涉及社会和环境等多领域，如动物福利、粮食安全、环境可持续性、工人健康与安全、营养价值等。有关草案报告已发布（FAO，2010a）。

在动物遗传资源项目中，FAO 多年来致力于如何提升已适应当地环境品种的附加值（LPP 等，2010）。除传统的畜产品如肉、蛋、奶、毛、皮外，牲畜品种还能向缝隙市场提供特色产品，贴上原产地保护名录（PDO）、地理标志保护（PGI）、传统特产保护（TSG）或有机产品等，通常情况下有利于提高产品附加值。除了众所周知的畜产品外，畜牧业还提供广泛的服务，包括生态系统服务等并产生相应影响，如景观价值、植被管理、水循环和固碳等，这些也属于可信赖产品，需要标签和认证制度的支持。

3 材料与方法

根据农业委员会对进一步推广私人部门标准的要求（FAO，2010b），2011 年 7 月 FAO 发起了第二轮全球调研，聚焦私人部门自愿性标准（PVS），涵盖了畜牧业中的非强制性制度、行为规范和活动准则，这些都是由价值链中相关利益主体制定实施、认证、管理和遵循的。此次调查目的在于充分认识随着自愿性标准的实施，私人部门自愿性标准在畜牧部门中的结构与作用，促进 FAO 吸纳相关主体，开展畜牧业价值链管理，因为自愿性标准的实施会带来附加价值，而这或许是提高收入，促进当地适应性品种经济可持续的途径之一。

调研问卷在爱荷华州立大学的支持下，通过调查猴子网站（http：//www.surveymonkey.com/）进行网络调研。首先是两道有关受访者单位的封闭式问题，及一个过滤性问题，以根据被调查组织在标准链中扮演的四种主要角色，即标准制定、标准认证或实施、标准要求和标准遵守等，将此后的问题分开。然后，针对每个角色再细分为 9 个问题，包括：1 个开放题，陈述所在机构采纳的最重要的私人部门自愿性标准；6 个有关标准的封闭性问题；2 个有关组织类型的封闭性问题。

所有组织机构还抛开其在标准链中的角色功能，完成了第三部分有关私人部门自愿性标准影响的问题。该部分包括 8 个李克特量表问题和 2 个开放式问题。最后 8 个问题涉及受访者国别、组织规模、问题意见及联系人等方面。

问卷通过 FAO 畜产品生产、动物福利、生物多样性、有机农业等邮件列表及其他非正式列表，如私人部门等，进行发放，截至 2013 年 5 月，共收回问卷 735 份。

仅有 324 名受访者提供国别信息，其他受访者通过其 IP 地址，用 GeoIP

数据库[①]识别其国别信息。通过 SAS 9.3 软件对所有受访者进行总体分析，无论其属于四种角色中的哪种。对问卷中第二部分标准制定部门、标准遵守部门、标准监督部门和标准认证部门的回答进行了综合。对于多选型问题，则首先计算整体频率，然后分别计算各选项频率和各组合频率。

4 结果

调研问卷共调查了 735 位，分别来自 90 个国家和 6 个地区（39%来自欧洲，26%来自北美洲，13%来自亚太地区，9%来自拉丁美洲和加勒比地区，7%来自非洲，4%来自近东地区）。美国是调查对象反馈最多的国家（144），其次分别为英国（63）和加拿大（45）。

绝大多数受访者（26%）来自非政府组织，其次是政府组织（20%）、生产商（14%）和加工商（7%）（表 1）。其他受访者主要包含大学和科研机构、标准的拥有者、饲料企业和慈善机构。

平均每个受访者选择 1.25 个机构类型（表 1），表明许多机构在价值链中的角色是多元化的，有些机构存在不同选项的组合（表 2），如政府除了政府职能外，还有生产商、审计部门、经销部门和商业部门等多种角色。

表 1　问题反馈频率：以下哪项最能反映所在机构属性*

机构描述	回答次数	比重（%）
生产商	127	13.85
加工商	66	7.20
运输商	12	1.31
经销商	28	3.05
零售商（食品店）	12	1.31
零售商（餐饮）	7	0.76
商业集团（国家级）	38	4.14
商业集团（国际级）	12	1.31
审计部门	40	4.36
政府部门	180	19.63
非政府组织	235	25.63
尚未执行标准	19	2.07

① http://www.maxmind.com/en/geolocation_landing

（续）

机构描述	回答次数	比重（%）
其他（详细说明）	141	15.38
答复	917	100
被调查人数	735	
答复/被调查人数	1.25	

*：可多选。

表 2　在私人部门自愿性标准制定、遵守、监管、实施或认证中最常见机构类型组合

机构类型	单独提到的受访者比重（%）	提到机构类型的组合数
非政府组织	30.4	19
政府部门	27.8	5
生产商	12.0	23
审计部门	3.9	8
加工商	4.0	20
商业集团（国家级）	3.7	12

在 230 名受访者中，42%认为其所在机构规模小，35%认为规模中等，23%认为规模较大。在年利润和固定员工数量方面，超过 5 成被调查机构规模相对较小（年收益低于 50 万美元，固定员工少于 25 人），但也有年总收益较高（超过 1 000 亿美元）、固定员工数量（10 万人）庞大的机构。

图 1 为被调查机构在自愿性标准中的主要角色。显然，制定自用标准和他用标准是最重要的角色。

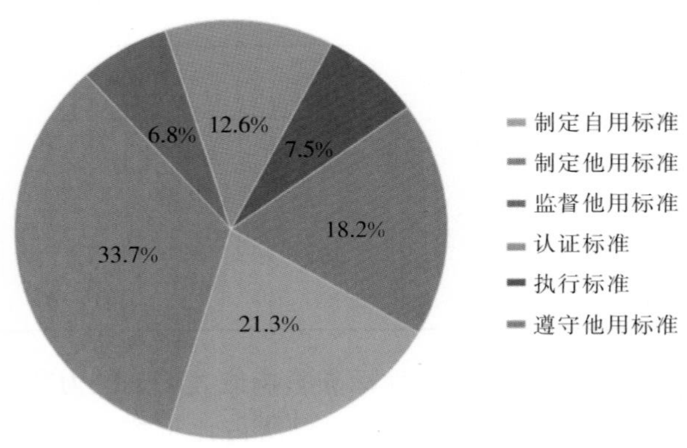

图 1　被调查机构在私人部门自愿性标准中的主要角色分布

当问及被调查机构如何涉及私人部门自愿性标准时，机构所承担的角色几乎相同。有 486 位受访者回答了该问题，平均反馈人数 2.26，表明在标准链中许多机构所扮演的角色是多元化的（表 3）。

表 3　被调查机构参与私人部门自愿性标准的方式*

标准链中的角色	机构数量	选择比重（%）
制定自用标准	197	17.94
制定他用标准	259	23.59
监督他用标准	139	12.66
认证标准	138	12.57
实施标准	146	13.30
遵守他用标准	165	14.94
无标准	55	5.01
答复	1 098	100
被调查人数	486	
答复/被调查人数	2.26	

*：可多选。

选项中，制定他用标准（24%）和制定自用标准（18%）出现频率最高，遵守他用标准的机构占 15%，此外，实施标准、认证标准、监督他用标准所占比重相近。认证和实施标准更多的是小型公司承担的角色，但公司规模差距不大。每单位受访者选择 2.26 个角色，表明被调查机构在标准链中拥有不止一个角色。制定他用标准在单选和多选中出现频率最高（表 4）。

表 4　标准链角色中标准制定、遵守、监督、实施/认证的多选频率

标准链中的角色	选择比重（%）	机构数量
制定自用标准	11.7	33
制定他用标准	7.2	28
遵守他用标准	7.6	28
认证标准	2.7	27
实施标准	1.2	30
监督他用标准	1.7	27

调查中，肉类（35%）受自愿性标准影响最大，其次为乳制品（22%）和蛋类（18%），而纤维、兽皮、毛皮、饲料所占比重均不足 10%（表 5）。肉类、牛奶和蛋类的单项或合计数均占私人部门自愿性标准产品比重的 50%以

上，与世界贸易组织调查结果一致（WTO，2009a，b）。

表 5　被调查机构私人部门自愿性标准制定、监督、遵守、认证对产品的影响*

	标准制定机构	标准监督机构	遵守标准机构	认证标准机构	合计	比重（%）
乳制品	73	9	25	33	140	22.12
蛋类	61	11	14	25	111	17.54
纤维、兽皮、皮毛	24	7	10	8	49	7.74
饲料	24	6	5	6	41	6.48
肉类	127	13	38	45	223	35.23
其他（请注明）	43	7	9	10	69	10.90
答复	352	53	101	127	633	100
被调查人数	164	18	51	63	296	
答复/被调查人数	2.15	2.94	1.98	2.02	2.14	

*：表示存在多项选择。

平均每位受访者会提到 2.14 个标准涉及的产品（表 5）。单独涉及肉类的选择在所有产品中占比为 26%，但与肉类组合的其他产品有 19 种。乳制品的相应数字为 7%和 18，蛋类为 4%和 13。

通常情况下，生产方面的标准应用占 33%，其次是加工 20%、运输 16%（表 6）。平均而言，每位受访者所在机构处于价值链中的第 2.51 个环节，在价值链不同环节的组合明显多于某一环节，体现了价值链的纵向一体化发展。看起来，私人部门自愿性标准在价值链每一单独环节都或多或少得到了应用。生产是单独提到最多的环节，占 24%，与其他环节组合则有 34 次；环节组合最高的则是生产、加工和运输（12%）。

表 6　标准在价值链中的应用情况*

	标准制定机构	标准监督机构	遵守标准机构	认证标准机构	合计	比重（%）
生产	150	15	25	56	246	33.06
加工	80	11	19	38	148	19.89
运输	73	9	5	32	119	15.99
经销	34	3	7	11	55	7.39
零售（食品店）	33	4	17	11	65	8.74
零售（餐饮）	21	1	7	8	37	4.97
其他（请注明）	24	3	43	4	74	9.95

（续）

	标准制定机构	标准监督机构	遵守标准机构	认证标准机构	合计	比重（%）
答复	415	46	123	160	744	100
被调查人数	164	18	51	63	368	
答复/被调查人数	2.53	2.56	2.41	2.54	2.51	

*：表示存在多项选择。

标准所解决的主要关注问题中，动物福利最高（25%），其次是食品安全（21%）、动物健康（17%）和食品质量（10%）（表7）。平均每位受访者能给出2.47个答案，表明标准涉及内容丰富，组合不同。单独选择的频率在7%以下，综合选择食品安全、动物健康与福利的频率高达10%。动物卫生、工人条件和工资平等、地理标志或经济发展被单独选择的概率不足1%。单独选择环境或生物多样性的受访者为1%，但有25个组合多选，占总样本数的10%。

表7　标准制定针对的主要问题*

	标准制定部门	标准监督部门	遵守标准机构	标准认证机构	总计	占比（%）
食品安全	93	5	35	22	155	21.20
食品质量	37	5	15	18	75	10.26
公共健康	22	3	11	5	41	5.61
工人健康与安全	13	1	3	2	19	2.60
工作条件与合理薪金	4	2	0	2	8	1.09
动物健康	70	4	21	28	123	16.83
动物福利	105	9	23	44	181	24.76
经济发展	3	2	1	4	10	1.37
扶贫	6	2	0	0	8	1.09
一般社会福利（公平）	4	1	2	1	8	1.09
环境（生物多样性）	40	2	12	18	72	9.85
地理标准	5	2	2	0	9	1.23
其他	10	2	5	5	22	3.01
答复	412	40	130	149	731	100
被调查人数	164	18	51	63	296	
答复/被调查人数	2.51	2.22	2.55	2.37	2.47	

*：表示存在多项选择。

受访者对所在机构实施这些标准的货币成本回答不一。表 8 为各机构实施标准的成本构成，其中培训成本、审计记录成本、劳动力成本、研发成本出现频率最多。

表 8　所在机构在标准实施过程中的成本构成*

	标准制定部门	标准监督部门	遵守标准机构	标准认证机构	总计	占比（%）
无此相关成本	20	4	5	5	34	3.33
研发成本	71	8	16	28	123	12.05
基建投资	41	1	16	21	79	7.74
审计	75	6	28	39	148	14.50
外部咨询费	47	4	13	25	89	8.72
项目培训	48	2	29	42	151	14.79
劳动力成本	46	3	24	28	131	12.83
审计记录成本	45	1	28	32	136	13.32
认证成本	41	2	21	33	97	9.50
其他	24	2	5	2	33	3.23
答复	548	33	185	255	1 021	100
被调查人数	164	18	51	63	296	
答复/被调查人数	3.34	1.83	3.63	4.05	3.45	

*：表示存在多项选择。

选择无相关成本的受访者比重为 10.3%，其次是研发，比重为 5.4%。所有组合中的所有成本项目的被选频率都不足 3%，大部分低于 1%，表明标准链上尚存在若干的小成本。

标准实施成本中，与初始投资相关的成本比重在 10%以下，与培训、劳动力和研发相关的成本占 40%，多数投向记录、咨询或与认证相关方面。

多数受访者认为标准的制定、遵守、监督和认证是建立在现有标准基础之上的。现有标准无论在国际还是国内，公共标准还是私人部门标准，使用频率是相同的（表 9）。国内私人部门和公共标准与国际公共标准在所有受访者中单选的频率超过 10%，每个标准出现在 10 种以上选项组合里。国际私人部门标准单选频率为 5%，有 9 种选项组合。这表明公共标准是私人部门标准制定的主要参考依据。标准的制定、监督、遵守或认证要以 1.78 个其他标准为基础。

表 9　标准参考的现有国家或国际标准与准则

	标准制定部门	标准监督部门	遵守标准机构	标准认证机构	总计	占比（%）
国家级私人部门自愿性标准（如企业、商业集团）	40	10	23	26	99	26.05
国家级公共部门自愿性标准（如地理标志、有机食品）	43	6	18	19	86	22.63
国际公共标准［如国际食品法典委员会标准（Codex），世界动物卫生组织标准（OIE）］	44	8	23	21	96	25.26
国际私人部门标准（如全球良好农业规范）	28	8	10	12	58	15.26
其他	32	1	1	7	41	10.79
答复	187	33	75	85	380	100
被调查人数	108	17	40	49	214	
答复/被调查人数	1.73	1.94	1.88	1.73	1.78	

标准遵守验证方面，独立第三方审计机构起到了最重要的作用，组织自身的员工次之（表 10）。平均每位受访者做出 1.6 个选择，表明受访者机构进行了多个认证。有 32％的受访者单独选择了第三方审计机构，有 11 个组合选择，而单独选择自身员工的为 16％，有 11 个组合选择。

表 10　标准执行监督机构

	标准制定部门	标准监督部门	遵守标准机构	标准认证机构	总计	占比（%）
工会	67	5	26	36	134	28.57
所在机构供应链中其他商业组织	29	3	16	12	60	12.79
第三方审计机构	106	11	30	37	184	39.23
政府监管机构	31	3	22	10	66	14.07
其他	14	1	5	5	25	5.33
答复	247	23	99	100	469	100
被调查人数	164	18	51	63	296	
答复/被调查人数	1.51	1.28	1.94	1.59	1.58	

调查者中有 243 位说明了价值链中有多少个机构遵守其所在机构制定监督或认证的标准。不足 100 和 100～1 000 的机构所占份额似乎差不多（28％和 30％）。

5 自愿性标准潜在好处、问题与影响

问卷中第三部分主要为了理清全球公共物品一旦采用自愿性标准，可能有哪些收益、问题以及影响。

超过50%的受访者认为采用自愿性标准可带来大量好处，包括食品质量安全和可追溯方面，满足相关主体需求，产品差异化，维持当前市场或进入新市场，促进或改善价值链各环节的联系（表11）。然而，这些优势并未能在稳定价格及提高生产率上完全发挥作用。超过40%的受访者认为自愿性标准在降低风险、促进公共标准发展方面具有重大作用。这再次表明公共与私人标准间存在紧密联系。人们并不认为产品一致性、价格溢价和价格稳定是巨大益处。

表11 按所在机构经验判断标准实施后带来收益的情况

潜在好处	270名被调查对象反馈结果			
	无—小	中等	大—巨大	尚未实施标准
维持当前市场	12.96	21.85	60.37	4.81
开拓新市场	13.70	25.56	55.19	5.56
产品差异化	21.48	20.37	51.11	7.04
产品一致性	28.15	23.70	34.07	14.07
产品质量	9.63	22.22	62.96	5.19
产品可追溯	17.41	18.52	58.15	5.93
价格溢价	29.63	26.67	34.81	8.89
价格稳定	41.48	26.30	20.00	12.22
提高生产率	32.22	29.26	28.89	9.63
降低风险	17.04	27.78	49.26	5.93
相关主体满意度	9.26	21.11	63.33	6.30
创建或优化价值链各环节	14.81	30.37	50.37	4.44
促进公共标准便利化	17.04	27.41	45.93	9.63

许多受访者认为表12中所列的潜在问题只是小问题。40%的受访者认为货币成本是小问题，而30%的受访者认为是大问题或重大问题，对管理成本的反馈也类似。获取技能与培训对44%～46%的受访者而言属于小问题或不是问题，34%～35%的受访者认为其属于中等问题。多重标准带来的冲突对

61%的受访者而言属于中等甚至巨大问题。然而，调查中发现，认为适应标准要求改革和基础设施缺失是小问题或不是问题的受访者分别为 54%和 50%。

世界贸易组织热切关注的是标准是否具有科学依据，是否采取了开放、民主、包容、透明的方式，是否会成为潜在的贸易壁垒（WTO，2009b；FAO/WHO，2009）。然而，64%的受访者认为缺乏科学依据不构成问题或仅为小问题（表 12），59%的受访者认为标准的科学依据已有所改善（表 13）。

表 12　按所在机构经验判断标准实施后带来问题情况

潜在问题	259 名调查对象反馈结果			
	无—小	中等	大—巨大	尚未实施标准
货币成本	27.03	40.15	29.73	3.09
管理成本	32.82	37.84	27.41	1.93
技能掌握	45.56	34.36	16.99	3.09
培训	44.40	35.14	18.15	2.32
基建薄弱	50.19	22.78	21.62	5.41
缺乏科学根据	64.48	15.83	16.22	3.47
相关主体满意度	53.67	28.96	13.51	3.86
标准协调度	34.75	29.31	31.66	4.25
多重标准执行误区	33.98	24.71	37.84	3.47
标准要求频繁更改	54.05	23.94	18.15	3.86

从自愿性标准的影响调查结果来看，68%和 65%的受访者认为食品质量和可追溯能力有所提高；61%的受访者认为市场准入能力较过去有所提升（表 13）。69%的受访者发现相关主体和价值链各环节公开程度有所加强。49%认为市场集中度相对稳定，而 29%认为市场集中度已有所增加；50%认为价格溢价增加，27%认为价格稳定性增强，而 50%认为价格没什么变化。生产率方面，32%认为生产率保持不变，47%认为提高，9%认为下降；相应地认为收益率不变、提高、下降的比重分别为 28%、51%、10%。这表明经济效益的提高是生产率提升、产品质量改善及价格溢价的综合结果。

表 13　按所在机构经验判断私人部门自愿性标准实施后对市场准入能力与成本的影响

潜在影响	251 名调查对象反馈结果			
	下降	不变	增加	尚未实施标准
市场准入	7.17	21.91	60.96	9.96
产品差异化	3.19	27.49	56.97	12.35

（续）

潜在影响	251 名调查对象反馈结果			
	下降	不变	增加	尚未实施标准
产品一致性	6.37	37.45	39.84	16.33
产品质量	1.59	19.92	68.92	9.5
产品可追溯	1.99	20.32	65.34	12.35
价格溢价	3.19	32.67	50.20	13.94
价格稳定	3.98	50.20	26.69	19.12
货币成本	5.18	20.72	64.14	9.96
管理成本	5.18	19.92	67.73	7.17
生产率	9.16	31.87	47.41	11.55
利润	9.56	27.89	51.39	11.16
市场集中度	3.98	49.40	29.48	17.13
科学根据	3.98	28.69	59.36	7.97
降低风险	5.18	27.89	56.97	9.96
价值链各环节透明度	2.79	21.51	68.53	7.17
价值链各环节联系	1.59	21.91	69.32	7.17

不出所料，受访者明确指出随着标准的不断实施，管理成本和货币成本随之增加。当然，也有一些重要的积极影响，如降低风险、标准公开以及价值链各环节更加透明且关系更为密切等。尽管如此，仍然存在少数受访者有不同的见解，10%认为自从实施自愿性标准后，生产率和收益率下降了，7%认为市场准入能力下降了。进一步分析或可揭示何种类型或规模的组织机构能从实施自愿性标准中收获最大。

一般而言，自愿性标准实施不会对人类健康与福利产生特别的负面影响。绝大多数（74%）受访者认为自愿性标准实施极大提高了员工的教育和技术水平，但这并不一定意味着工资提高。48%的受访者反映工人收入并未变化，27%的受访者认为收入有所增加，但3%认为下降了。约55%的受访者表示，人类健康、安全及福利从整体看是有一定提高的。约52%的受访者认为性别平等并不能影响标准是否采纳；43%表示所在机构不存在强迫劳动或童工现象，另外40%则表示没什么变化。34%的受访者表示工作条件未能得到改善，但44%认为工作环境质量有所提高。

调查表明，自愿性标准的实施能从多方面惠及动物福利和健康。超过66%的受访者认为家畜福利和健康的各个方面都得到了改善，包括生物安全、对动物的了解与饲养及对他们状况的监测和报告等。平均51%的受访者表示抗生素使用、动物应激及存栏密度有所下降，但平均29%的受访者认为没有任何变化。多数自愿性标准的目标在于保障动物福利、食品安全及动物健康，这或许正是产生上述积极影响的原因。

多数受访者认为自愿性标准的实施对环境问题带来的影响不大或更多的是一种混合收益。57%的受访者认为化学污染、材料污染或有毒物质残留的发生率下降。平均31%的受访者表示空气、水和土壤质量在生产过程中仍保持原有水平，而45%认为整体水平已有提高。所有这些从生产到经营对环境的直接影响都可以通过提高管理水平而较易得到减缓，而提高管理水平或许是标准提出的一部分。

27%的受访者认为自愿性标准的实施减少温室气体排放，而45%的受访者认为没变；生产规模方面，50%的受访者发现生产规模基本保持不变，21%的受访者认为生产规模较过去有所提高，这里指的是一定的规模经济。自愿性标准对生物多样性的影响较小，因为很少有标准的目标在于提高生物多样性，而且生物多样性管理更为复杂，周期较长。因此，分别有41%和34%的受访者表示野生生物多样性保持不变或增加；而48%和23%的受访者认为物种多样性不变或增加。似乎对私人部门自愿性标准目标而言，保护野生生物多样性要比保护物种多样性更重要。

总体而言，超过80%的受访者认为私人部门自愿性标准的实施基本达到预期效果，动物健康与福利问题及相关主体关心的问题基本得到解决（表14），但对人类健康与福利问题及环境问题的关注较少，而社会公平问题认同度最低，仅有47%。

表14　被调查机构实施私人部门自愿性标准情况

基本情况	234名受访者情况			
	严重反对/反对	中立	同意/非常同意	尚未实施标准
所在机构已充分解决环境问题	4.70	17.52	67.52	10.26
所在机构已充分解决社会公平问题	5.98	23.08	46.58	24.36
所在机构已充分解决人类健康与福利问题	5.56	11.54	68.38	14.53
所在机构已充分解决动物健康与福利问题	2.99	1.71	89.74	5.56
所在机构已妥善处理相关主体问题	2.56	8.97	85.04	3.42
执行标准要求发挥较大作用	13.68	14.96	68.38	2.99
执行自愿性标准已达预期效果	2.99	5.98	85.47	5.56

6 透明度

随着私人部门标准作用的提高，对其制定程序的透明度和包容性及其合法性的关注不断加强，不只在一般意义上，还要与国际组织制定的标准相比。各国对 2008 年世界贸易组织问卷调查的反馈中，特意强调了私人部门标准制定环节透明度低，相关主体参与度不够等问题。

许多标准制定机构在回答问卷时提及了相应的参考标准（公共标准和私人部门标准），但由于有些机构不允许公众访问其文件，因此直接从这些机构获取信息的可能性较小，如标准手册、法律框架文件、指导方针或制度等。2012 年夏，对 289 份调研问卷进行回访，结果表明 136 个标准（占 47%）已向公众全面公开。人们发现许多标准都串联在从公共到私人的标准链中。截至目前，标杆计划已经对一些标准进行了评价，而且随着资源不断丰富，将对完整数据集进行再次分析。

7 讨论与结论

过去 20 年来，畜牧业私人部门自愿性标准取得了长足进步，预计未来在市场竞争、风险降低、积极倡导、对全球价值链的参与以及消费者意识与偏好的综合影响下还将继续发展。自愿性标准为育种、生产、加工、供给与零售等环节在激烈的市场竞争中带来便利。产品质量和可追溯等额外保障对消费者日益增加的食品恐慌无疑是至关重要的。

有关家畜和畜产品贸易的私人部门自愿性标准与动物福利、食品安全以及动物健康之间有着极其密切的关系。发达国家主要市场监管改革，通常将食品安全责任从国家层面转移至私人部门，这已经成为促进私人部门食品安全及动植物卫生检验检疫相关标准发展的主要驱动力。动物福利尚未在世界贸易组织动植物卫生检验检疫条款框架内，但从调研结果来看，动物福利作为私人部门自愿性标准的重大目标之一，证实了世界动物卫生组织（2010）的研究发现；世界动物卫生组织调查结果显示，64%的受访者认为私人部门动物福利标准制定能（或可能）为他们国家带来效益（世界动物卫生组织，2010）。

总体来看，私人部门自愿性标准在动物福利与健康方面的反响较好。在分析地区差异时发现多数被调查对象来自发达国家。私人部门自愿性标准也关注一些社会问题和环境问题，比如经济发展、工作环境、性别平等，但其影响力似乎难于理清。为更好地评估私人部门标准，应全方位分析标准的目标计划。

由于优先考虑动植物卫生检疫措施协议有关问题，多数标准的制定建立在现有国家或国际制度或标准基础之上（如世界动物卫生组织或食品法典）也就毫不奇怪了，这意味着多数私人部门标准有可能超越国际公共协商标准，但也不大可能与其相矛盾。各标准相互关联，特别是源自国际公共标准的那些联系性更强，然而，受制于文件记录和透明度等问题，无法通过调研完全获悉各标准及其间联系。

从被调查机构类型看，多数标准是由私人企业制定，包括与国家政府有关部门联合制定等。各机构在价值链中的作用从生产到零售，不尽相同，表明各机构间具有一定的纵向协调性。在标准链中，各机构承担的角色也不相同，涵盖了标准制定到认证一系列过程。

标准遵守认证主要通过独立机构进行。价值链中所有参与主体在实施标准时，有可能带来额外成本，且常常得不到任何赔偿或保险。执行自愿性标准需要根据现有基础开展大量的培训和认证。然而，将这些因素结合起来就形成了标准体系，但可能超出小农的能力，他们没有能力和资源满足那些要求（Loconto，2014）。当前大部分有关标准体系对小农经营主体的影响研究多集中在种植业和园艺业，而各相关主体实施标准后的收益和影响情况还需进一步详细分析。

私人部门自愿标准是一把双刃剑，对价值链中的利益相关主体既有积极影响，又有消极影响。问卷反馈结果显示，多种成本通常可由同样广泛的各种好处补偿。标准实施带来的收益不仅体现在价格溢价、把握或创造市场机遇等方面，还体现在生产率的提升与产品保障上。这表明某些标准的实施即便未经认证也能创造效益。

私人部门自愿性标准在小农户能力建设支持方面的不足一直饱受诟病。调查发现，通常情况下标准培训有助于提高员工技术水平，改善人类健康，提升福利水平；也说明了自愿性标准还存在一定的改进之处，如员工收入、性别平等、童工、生物多样性以及标准协调性等。

随着自愿性标准在畜牧产业中的不断深入，即便存在某些影响，但也不清楚他们会对公共标准变化产生哪些影响。显然，在私人部门中总结的经验教训，能否促进政府部门制定相关政策，还有赖于经验教训积极与否。如果公共标准和私人自愿性标准出现交叉，那么一定会出台公共物品与公共健康保护的保障措施。理性状态下，私人部门自愿性标准是公开、透明的，那么科学知识与责任问题、社会公平、动物福利及环境可持续等一系列问题都能得到解决，从而所有相关主体（企业、政府与个人）都能从中受益。至少对于实施自愿性标准的部门能在与相关利益集团的合作中受益，包括有些科学顾问在内。基于此，无论是营利性组织还是非营利性组织都能形成协作关系，从而在改善生活质量（动物和人类）的同时提高产品完整性。

最后，私人部门自愿性标准研究还应继续开展，要关注国内国际市场贸易的公平与公正问题。然而，有关政府部门如何调整公共和私人部门自愿性标准的政策问题还难以回答。毕竟任何决策都要在促进最佳商业实践的同时考虑其对人与动物福利、社会平等及环境的潜在影响。

参考文献

FAO. 2010a. *Draft report on a global survey on private standards, codes of conduct and guidelines in the livestock sector*. Working document. Animal Production and Health Division, Rome.

FAO. 2010b. *Report of the 22nd Session of the Committee on Agriculture* (Rome, 16-19 June 2010), C 2011/17 (CL 140/3), para. 13. Rome.

FAO/WHO. 2009. *Joint FAO/WHO Food Standards Programme*. Codex Alimentarius Commission, Thirty-second Session, Report. ALINORM 09/32/REP. Rome.

FAO/WHO. 2012. *Joint FAO/WHO Food Standards Programme*. Codex Alimentarius Commission, Thirty-second Session, Report. Thirty-fifth Session, REP12/CAC, para. 188. Rome.

Henson, S. & Humphrey, J. 2009. *The impacts of private food safety standards on the food chain and on public standard-setting processes*. Paper prepared for FAO/WHO. May 2009. ALINORM 09/32/9D Part II. CAC LIM 14, CAC/INF 2, CAC/INF 8. Rome.

Liu, P. 2009. *Private standards in international trade: issues and opportunities*. Presentation at the WTO/CTE workshop on private standards, July 2009. Rome.

Loconto, A. 2014. Voluntary standards: impacting smallholders' market participation. In *Voluntary standards for sustainable food systems: challenges and opportunities*, Proceedings of a joint FAO/UNEP workshop. Rome.

LPP, LIFE Network, IUCN-WISP & FAO. 2010. *Adding value to livestock diversity-Marketing to promote local breeds and improve livelihoods*. FAO Animal Production and Health Paper. No168. Rome.

OECD. 2006. *Final report on private standards and the shaping of the agro-food system*. AGR/CA/APM (2006) 9/FINAL. Paris. 61p.

OIE. 2010. *Final report-OIE questionnaire on private standards*. Paris, OIE Terrestrial Animal Health Standards Commission, (available at http://www.oie.int/eng/normes/A_AHG_PS_NOV09_2.pdf).

WTO. 2009a. *Effects of SPS-related private standards-descriptive report*. Geneva, Switzerland, WTO Committee on Sanitary and Phytosanitary Measures, G/SPS/GEN/932, 15 June 2009. 19 p.

WTO. 2009b. *Effects of SPS-related private standards-compilation of replies*. Geneva, Switzerland, WTO Committee on Sanitary and Phytosanitary Measures, G/SPS/GEN/932/REV 1.

营养可持续与消费者沟通

Anne Roulin
瑞士，雀巢集团研究与开发可持续部经理

1 摘要

本文阐述了雀巢集团实现营养可持续的方法，介绍雀巢集团制定的一套相关办法，指导集团改革，促进产品创新，为消费者传达可靠的、有价值的营养信息及环境影响信息。文中提出了“超越标签”计划，通过使用印在包装上的快速响应（QR）编码为消费者提供更多产品信息。

2 引言

在未来 40 年中世界人口将从 70 亿增加到 90 亿以上，其中城镇人口将占 70%。全球化将给粮食体系带来进一步的经济和政治压力，同时生产和气候变化将导致对食物、水和能源的竞争加剧。此外，人类未来还将面临营养不良和流行性肥胖等双重营养失调问题。解决上述问题需要打破传统的营养和粮食安全研究视野，综合而不是孤立地考虑全球化进程中的各方面问题，提炼整合形成综合性方法，可称之为营养可持续。到目前为止，营养可持续尚未形成统一的概念界定，但目前我们所指的营养可持续可定义为：在不损害子孙后代获得充足、安全与营养的食物和饮水能力下，具备一定的物质供给与经济条件，满足饮食与文化需求，维持积极健康的生活方式。该概念涵盖范围广，为进一步认识其关键因素，需重点分析三个主要方面：

第一，可持续营养必须包括环境、经济和社会的可持续，包括粮食生产、消费与营养安全的可持续。从经济角度看，包括诸多因素，如农民收入，尤其是小农户收入，公共卫生经济以及粮食产品销售收入等。

第二，可持续营养必须涵盖农业、责任采购、原料选择、食品加工、食品包装、分销以及消费者终生使用权（包括粮食浪费）等整个价值链。

第三，可持续营养指的是营养的适当供给，保证最优的人体生长发育。生命早期，特别是前 1 000 天的营养状况尤为重要，甚至对晚年健康与生活自理产生极大影响。图 1 展示了不同时期的营养与身体状况对比，营养摄入不足或不当对许多人而言，健康曲线将不断走低，难以企及生命潜能，相比正常营养摄入的群体，身体曲线下滑更快、跌幅更大。

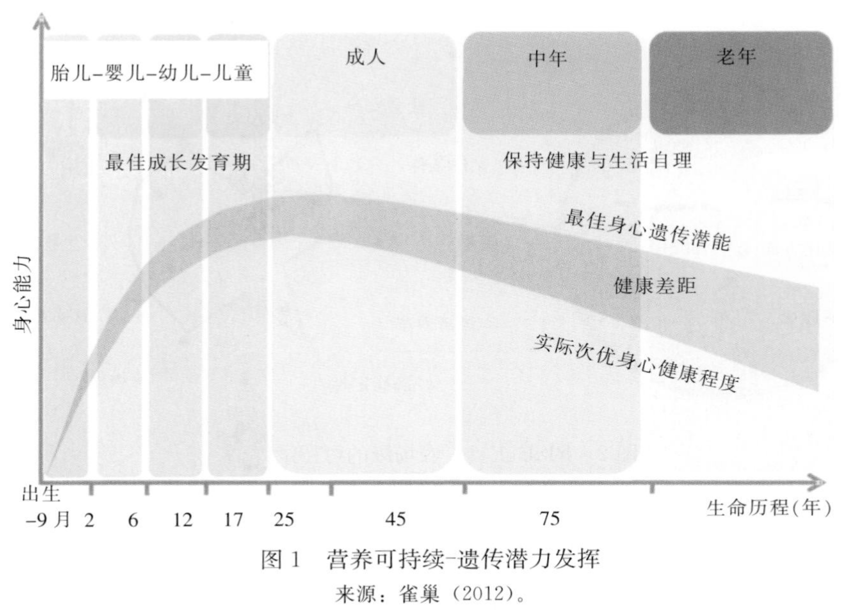

图 1 营养可持续-遗传潜力发挥

来源：雀巢（2012）。

3 可持续营养分析

鉴于当前可持续营养综合评价工具并不完善，雀巢集团运用不同方式对可持续营养各个方面进行评估。

瑞士伯尔尼大学开发的 RISE 是一种半定量评估工具，用于农场级别评估，具体标准范围如图 2 所示。最重要的是，该方法拥有详细的实施方案，评估农场经济、社会文化及环境等方面（Hani 等，2003）。雀巢集团旗下的 1 200名农艺师已掌握该方法，并在 18 个国家开展 RISE 研究。比如，在墨西哥两个地区开展了 RISE 追踪研究，对奶牛场的养分（氮、磷、钾）流向进行了实地分析。该研究是计算氮磷钾平衡，确定节本、增效、可行方案的简单工具。过度施用氮肥和钾肥将导致表层水体富营养化，对人类和动物健康造成危害。

食品方面，雀巢集团采用全生命周期评估法（LCAs），该方法有助于挖掘高价值信息。但全生命周期评估法对日常工业生产而言过于复杂，成本较高。全生命周期评估法通常用于发展末期，这很难再改变什么。当前雀巢集团有超

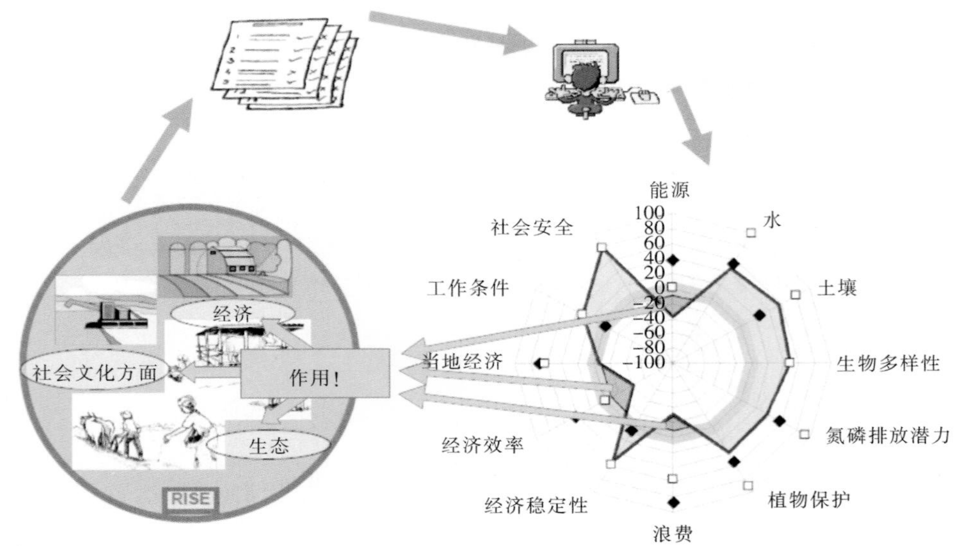

图 2　RISE 工具：农场级的可持续评估

来源：雀巢和伯尔尼大学。

过 12 000 个在建项目，对遍布世界的集团产品研发人员来说，在产品开发早期能有一个实用的科学评估工具至关重要。因此，与外部合作伙伴一起开发了生态设计工具 EcodEX。该工具是基于生命周期评估，但简化了用户界面，使非专家也能使用。该方法涵盖了农业从原材料、食品加工、包装、物流及消费者使用直到终点，包括食物浪费在内的整个价值链。EcodEX 分析粮食生产对环境的五大影响：温室气体排放、不可再生能源和矿产、土地利用、水资源消耗及对生物圈的影响（图 3）。图 4 展示了利用该方法计算的 3 种不同食物所产生的环境影响。EcodEX 能够综合分析所有项目；在产品开发前期面临多项选择时提供正确的基于实际条件的环境选择。Selerant 公司将 EcodEX 工具进行了商业推广，对任何企业、机构开放（EcodEX，2013）。然而，在需要更详细的评估时，我们还将继续进行第三方同行评审下的全生命周期评价，并确立我们的环保产品要求，即我们的产品完全符合国际标准组织（ISO）14 040和 14 044 标准。

为确定环境因素与营养的关系，雀巢集团最近开发了一个营养平衡工具。该工具能够计算出健康生活所需 25 种基本营养素，包括矿物质、维生素、蛋白质等，可用于分析单个食品、整顿饭或整体饮食等。

在使用该工具过程中，无论是新产品研发还是当前投资组合改革，都将加强环境可持续和营养的结合。

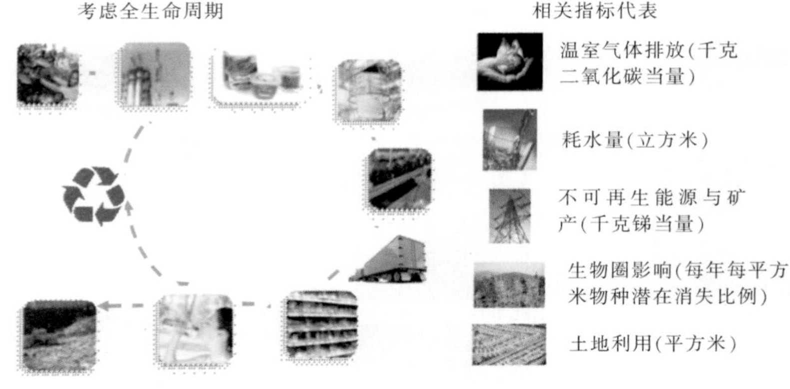

图 3　EcodEX 生态设计工具范围
来源：雀巢集团内部资料。

4　消费者沟通

实际环境评估中极其缺乏有效的协调机制，这导致各主体（政府部门、零售商、生产商）各行其是，制订了各种相互竞争的方案和不同方法用来评估不同的影响，而它们或多或少都是可信的（碳足迹、水足迹、食物里程、有机标准等）。各种不同的评估方案弱化了消费者理解，降低了产品可比性，他们都支持发展沟通工具。对消费者的沟通更为复杂，因为食物和饮料的高度多样化，而且在生命周期不同阶段的环境影响不同（如糖、牛奶和比萨饼）。

环保食品协议的制定受到了雀巢集团的大力支持（环保食品协议，2012；欧洲食品可持续消费和生产圆桌会议，2011a，b）。这是一个食物与饮料环境影响协调性评估办法，已在欧洲食品可持续消费和生产圆桌会议中做出详细说

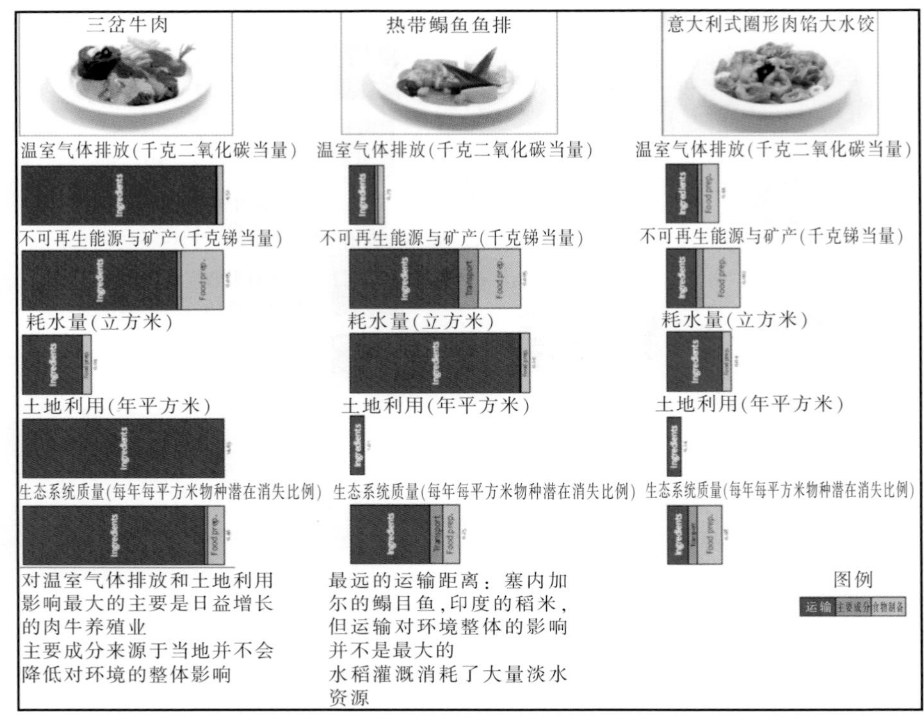

图 4　EcodEX 计算的不同食物的环境影响

来源：雀巢集团。

明。该圆桌会议，涉及欧盟委员会、整个食物链、FAO 和联合国环境规划署等，主要有以下三大目标：

（1）建立科学可靠、标准统一的食物和饮料环境评估方法；

（2）为消费者及其他相关主体确定可行的自愿性环境沟通工具和指南；

（3）就整个食品供应链提出环境持续改善的措施。

圆桌会议特别发布了食品链环境沟通绩效报告（欧洲食品可持续消费和生产圆桌会议，2011b），明确提出了适用于消费者及其他相关主体环境沟通的工具和指南。

报告总结如下：

（1）沟通信息务必真实、可靠，而且最好能从多方面获得。

（2）考虑到消费者理性决策，需加强消费者方面研究。要对有关数据及其假设条件进行分析，并保证研究结果的可靠性，有必要由第三方独立机构进行数据验证。

（3）随着消费者意识不断提升，公共教育战略覆盖面不断扩大，在消费者了解复杂产品特定信息，做出理性消费决策方面，食品价值链各环节各主体都发挥着重要作用。

按图 5 中圆桌会议时间轴所示，环保食品协议和其他沟通工具目前正在 20 个实验项目中进行检测，最终有望在 2013 年底完成。

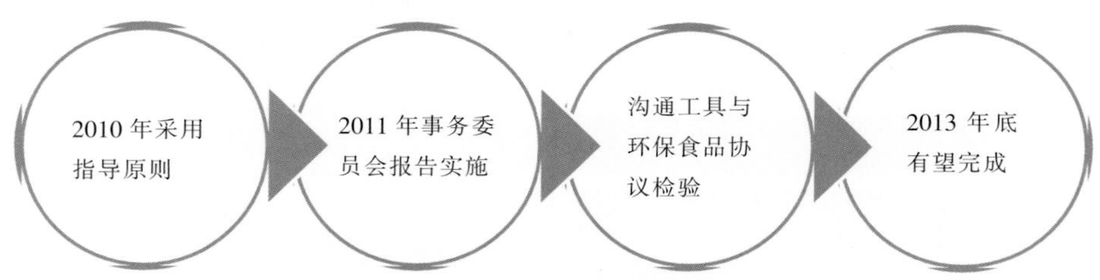

图 5　食品链环境沟通绩效

来源：欧洲食品可持续消费与生产圆桌会议。

鉴于上述因素，我们要加强与消费者及其他相关主体间的信息沟通。然而，产品标签正变得越来越拥挤，上面含有法律要求的信息、品牌、营养构成等。因此，雀巢集团才会实施“超越标签”方案。该方案是将二维码印刷在包装上，该二维码链接到相应网址，进而可获取更多的营养、环境和社会信息。该系统于 2013 年 1 月启用，将不断推向更多的产品。图 6 显示的是其中一种类型。

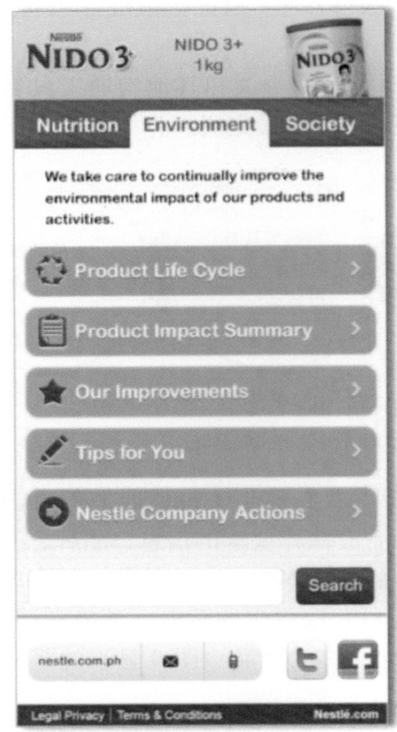

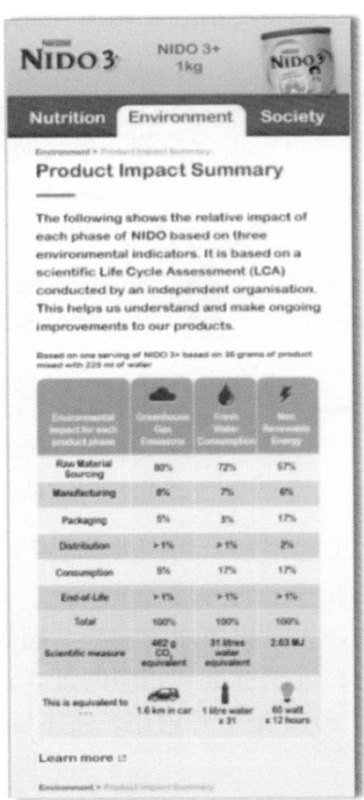

图 6　运用“超越标签”二维码与消费者沟通

来源：雀巢集团内部文件。

5　总结

雀巢集团开发的工具，提出了营养可持续的评估办法，将为产品开发早期基于事实的决策提供基础。我们坚信公开透明的消费者沟通理念，认为科学合理的自愿性标准是极其重要的。但可持续营养在环境、社会和经济方面是复杂多样的，与消费者沟通应避繁就简，事实清晰。当前雀巢集团推出的“超越标签”方案通过视觉吸引和可访问的方式，向感兴趣的消费者提供此类信息。随着我们对可持续营养的认知拓展，我们将进一步开发综合性评估办法，使我们内部的产品开发和消费者的理性选择都能做出优化决策。

参考文献

EcodEX. 2013. *EcodEX，ecodesign software*（available at http：//www. selerant. com/

main/de-de/solutions/ecodex/ecodexfeatures. aspx) .

Envifood Protocol. 2012. *Envifood Protocol environment assessment of food and drink protocol*. European Food Sustainable Consumption and Production Roundtable (available at http: //www. food-scp. eu/files/consultation4/ENVIFOOD _ Protocol _ November _ 2012. pdf) .

Food SCP. 2011a. *Terms of Reference*. European Food Sustainable Consumption and Production Roundtable (available at http: //www. food-scp. eu/sites/default/files/ToR _ 28% 20April _ 2011 _ Clean. pdf) .

Food SCP. 2011b. *Communicating environmental performance along the food chain*. Prepared by the European Food SCP Round Table Working Group 2 on "Environmental Information tools" (available at http: //www. food-scp. eu/files/ReportEnvComm _ 8Dec2011. pdf) .

Hani, F., Braga, F., Stampfli, A., Keller, T., Fischer, M. & Porsche, H. 2003. RISE, a tool for holistic sustainability assessment at the farm level. *International Food and Agribusiness Management Review*, 6 (4): 78-90.

Nestlé. 2012. *Nestlé in society: creating shared value and meeting our commitments* (available at http: //www. nestle. com/asset-library/documents/library/documents/corporate _ social _ responsibility/nestle-csv-summary-report-2012-en. pdf) .

原产地名称保护标准（PDO）在“让消费者放心”中的作用：“地震帕马森干酪”的案例

Corrado Finardi[1]　Davide Menozzi[2]
1 农场主协会全国联盟食品安全部，意大利罗马
2 帕尔马大学食品科学系，意大利帕尔马

1　摘要

2012 年 5 月，意大利的艾米利亚-罗马涅大区发生了地震，造成了 26 人死亡以及符合原产地名称保护（PDO）标准的帕马森干酪产区的大范围经济损失，包括几个干酪生产和熟化的仓库。据估计，帕马森干酪生产者的经济损失超过 1.5 亿欧元。帮助灾区人民的广泛动员揭示了该特产食品的“社会嵌入性”，从而提升了地震帕马森干酪的销售。本文目的在于利用计划行为理论作为概念框架，研究购买地震帕马森干酪的决定因素。本研究从 PDO 品牌对恢复消费者信心的能力着手，探讨了可持续性的新概念。本研究组织了焦点研究小组，并对 200 名消费者进行了问卷调查；通过在销售地震帕马森干酪的商店和市场面对面采访得到数据。本研究分析了影响购买地震帕马森干酪意向的重要因素，如态度、描述规范、知觉行为控制以及行为自身等。本研究还引入了正式或非正式信任、道德态度、PDO 感知、地区归属感以及其他社会—经济学变量等概念。修正的计划行为理论模型的估计结果表明，该模型可以解释购买地震帕马森干酪意向的 70%的方差，以及购买行为 32%的方差。知觉行为控制、对正式消息源的信任及 PDO 质量保证是影响购买意向的主要因素。描述规范、归属感、年龄和购买意向正向影响购买行为，食物恐慌、过去行为和教育程度负向影响购买行为。PDO 赋予帕马森干酪恢复消费者信心的强大作用，避免了“最坏情况”（市场危机）发生。这似乎是很有意义的事，因为 PDO 可能使食物链在不利事件面前保持弹性并产生替在经济影响，维持消费者的信任，并提供食物链可持续发展的能力。帕马森干酪价格保持稳定，生产者和帕马森干酪协会都在其中起到了重要作用。实证研究结果证明了 2012 年震后帕马森干酪的集体购买存在团结方面的因素；也证明了为有效面对食物恐

慌造成的忧虑，提升人们的能力和信任是非常重要的。

2 引言

以生产传统食品而闻名的艾米利亚-罗马涅大区在 2012 年 5 月发生地震，造成了 26 人死亡以及大范围破坏，随后受到国内外媒体的广泛关注。地震同时破坏了几个帕马森干酪（Parmigiano-Reggiano，PR）的生产和熟化仓库。协会估计帕马森干酪的经济损失超过 1.5 亿欧元。约 633 700 个[①]干酪（约占年产量的 20%）从搁架上掉落，五家奶牛场不宜使用（Consorzio Parmigiano-Reggiano，2012a）。受损的产品被称为“地震帕马森干酪”（PR－T），意为在地震中受损的帕马森干酪，具体指以下两种严重受损的情况：第一，低于原产地名称保护标准（PDO）的最小成熟时间（12 个月），因此被融化或粉碎，其损失大约为 6 欧元/千克；第二，已评定为 PDO 但由于损坏导致打折出售，其损失大约为 2 欧元/千克。

在众多的灾后援助行动中，当地社区首先开始帮助灾区人民。作为意大利的主要农民联盟，意大利自耕农协会（Coldiretti）管理着替代食物网络（AFN）和直销渠道，并依赖于生产者的非正式信任和口碑传播机制，完美发挥了自我救援的真正精神。意大利自耕农协会开展了“PR－T 销售”运动，包含了自下而上、自我组织方式的各方面。这种销售活动在农民市场、意大利自耕农协会的农户商店以及网络销售（集体采购）等渠道同时进行，体现了消费者参与购买的深厚情感。

与此同时，人们还精心策划了更多正式行动：大型零售商同意协会每个受地震影响的帕马森干酪以现时价格销售，并向受灾牛奶场捐献 1 欧元/千克（Consorzio Parmigiano-Reggiano，2012b）。此外，对于直接从受灾牛奶场购买奶酪的消费者，协会在互联网上公布可以购买奶酪的牛奶场名单，以避免欺诈或投机行为，同时在危机状态下保持适当监管。协会采取的策略是将受损奶酪以不贴 PDO 标签的一般奶酪的名义销售。

3 原产地名称保护（PDO）产品被视为可持续食品

PDO 食品体系和产品在各方面都可以被认为是“可持续的”。首先，环境可持续性是 PDO 食品链的自然特征。由于食品加工依赖于本地原材料，PDO 产品可以避免不确定生长和资源消费的限制，只存在生产的困难性。De Roest

① 原文的单位为 wheel，因为帕马森干酪呈车轮状，译者注。

和 Menghi（2000）认为 PDO 帕马森干酪是环境友好型产品，与其他食品链相比环境影响非常有限。固有的小规模生产受生态系统的约束，可用资源将很快达到平衡点。

另一方面是经济可持续。PDO 产品（帕马森干酪也不例外）与相似产品具有很高的区分性。由于非工业化生产，食品的供给量有限，因此可以保证较高的价格。较高的价格反过来也可以使本地生产者和社区受益。这也受到欧盟条例（2012）的保护。根据欧盟条例 1151/2012 第 5 条的规定，“农产品质量政策应该给生产者提供合适的手段，使其具有更高的识别度，推出那些具有特定特征的农产品，并保护生产者免受不公平竞争的影响”。

另外，PDO 产品可以涵盖食品安全甚至营养可持续性等方面。欧盟条例中的“传统食品”定义为保持传统的食品制作方法以生产“安全食品”，即使其在形式上超出了欧盟严格的卫生规定（欧盟条例 852/2004 说明条款第 16 条）。其背后的原因在于传统食品（例如 PDO 产品）已经安全无害地存在了几个世纪。因此，传统食品可以由国家主管部门公告，以保证他们的非现代化但可持续的生产方法。

此外，传统食品是全国人民饮食的核心，提供了关键营养，在一定程度上涵盖了大部分国民的营养需求。该论述至少在欧盟条例 1924/2006 的前言（11 和 12）中间接提及。该条例反映了“饮食习惯与传统”以及“某种食品或某类食品在国民食谱中的作用和重要性”。

但是，在本文的研究范围中，最有趣的特征是探究实现可持续与“X 事件”的关系（Casti，2012）。在这方面，重点研究的问题是：PDO 产品在现代化食物链面临主要典型危机时是否是可持续的，以及在出现食物恐慌时发生了什么，PDO 是否具备一定弹性和韧性以重新赢得消费者的信任（Taleb，2012）？

有证据表明，环境灾害可以引发极度的食物恐慌（例如，意大利坎帕尼亚 2008 年出现的二噁英污染马苏里拉水牛奶酪，以及 2009 年福岛海啸和核泄漏[①]事故）。某些灾害能引起食物恐慌，而某些灾害不会引起食物恐慌，尽管也已经有一些有趣的潜在线索（人为或自然发生等），但其中的原因尚不明确。由自然现象本身以及对帕马森干酪安全性的看法所引起的恐惧显然没有扩散的空间。对地震帕马森干酪的消费与采购可以被认为是帮助受灾社区面对自然灾害、强化社会关系和社区认同感的一种途径。

但是，这仍然有疑问。

① 原文为福岛事故（Fukushima accident），译者注。

4 可持续性的新兴特征：PDO 品牌名称的弹性与食物恐慌的发生

现有研究的目标之一是探究欧盟 PDO 品牌在食物恐慌事件发生时作为消费者保障因素中所起到的作用。事实上，帕马森干酪是一个非常著名的 PDO 产品，享誉世界。

现有研究已经发现 PDO 产品是如何被消费者广泛接受的（欧盟，2004，2012；van Ittersum 等，2007；Loureiro 和 McCluskey，2000），这表明人们对 PDO 产品有更高的支付意愿（WTP），特别是在本地消费中，他们代表了“传统食品”。其他研究关注 PDO 等本地食品的强识别度和象征意义可以回馈社区（Parrott 和 Murdoch，2002；van Ittersum 等，2007）。

从制度角度来看，PDO 是根据欧洲经济共同体（EEC）第 2081/92 号条例制定的，并且在欧洲议会和欧盟理事会的欧盟条例 1151/2012 中得到强化。要注册 PDO 商标，生产者必须向欧盟理事会一级提交正式注册申请。在成员国层面，国家主管部门有权审查申请者的需求，并在广泛的欧盟官方食品管制的基础上设定控制体系（欧盟理事会条例 882/2004）。官方控制在确保系统稳健性方面起重要作用，显然消费者对 PDO 产品的信任建立在地域性、关系以及浓厚的社交背景等综合特征之上。事实上，基于 PDO 的定义，最终食品（或商品）（欧盟条例 2081/1992，第 2 条第 2 款以及欧盟条例 1151/2012，第 5 条第 1 款）：①来自一个明确的地区、区域或很少见的国家；②其质量由地理环境显著地或专门决定，包括自然和人为因素；③在特定的地理区域内生产、加工以及制备。

地理标志保护（PGI）或传统特产保护（TSG）等与 PDO 类似的定义与地域范围的联系较弱。相反，PDO 名称的认定需要从原材料采购到产品制作等整个流程均在定义的地理区域内进行。最后，地区的名称就是产品的名称，反之亦然，“联结人、地、物”（FAO，2010）。

5 PDO：嵌入性的作用

这里需要引入 Polany、Arensberg 和 Pearson 在 1957 年提出的“嵌入性”（Embeddedness）概念。“嵌入性”概念是马克思主义基本思想的延伸，认为经济是反映社会关系的。简而言之，嵌入性强调社会关系先于经济关系出现，且能够塑造经济关系，并与经济关系融为一体。如果“食物消费”代表了任何社会固有的“嵌入性”特征，那么本地传统食物的嵌入性更强。此外，社交网络也发挥着独特的作用（Granovetter，1985），它解释了经济主体如何具体活动。这使得每个个体行为能够超越新古典主义追求个人效用最大化的理论（“理性的、自利的行为受社会关系的影响很小”，Granovetter，1985），并产生了“社会效用”的新概念。

此外，在经济环境（帕马森干酪食物链）内部，劳动强度是乳制品行业的两倍（De Roest 和 Menghi，2000），但手工艺为该区域提供了经济回报，从而能够提高该生产部门的社会接受度。嵌入性在这里也可以认为是“扩大的安全网络”，意在解释在一个女性劳动力有限、失业率高、宏观经济形势严峻的地区或国家内，什么构成了大众所熟知的福利。这背后的概念是处于财政困难环境中的人民可以依靠已有的社会关系恢复关键资源、财富、社会认可甚至世界观，即“世界的意义和愿景”。

6 研究方法

本研究首先采用了定性研究（辅助性的焦点小组访谈）的方法引出需要进一步研究的突出问题，访谈中涵盖广泛的议题，包括了食物问题以及更具体的帕马森干酪购买问题。接下来，本研究采用定量研究方法探究购买“地震帕马森干酪”的决定性因素，这里所用概念框架为 Ajzen（1991）提出的计划行为理论（TPB）。

6.1 初步定性分析

基于文献综述，作者在 2012 年 11 月组织了焦点小组访谈，针对食物和帕马森干酪购买问题，包括风险认知、平时和震后的正式或非正式信心恢复机制以及社会团结等方面访谈了 10 名消费者。

焦点小组接受视觉或口头信息，如问题、评论、报纸上的受损帕马森干酪的照片、废弃的仓库、农贸市场的销售等，并深入至感情方面即消费者反应（即支付意愿）的问题。

在语义图上，“食物”的概念可以引申至更广的层面：与食物有关的共同之处，包括关系、友谊、宴饮和文化。反过来，这也体现了食物的内在社会背景；在给出的 9 个概念中，5 个与社会方面相关（图 1）。社会学研究表明消费可以看作是一种仪式，能够维持社会的结构（Baudrillard，1970；Levi Strauss，1962）。此外，商品的象征价值要高于其使用价值，并且可以将其作为工具来进行思考。消费也可以定义为人们之间的交换活动（Mauss，1925）：“通过商品的交换，个体、家族之间建立了关系：它创造了社会。”在特殊条件下，上述分析可以引出对团结方面的更深层次的分析。

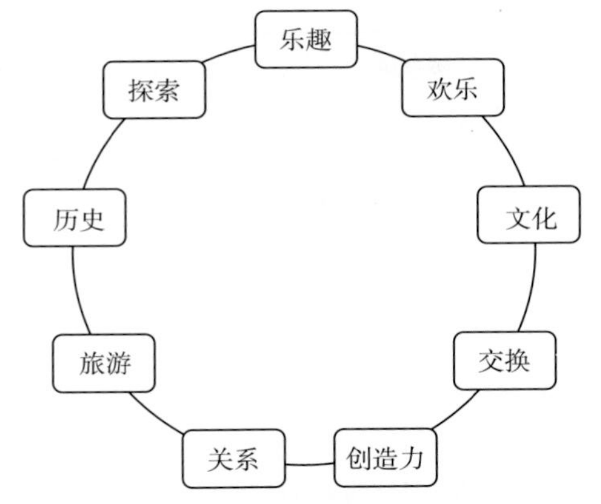

图 1　基于焦点小组访谈构建的食物感知的语义图

资料来源：作者阐述。

6.2　研究设计

基于文献综述和焦点小组访谈的结果，本研究设计了调查问卷，并调查了 200 名消费者。样本的平均年龄为 37 岁（标准差为 13.5 岁），家庭人口数平均为 3.3 人（标准差为 1.3 人），每个家庭平均有 0.3 个 12 岁以下儿童（标准差为 0.7 个）。63%的受访者出生在帕马森干酪的生产地区，78%的受访者生活在该地区。距离震中的平均距离［如摩德纳省的米兰多拉（Mirandola）村到震中的距离］为 54.6 千米（标准差为 90.5 千米，表 1）。

表 1　样本的统计描述

	百分比（%）
性别	
男	37.6
女	62.4
受教育程度	
小学或初中	12.4
高中	50.5
高等教育	36.6
过去的行为（购买频率）	
多于一日两次	10.2
一日两次	8.6
一日一次	32.8

（续）

	百分比（%）	
一周数次	32.8	
少于一周一次	2.7	
一月数次	8.6	
少于一月一次	3.8	
从未	0.5	
出生在帕马森干酪的生产地区	63.4	
居住在帕马森干酪的生产地区	78.0	
你是否购买过在地震中受损的帕马森干酪（购买占比，%）	49.5	
你在什么地方购买的在地震中受损的帕马森干酪？		
超市	30.4	
传统零售店	12.0	
农贸市场	32.6	
网络	6.5	
其他（比如朋友、消费者群体等）	18.5	
	均值	标准差
年龄	37.17	13.54
家庭人口数	3.27	1.29
家庭儿童数（小于 12 岁）	0.30	0.74
距震中的距离（千米）	54.64	90.50

资料来源：作者阐述。

约半数受访者表示在过去几个月中购买过在地震中受到损坏的帕马森干酪。1/3 的受访者从农贸市场或超市购买了地震帕马森干酪；然而有许多受访者从传统食品店或其他途径购买了地震帕马森干酪，比如朋友、同事、消费者群体等。购买来源的多元化显示了赈灾动员的广泛性，以及本地消费者深厚的情感投入。

6.3 测算

通常来说，计划行为理论（TPB）将意向作为对给定行为（如购买在地震中受损的帕马森干酪）做出反应的核心因素，并由态度、感受到的来自社会群体的压力，以及感知到的采取行动的能力等要素所指引（Ajzen，1991）。

态度指一个人对购买在地震中受损的帕马森干酪所做出的赞成或不赞成的评估或评价的行为（Ajzen，1991）。态度包括五个语义上的不同范围，如，购买地震帕马森干酪是好或坏、健康或不健康、有风险或安全、不愉快或愉快、昂贵或便宜。本研究也考虑了消费者通过购买地震帕马森干酪帮助灾区人民或公司的积极的道德态度，例如“购买地震帕马森干酪能够在经济上帮助”，或“……能够帮助灾区人民”以及“能够帮助灾区企业和商店”。计划行为理论的第二个影响因素是主观规范，即在社会压力下选择实践或不实践某种行为（Ajzen，1991）。作者选择了主观规范中的一个较好的选择版本——描述规范，即基于文献，加入其他变量，特别是考虑健康-风险行为后，可以显著增加可解释方差。知觉行为控制（PBC）的构建指个人对实践某种行为是容易或困难的感觉（Ajzen，1991）。在本研究中，受访者特别被问到他们是否知道可以从商店、消费者群体和生产者等处购买地震帕马森干酪。意向，根据计划行为理论，被假定可以获取影响某种行为的激励因素；意向可以反映人们愿意尝试，去实践某种行为的困难度（Ajzen，1991）。一般情况下，实践某种行为的意向越强，该行为越有可能发生。本研究询问了受访者是否有在未来购买地震帕马森干酪的意向。

作者在模型中也考虑了其他方面的因素，例如，PDO 品牌名称的作用；正式或非正式信息来源的作用；对食物恐慌、欺诈的看法；个人健康状态和财富地位的主观认知；作为可能区分购买驱动力的价格优势，而非团结的作用。

帕马森干酪是一种形象很好且具有高知名度的 PDO 产品。我们假定帕马森干酪 PDO 标签的质量认证能够显著影响购买地震帕马森干酪的情感意向（Van Ittersum 等，2007）。消费者对 PDO 标签的认知可以通过 5 分制的李克特量表进行衡量（1＝完全不同意，5＝完全同意）。本研究询问受访者是否同意帕马森干酪的 PDO 标签发挥了如下作用：①保证了原产地；②保证了高质量；③保证了传统制作工艺；④保证了产品的真实性。

此外，如上所述，63％的受访者出生在帕马森干酪的生产地区，78％的受访者生活在该地区。Van Ittersum（2001）发现消费者对产品生产区域的归属感与购买区域产品的意向之间存在正相关关系。因此，我们假设消费者对产品生产区域的归属感影响其地震帕马森干酪的购买意图。该假设也通过专门的问题进行验证，并在模型中增加了归属感的变量。

本研究同样研究了媒体、机构以及同行的信息对消费者信任感及其行为（即购买地震帕马森干酪）的作用。因此，本研究分析了正式的消息来源，如帕马森干酪联盟、当地公共卫生服务组织等，以及非正式的消息来源，如口传、朋友的朋友、社交网络等，以评估最有效的消费者信任建立机制（Lobb，

Mazzocchi 和 Traill，2007）。本研究询问受访者是否信任卫生主管部门、帕马森干酪联盟、大众传媒和供应链参与者（如生产者、传统零售商以及超市）发布的损坏帕马森干酪的卫生和质量特征，并以此判断消费者对正式消息来源的信任度。另一方面，本研究同样询问受访者是否更加信任非正式的消息来源，如身边“在帕马森干酪供应链中工作的其他人”或“做集中采购的其他人”。

关于食物恐慌的感知，本研究测试仓库中已损坏奶酪的消息和图像（媒体所发布的）是否会引发受访者对食物安全性降低的感觉。食物恐慌是对食物现状的反复评价与评论（Renn，1999）。现有文献已经研究了媒体在降低或增强食物恐慌中的作用（Beardsworth，1990；Frewer，Raats 和 Shepherd，1993；Frewer，Miles 和 Marsh，2002；Lobb，Mazzocchi 和 Traill，2007；Mazzocchi 等，2008），以及食物供应链的参与者在保证消费者信心中的作用（Bocker 和 Hanf，2000；Duffy，Fearne 和 Healing，2005；Miles 和 Frewer，2001）。恐慌可以通过非理性方式传播，甚至没有任何事实基础（Slovic，2000）。特别是直觉和认知捷径可能在不确定性、恐慌和压力下出现偏差（Tversky 和 Kahneman，1974；Mathews 等，1995；Mathews 和 Mackintosh，1998；Warda 和 Bryant，1998；Smith 和 Bryant，2000）。因此，本研究询问受访者他们是否会因对地震而对帕马森干酪产生以下两点担心：①安全性；②欺诈行为（1＝完全不同意，5＝完全同意）。

最后，本研究还包括以下三方面问题。第一，我们让受访者对自身健康和财富状况进行主观评价，来评估其自我认知的状态（1＝非常不健康/个人财富非常少，5＝非常健康/个人财富非常多）。结果显示，受访者平均健康状况较好，并对自身财富状况较为满意（评分均值分别为 4.26 和 3.36）。第二，本研究通过询问受访者是否认为地震帕马森干酪以更低的价格出售（1＝完全同意，5＝完全不同意）。结果显示，平均得分为 3.60（标准差为 1.09），表明受访者普遍认为地震帕马森干酪会有一定的价格优势。

最后，通过观察受访者购买地震帕马森干酪的数量（千克）来判断其行为（表 2）。所有问题均具有较高的内部一致性水平（克朗巴哈系数法）。

表 2　调查项目的均值和标准差（克朗巴哈系数法检验结果）

	均值	标准差
行为		
购买地震帕马森干酪的数量（千克）	4.41	24.00
购买地震帕马森干酪的数量（千克，排除两个异常值）	2.17	5.20
态度（α＝0.88）	**4.06**	**0.93**

（续）

	均值	标准差
购买地震帕马森干酪是不好/好的	4.63	0.73
购买地震帕马森干酪是不健康/健康的	3.74	1.22
购买地震帕马森干酪是有风险/安全的	3.96	1.26
购买地震帕马森干酪时不愉快/愉快的	4.15	1.19
购买地震帕马森干酪时昂贵/便宜的	3.86	1.18
道德态度（α=0.80）	**3.95**	**0.97**
购买地震帕马森干酪可以在经济上帮助灾区人民	3.77	1.16
购买地震帕马森干酪可以在经济上帮助灾区人民和商店	4.15	0.96
描述规范（α=0.84）	**3.43**	**0.84**
身边重要的人（父母、朋友、伴侣等）购买了地震帕马森干酪	3.54	1.27
我所在镇上的其他人购买了地震帕马森干酪	3.82	1.02
商店中的其他人购买了地震帕马森干酪	3.37	1.15
知觉行为控制（PBC，α=0.76）	**3.31**	**1.06**
我知道出售地震帕马森干酪的商店	2.75	1.49
我知道购买了地震帕马森干酪的消费者群体	2.57	1.48
我知道出售地震帕马森干酪的生产者	2.21	1.40
意向（α=0.76）	**3.31**	**1.06**
我打算在未来购买地震帕马森干酪	3.88	1.22
我确定我会在接下来的几周购买地震帕马森干酪	2.81	1.32
正式信任（α=0.75）	**3.34**	**0.72**
信任大众传媒	3.10	1.29
信任卫生主管部门	3.07	1.26
信任帕马森干酪联盟	3.76	1.05
信任生产者	3.85	1.14
信任传统零售商	3.59	1.23
信任超市	3.19	1.24
非正式信任（α=0.74）	**3.16**	**1.06**
信任在帕马森干酪供应链工作的关系亲密的人	3.06	1.48
信任集中采购帕马森干酪的其他人	3.39	1.38
食物恐慌（α=0.73）	**2.28**	**1.08**
我担心地震造成的帕马森干酪的安全问题	2.10	1.15
我担心地震造成的帕马森干酪的欺诈问题	2.42	1.30

（续）

	均值	标准差
PDO 质量保证（α=0.81）	**4.35**	**0.66**
PDO 保证了原产地	4.54	0.73
PDO 提供了更高的质量	4.22	0.91
PDO 保证了传统制作工艺	4.29	0.86
PDO 保障了产品的真实性	4.49	0.77
归属感（α=0.90）	**3.57**	**0.91**
我热爱我所在的地区	3.76	0.92
我的心属于我所在的地区	3.28	1.08
我特别重视我所在的地区	3.55	1.02
健康状态		
自我健康状况的主观评价	4.26	0.68
财富状态		
自我财富状况的主观评价	3.36	0.87
价格优势		
地震帕马森干酪会有一定的价格优势	3.60	1.09

资料来源：作者阐述。

6.4 数据分析

本研究使用单向方差分析（ANOVA）来确定购买地震帕马森干酪的人和未购买地震帕马森干酪的人之间的显著差异。

然后，本研究采用结构方程模型（SEM；使用 Amos 20.0 软件）检验意向和行为决定因素之间的相关性。SEM 是一种基于结构理论研究特定现象的统计方法（Byrne，2010）。该方法允许使用无法被直接观测到的理论建构表征，如态度、主观规范或意向（Menozzi 和 Mora，2012）。这些潜在变量可以通过可观测变量进行推断，如使用问卷项目的得分作为他们可能代表的内在结构指标（Byrne，2010）。SEM 允许在回归中同时加入潜在变量和可观测变量，通过路径图表示变量间的关系。其中，圆形表示潜在变量，矩形表示可观测或可衡量的变量。该方法构建了潜在变量和可观测变量之间关系的模型，并且利用实证数据和验证性因子分析（CFA）对理论模型和假设进行统计检验。

本研究变量包括计划行为理论提出的预定义类别（包括态度、描述规范、知觉行为控制和意向）和其他潜在变量（即食物恐慌、PDO 质量保证、正式和非正式信任以及归属感）。主成分分析（包括方差旋转）的结果也支持了本研究的变量分类。其他社会经济因素，包括年龄、受教育程度、健康和财富状况也用于分析购买地震帕马森干酪的决定因素。计划行为理论模型对其他预想、假定和以下表述进行了验证。根据原始计划行为理论模型（Ajzen，1991），态度、行为、描述规范、知觉行为控制应该显著影响购买地震帕马森干酪的意向（H1）。假定消费者行为意向受以下因素的积极影响：对发布受损帕马森干酪的卫生和质量状况的正式和非正式消息来源的信任（H2）、PDO质量保证（H3）、消费者对区域的归属感及帮助灾区人民和商店的态度（H4）。并假定食物恐慌可以反向影响消费者的购买意向（H5），即高度食物恐慌可能降低对地震帕马森干酪的购买意向。知觉行为控制、描述规范和意向同样可以用于购买地震帕马森干酪等行为的解释（H6）。行为同样受正式和非正式信任（H7）、归属感和道德态度（H8）的影响。过去的行为和价格优势（H9）应该显著正向影响行为，因为高频率地购买帕马森干酪和购买低价商品的强烈动机可以导致消费者购买更多的地震帕马森干酪。食物恐慌假定对行为有反向影响（H10）。另一方面，我们假定健康和财富状态可以正向影响行为（H11），因为自我认定的不健康和低收入状态可能不利于地震帕马森干酪等高风险产品的购买。最后，其他社会人口学变量也可以用来解释行为（H12），年龄和家庭人口数可能正向影响行为，教育、家庭中儿童的数量以及所在区域与震中之间的距离可能反向影响行为。

本研究构建了三个模型来检验上述假设。模型 1 考虑传统的计划行为理论模型，包括态度、描述规范、知觉行为控制等决定意向的因素，意向、知觉行为控制以及描述规范等决定行为的因素。模型 2 增加了正式和非正式信任、PDO 质量作为意向的影响因素，正式与非正式信任、健康和财富状态作为行为的影响因素。最后，模型 3 更加复杂，包括了影响意向的其他变量，如归属感、道德态度和食物恐慌；以及影响行为的其他变量，如食物恐慌、归属感、道德态度、过去行为、价格优势、年龄、受教育程度、家庭人口数、家庭中儿童的数量以及距离震中的远近。

7 研究结果

7.1 描述性分析

计划行为理论和其他变量的描述性统计分析整理见表 2。约半数受访者在过去的几个月中购买过地震帕马森干酪。受访者购买的地震帕马森干酪总量为 820 千克，均值为 4.4 千克（标准差为 24 千克）。然而，剔除两个异常值（购买量超过了100千克，其中一个是用于餐馆，另一个是集体采购的负责人）之后，地震帕马森干酪的平均购买量为2.2千克（标准差为5.2千克）。因此，下面的分析均建立在剔除这两个异常值的基础上。

受访者对购买地震帕马森干酪具有积极态度，均值为4.06，表明受访者普遍接受地震帕马森干酪（表2）。在愿意帮助灾区人民和企业的道德态度方面，受访者的平均得分为3.95分，表明受访者普遍愿意参与赈灾行动。描述规范通过他人行为的社会影响来体现，结果表明描述规范正向影响行为，尤其是指出本镇其他人已经购买了地震帕马森干酪时影响更明显。知觉行为控制的值较低（均值为2.57），但差异性较为明显（标准差为1.16），表明不是所有消费者都知道出售地震帕马森干酪的商店或其他购买途径。未来购买地震帕马森干酪的意向较高（均值为3.38），但并非所有消费者愿意在未来几周购买地震帕马森干酪（均值为2.81）。

结果显示，与非正式消息来源相比（均值为3.16），消费者更信任正式消息来源（均值为3.34）。其中，关于地震帕马森干酪卫生和质量信息，受访者更信任生产者（3.88），其次分别为干酪联盟（3.76）、传统零售商（3.59）、超市（3.19）、大众传媒（3.10），令人惊讶的是卫生主管部门的信任度最低（3.07）。受访者对非正式消息来源的信任度相对较低，尤其是在帕马森干酪供应链中工作的其他人只有中性值（3.06），但对集中采购者的信任度高于均值（3.39）。

帕马森干酪的高辨识度和品牌知名度被受访者所承认。受访者普遍认为PDO标签可以作为质量保证（均值为4.35）。同时，结果表明受访者对区域的归属感是正的（均值为3.51），因而他们并不担心地震帕马森干酪的安全和欺诈问题（均值为2.28）。帕马森干酪通常是高质量、高价格的产品，这两种属性在本次调查中也得到了验证，因为低价购买地震帕马森干酪可以产生经济优势（3.60）。这可以作为传统经济学的解释，不考虑其他购买动机，直接向最终消费者提供效用。

7.2 购买受损帕马森干酪的影响因素

验证性因子分析（CFA）的结果表明，理论框架中的所有因素均显著，计算结构在三个模型中是稳健的，意味着潜在变量在三个模型中的意义相同。拟合优度$\frac{X^2}{\mathrm{d}f}$处于1.27～1.67，相对拟合指数（CFI）处于0.93～0.96，近似均方根残差（RMSEA）的范围是0.04～0.06，上述指标表明理论模型的数据拟合性较高（表3）。

表 3　模型系数和拟合度

	模型 1	模型 2	模型 3
意向（R^2）	0.51	0.69	0.70
解释变量			
态度	0.13*	0.04	0.03
描述规范	0.06	−0.18	−0.18
计划行为理论	0.65**	0.56***	0.58***
正式信任		0.50	0.48
非正式信任		−0.07	−0.13
PDO 质量保证		0.29**	0.28**
归属感			−0.06
食物恐慌			−0.01
道德态度			0.05
行为（R^2）	0.22	0.23	0.32
解释变量			
意向	0.10	0.11	0.23 §
描述规范	0.39***	0.38***	0.41***
计划行为理论	0.04	0.04	0.04
正式信任		−0.04	−0.13
非正式信任		0.06	0.05
健康状态		−0.11 §	
财富状况		−0.05	−0.06
食物恐慌			−0.2
归属感			0.17
道德态度			−0.08
过去行为			−0.15
价格优势			−0.07
年龄			0.18
受教育程度			−0.11 §

（续）

	模型 1	模型 2	模型 3
家庭人口数			0.09
家庭中儿童数量			0.01
所在区域与震中之间的距离			0.08
模型拟合度			
X^2/df	1.69	1.29	1.27
相对拟合指数（CFI）	0.96	0.95	0.93
近似均方根残差（RMSEA）	0.06	0.04	0.04

注：***、**、* 和 § 分别表示 0.1%、1%、5%和 10%的统计显著性水平①。

资料来源：作者阐述。

7.2.1 行为意向影响因素分析

表 3 显示，计划行为理论变量可以解释未来购买地震帕马森干酪意向的 51%的方差；模型 2 和 3 中加入的变量明显增加了可解释的方差，达到了 70%（图 2）。知觉行为控制是三个模型中意向的主要解释变量；态度只在模型 1 中显著，加入其他变量后态度不再显著；描述规范同样不显著。因此 H1 只得到了部分证实。模型 3 中，知觉行为控制与正式和非正式信任、食物恐慌正相关（表 4）。

对正式消息来源的信任显著影响意向（图 2），但非正式信任不显著。该结果部分证实了 H2。PDO 质量保证显著影响意向，证实了 H3，但 PDO 质量保证和与震中距离之间负相关（表 4）。与 H4 和 H5 的假定不同，消费者的归属感、帮助灾区人民和企业的道德态度以及食物恐慌对意向的影响不显著。

总之，当消费者更有把握，即了解销售地震帕马森干酪的商店、消费者群体或生产者时，更相信保证地震帕马森干酪卫生和质量的正式消息来源，更了解 PDO 标签的质量保证，那么他们未来购买地震帕马森干酪的意向就会提高。与真实生活相关的因素以及外部环境的行为控制因素能够比自我宣称的价值和意向更好地解释个人选择。这与行为经济学的近期研究理论一致，即附属因素和前后相关因素促进选择并最终导致行为的发生。此外，因为信任相当于知识的替代品（Hansen 等，2003），我们假设信息不仅能够建立信任，也能激活恢复社区和社会的信心的行为，从而能够消除恐惧。上述分析在本研究中得到了部

① 原文中，作者表示“** 代表在 95%的水平上显著（$p<0.01$）”，可能存在笔误。因为 $p<0.01$ 对应的是 99%的水平，译者以 $p<0.01$ 为准。

分证实，即信任与意向正相关。相反，从意向到行为并不存在直接相关性。

7.2.2 实际行为影响因素分析（即购买地震帕马森干酪）

在模型 3 纳入众多变量后，意向对形为的影响达到边缘显著（图 2）。感知控制对行为的影响不显著。因此，H6 只得到了部分证实。描述规范与知觉行为控制、正式和非正式信任以及食物恐慌正相关（表 4）。

表 4　模型 3 中各变量的相关系数与 p 值

	2	3	4	5	6	7	8	9	10	11	12	13	14	15	16	17	18
1 态度	0.23	0.31						0.20	0.27				0.16			0.16	
	0.003	0.001						0.012	0.001				0.029			0.025	
2 描述规范		0.48	0.55	0.32	0.13	0.31											
		0.001	0.001	0.002	0.096	0.001											
3 计划行为理论			0.36	0.48		0.46								0.20			0.017
			0.001	0.001		0.001								0.006			0.013
4 正式信任				0.58	0.23	0.16		0.30	0.22								
				0.001	0.011	0.073		0.004	0.002								
5 非正式信任					0.27	0.20											
					0.003	0.030											
6 PDO 质量保证							0.20	0.21	0.17					0.19			0.30
							0.013	0.013	0.003					0.013			0.001
7 食物恐慌							0.25										
							0.002										
8 归属感												0.17					0.19
												0.013					0.006
9 道德态度									0.19						0.15		
									0.010						0.024		
10 价格优势																	
11 过去行为															0.16		0.13
															0.017		0.014
12 健康状态												0.27	0.25			0.20	
												0.001	0.001			0.006	
13 财富状况																	
14 年龄																0.17	

（续）

	2	3	4	5	6	7	8	9	10	11	12	13	14	15	16	17	18
																0.023	
15 家庭人口数															0.27		0.21
															0.001		0.022
16 家庭中儿童数量																	
17 受教育程度																	
18 所在区域与震中之间的距离																	

注：未列在上表中的相关系数均在 90%的水平不显著。

资料来源：作者阐述。

与 H7 相反，对正式和非正式消息源的信任对行为的影响不显著。归属感在模型 3 中正向显著影响行为，但道德态度的影响不显著，因此 H8 得到了部分证实。归属感和与震中距离负相关（表 4）。价格优势对行为的影响不显著，未能证实 H9。过去的行为（购买 PDO 帕马森干酪的频率）在模型 3 中负向显著影响行为，该结果与 H9 相反。食物恐慌负向显著影响行为，该结果证实了 H10（图 2）。财富状况不影响行为，自我报告的健康状态在模型 2 中负向影响行为，但在模型 3 中与其他社会人口学变量同属不显著的因素。因此，H11 被拒绝。只有少数社会人口学变量显著影响行为，如年龄有正向影响（与预期一致），教育程度有边际负向影响，家庭人口数、家庭中儿童的数量以及与震中距离等变量均不显著。因此，H12 只得到了部分证实。

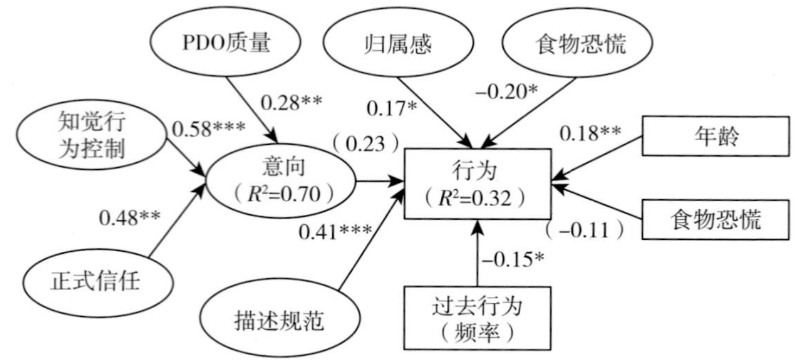

图 2 模型 3 结果简图

注：*** 、** 、* 和（）分别表示 0.1%、1%、5%和 10%的统计显著性水平；为了使图简单易懂，简图中未显示变量之间的相关关系（整理在表 4），也未显示不显著的变量（表 3）。

资料来源：作者阐述。

如果消费者年龄较高、受教育程度偏低、周围其他人购买了地震帕马森干酪、归属感很强、有较强的意向在未来继续购买地震帕马森干酪、不担心地震帕马森干酪的安全和欺诈问题，那么该消费者购买地震帕马森干酪的数量会更多。

8 讨论与结论

修正的计划行为理论模型可以解释购买地震帕马森干酪意向的70%的方差。研究证实了2012年艾米利亚-罗马涅大区赈灾行为的部分假设。PDO标签可以直接或间接地使消费者放心。在第一种情况下，PDO作为独立变量显著影响意向（图2），正向影响原产地保证、高质量印象、产品真实性和传统制作工艺保证。

另外，PDO间接体现正式信任的维度（同样体现意向的预测）。这里生产者被认为是保证产品特征的最关键群体（比其他群体更受认可）；协会是信任保障的另一个重要群体，其得分仅次于生产者，高于卫生主管部门、零售商、超市以及大众传媒（表2）。

同时，由于归属感的影响，PDO起到了积极作用，至少对与该地域具有紧密联系的当地消费者而言是这样的。PDO与最终行为密切相关，从而为解释意向提供了更为坚实的基础，但只部分解释了购买地震帕马森干酪的行为。

此外，除了PDO，其他因素为解释地震帕马森干酪的购买现象提供了更全面的视角。

首先，社交网络和守护者对促进和传递理想的或预期行为的作用再次得到了验证，该结论与社会营销和食物营销的相关研究较为接近（Wansink，2005）。关键人群（亲属、朋友、同事等）购买地震帕马森干酪的行为能够给消费者带来道德压力，以赈济在地震中失去厂房的生产者。这一特征在市场营销中得到了广泛共识，鉴于食物恐慌需要团结应对，在未来发生类似食物危机时应对该特征深入考虑。社会学可以将“消费”（不仅仅是“购买”）当作“社会信任扩张”（团结）的手段，这与传统经济学中“购买是个人利益的理性体现的理论”截然不同。

同样，支持知觉行为控制的环境和语境因素正向影响意向。该结论从另一方面证实了在未来的社会学市场调查中如社区干预、政策制定等，行为经济学理论应当起到重要作用。关键资源易得性的提高，如改进信息发布等，以及个人能力的提升是有效实现意向目标的主要措施。

另一个重要因素是，为了重新获取消费者的信任，生产者能够利用股东权益。在这方面生产者得到的认可高于零售商、批发商和分销商。这可能意味着在危机传播时，消费者对“市场导向”较小的人群的信任度要高于专业人士。有趣的是，尽管零售商对消费者表达“真实可靠”的态度，但消费者认为生产者更值得信任。在任何情况下，对不同信息渠道的信任只能部分地、间接地影响购买地震帕马森干酪的行为。这表明社会激励比官方消息源和理性信息更能决定消费者的购买行为。

进一步分析可以发现，尽管人们积极遵守亲友对他们的期望（描述规范），但从理性上，人们更信任更正式的消息来源。有趣的是，该结论符合信息的详尽可能性模型的研究结论，决策的中心路径与外围路径相反（Petty 和 Cacioppo，1986）。首先，人们根据认知捷径和简单启发在情感上选择依照亲友的建议采取行动；但会在更了解信息途径的基础上理性处理相关信息，并选择相信更稳健的、更负责任的消息源，如卫生主管部门、媒体、通讯社、帕马森干酪协会等。最后，符合社会期望的描述规范与购买地震帕马森干酪行为之间的直接联系意味着这件事归根结底是一个“社会驱动事件”，其中情感因素起到了正面作用，表现为人们“团结一致，共同应对”。

PDO 品牌似乎完成了恢复震区人民而非震区外人民信心的任务。现有研究已经证实了这种正面的“本地”偏见，本地食物可以给人更安全的感觉。Slovic、Fischhoff 和 Lichtenstein（1988）发现熟悉度是影响人们风险感知的三个主要因素之一。Murdoch、Marsden 和 Banks（2000）强调“自然”“传统”和“本地”食品如何成为更能保证安全的高质量食品。同时，环境污染方面的研究关注人们如何感知他们所居住地区的污染低于实际水平（Bickerstaff，2004），从而认为本地食品在本质上是更安全的。

不出所料，食物恐慌与购买意向负相关。但是已经购买了地震帕马森干酪的消费者更关心食物恐慌，如卫生条件和存储方面。这可能表明食物恐慌不是影响地震帕马森干酪的因素，不购买地震帕马森干酪的消费者可能从来不关心 2012 年地震后乳酪的安全质量问题。同样，其他社会特征也可以影响购买地震帕马森干酪。其中，地区归属感的影响为正，与震中距离越远影响越小。该结果与之前所做的焦点小组调查结果相吻合。购买地震帕马森干酪的消费者首先被情感和团结原因所激励，然后关心食物安全问题。该结果证实了多层风险收益评估的复杂决策和认知过程（Hansen 等，2003）。同时，该结果也证明了理性并不是决定未来行为的因素，而“事后”论述（即叙述）能够回顾性证实已发生的行动。这也证实了有界理性范式（Simon，1957）和“认知失调”（Festinger，1957）的基本假设。

尽管购买地震帕马森干酪的价格优势是影响受访者意向的重要因素，但它对受访者行为的影响不显著。该结果有两种可能的解释：第一，问卷带有陈述偏好，因此受访者可能忽略了价格的作用，该现象经常发生，且与本研究的假设相关，即衡量团结的因素可能导致受访者认为关注价格有违道德。第二，帕马森干酪的价格预期是刚性的，高品质的食物具有特殊需求且难以替代（动物生产研究中心，2013）。这意味着消费者预期会支付几乎相同的价格，而不易于受促销逻辑影响。

本研究可以得到如下结论，诸多变量可以解释广泛意义上的团结包括对生产商的正式信任，附加于PDO标签的“本地”属性的感知，地区归属感、对社会期望的遵从、对赈灾行为的认可等。上述因素都涉及社会的某个方面，食品在这个社会中得以生产、储存、销售，甚至更广层面上的构想也在其中。它反映了更广泛、更深入意义上的团结的新概念。该概念不仅包含了外部救济和经济援助，还包括了社会成员共同行动的意愿，为了共同的价值观，前瞻性地保持相同社会的物质和文化基础。既关注过去，亦关注未来。

参考文献

Ajzen, I. 1991. The theory of planned behavior. *Organizational Behavior and Human Decision Processes*, 50：179－211.

Baudrillard, J. 1970. *The consumer society*. Paris, Gallimard.

Beardsworth, A. D. 1990. Trans-science and moral panics：understanding food scares. *British Food Journal*, 92（5）：11-16.

Bickerstaff, K. 2004. Risk perception research：socio-cultural perspectives on the public experience of air pollution. *Environment International*, 30（6）：827-840.

Böcker, A. & Hanf C. H. 2000. Confidence lost and-partially-regained：consumer response to food scares. *Journal of Economic Behavior & Organization*, 43（40）：471-485.

Byrne, B. M. 2010. Structural equation modeling with AMOS. Basic concepts, applications and programming. New York, USA, Routledge-Taylor & Francis Group.

Casti, J. 2012. X events-the collapse of everything. New York, USA, Harper Collins. Consorzio Parmigiano-Reggiano. 2012a. Parmigiano-Reggiano：damage for over 150 million. Press releases（available at http：//www. parmigianoreggiano. com）.

Consorzio Parmigiano-Reggiano. 2012b. Let us help the dairies hit by the earthquake by buying Parmigiano-Reggiano cheese. Press releases（available at http：//www. parmigianoreggiano. com）.

CRPA（Centro ricerche produzioni animali）. 2013. Sistema informativo filiera Parmigiano-Reggiano. Consumption market data（available at http：//www. crpa. it）.

De Roest, K. & Menghi, A. 2000. Reconsidering 'traditional' food：the case of Parmigiano Reggiano cheese. *Sociologia Ruralis*, 40：439-451. doi：10. 1111/1467-9523. 00159.

Duffy, R., Fearne, A. & Healing, V. 2005. Reconnection in the UK food chain：bridging the communication gap between food producers and consumers. *British Food Journal*, 107（1）：17-33.

European Commission. 2004. Protection of geographical indications, designations of origin and certificates of specific character for agricultural products and foodstuffs. Working document of the Commission services (available at http://ec.europa.eu/agriculture/publi/gi/broch_en.pdf, accessed 9 July 2013).

European Commission. 1992. Regulation (EEC) No 2081/92 on the protection of geographical indications and designations of origin for agricultural products and foodstuffs.

European Union. 2012. Regulation (EU) 1151/2012 of the European Parliament and of the Council on quality schemes for agricultural products and foodstuffs.

FAO. 2010. Linking people, places and products. A guide for promoting quality linked to geographical origin and sustainable geographical indications (available at http://www.fao.org/docrep/013/i1760e/i1760e00.htm, accessed 9 July 2013).

Festinger, L. 1957. A theory of cognitive dissonance. Stanford, USA, Stanford University Press.

Frewer, L. J., Raats, M. M. & Shepherd, R. 1993. Modelling the media: the transmission of risk information in the British quality press. *IMA J. Management Math*, 5 (1): 235-247.

Frewer, L. J, Miles, S. & Marsh, R. 2002. The media and genetically modified foods: evidence in support of social amplification of risk. *Risk Analysis*, 22 (4): 701-711.

Granovetter, M. 1985. Economic action and social structure: the problem of embeddedness. *The American Journal of Sociology*, 91 (3): 481-510.

Hansen, J., Holm, L. Frewer, L., Robinson, P. & Sandφe, P. 2003. Beyond the knowledge deficit: recent research into lay and expert attitudes to food risks. *Appetite*, 41: 111-121.

Levi Strauss, C. 1962. Il pensiero selvaggio. Milan, Italy, Il Saggiatore.

Lobb, A. E., Mazzocchi, M. & Traill, W. B. 2007. Modelling risk perception and trust in food safety information within the theory of planned behaviour. *Food Quality and Preference*, 18: 384-395.

Loureiro, M. L. & McCluskey, J. J. 2000. Assessing consumer response to protected geographical identification labeling. *Agribusiness*, 16: 309-320.

Mathews, A. & Mackintosh, B. 1998. A cognitive model of selective processing in anxiety. *Cognitive Therapy and Research*, 22 (6): 539-560.

Mathews, A., Mogg, K., Kentish, J. & Eysenck. M. 1995. Effect of psychological treatment on cognitive bias in generalized anxiety disorder. *Behaviour Research and Therapy*, 33 (3): 293-303.

Mauss, M. 1925. Essai sur le don. Forme et raison de l'échange dans les sociétés archaïques. *L' Année Sociologique*, 1: 30-186.

Mazzocchi, M., Lobb., A., Traill, W. B. & Cavicchi, A. 2008. Food scares and trust: a European study. *Journal of Agricultural Economics*, 59 (1): 2-24.

Menozzi, D. & Mora, C. 2012. Fruit consumption determinants among young adults in Italy: a case study. *LWT-Food Science and Technology*, 49: 298-304.

Miles, S. & Frewer, L. J. 2001. Investigating specific concerns about different food hazards. *Food Quality and Preference*, 12 (1): 47-61.

Murdoch, J., Marsden, T. & Banks, J. 2000. Quality, nature, and embeddedness: some theoretical considerations in the context of the food sector. *Economic Geography*, 76 (2): 107-125.

Parrott, E. & Murdoch, J. 2002. Spatializing quality: regional protection and the alternative geography of food. *European Urban and Regional Studies*, 9: 241-261.

Petty, R. E. & Cacioppo, J. T. 1986. Communication and persuasion: central and peripheral routes to attitude change. New York, USA, Springer-Verlag.

Polany, K., Arensberg, C. & Pearson, H. 1957. Trade and market in the early empires. New York, USA, Free Press.

Renn, O. 1999. The role of risk perception for risk management. *Reliability Engineering and System Safety*, 59: 49-62.

Rivis, A. & Sheeran, P. 2003. Descriptive norms as an additional predictor in the theory of planned behaviour: a meta-analysis. *Current Psychology*, 22 (3): 218-233.

Simon, H. A. 1957. Models of man: social and rational. New York, USA, Wiley.

Slovic, P. 2000. Perception of risk. London, Earthscan.

Slovic, P., Fischhoff, B. & Lichtenstein, S. 1988. Response mode, framing, and informationprocessing effects in risk assessment. In D. Bell, H. Raiffa & A. Tversky, eds. Decision making: descriptive, normative, and prescriptive interactions, pp. 152-166. Cambridge, UK, Cambridge University Press.

Smith, K. & Bryant, R. A. 2000. The generality of cognitive bias in acute stress disorder. *Behaviour Research and Therapy*, 38 (7): 709-715.

Taleb, N. N. 2012. Antifragile: things that gain from disorder. New York, USA, Random House Inc.

Tversky, A. & Kahneman, D. 1974. Judgment under uncertainty: heuristics and biases. *Science*, 4157: 1124-1131.

Van Ittersum, K. 2001. The role of region of origin in consumer decision-making and choice. PhD thesis, Wageningen, Netherlands, Wageningen University.

Van Ittersum, K., Meulenbergz, M. T. G., van Trijp, H. C. M. & Candel, M. J. J. M. 2007. Consumers' appreciation of regional certification labels: a pan-European study. *Journal of Agricultural Economics*, 58 (1): 1-23.

Wansink, B. 2005. Marketing nutrition——soy, functional foods, biotechnology, and obesity. Champaign, USA, University of Illinois Press.

Warda, G. & Bryant, R. A. 1998. Cognitive bias in acute stress disorder. *Behaviour Research and Therapy*, 36 (12): 1177-1183.

选择的标志：自愿性标准和生态标签
——消费者的信息工具

Alexandre Meybeck　Vincent Gitz
FAO，罗马

1　摘要

“可持续性消费和生产”反映了消费者通过消费选择在促进可持续性以及可持续生产中所起的作用。本文分析了自愿性标准和生态标签作为消费者做出食物消费选择的信息工具是如何促进可持续消费与生产的。本文采用传播的视角以更好地分析自愿性标准和生态标签如何被消费者高效使用。传递广泛复杂且令人困惑的“可持续性”信息本身就具有挑战性。大多数自愿性标准实际上关注可持续性的某些维度和方面，导致标志的多元化，并进一步导致了消费者的困惑。自愿性标准的效率最终由消费者的使用方式确定。消费者利用其他标准一起做出有效的购买决定。关键是自愿性标准对消费者的影响方式，以及自愿性标准如何与影响消费者购买决定的其他标准交互作用。可持续性关注到与消费者对食物其他属性态度的交互作用。这些交互作用伴随着与其他信息的竞争，影响着消费者对自愿性标准以及所获取信息的看法。这种分析会促进人们提出方法，提高自愿性标准效率，将其作为从生产者到消费者的沟通工具，反之亦然，进而促进食物体系的更可持续发展。

2　引言

1992年的里约会议指出“全球环境持续恶化的主因是消费和生产的不可持续性模式，特别是在工业化国家”（联合国环境与发展会议，1992）。为了解决该问题，《二十一世纪议程》（Agenda 21）第四章设定了两个目标：“关注不可持续的生产和消费模式”和“制定国家政策和战略，鼓励改变不可持续的消费模式”。开发消费者信息是实现这些目标的主要手段。“可持续性消费和生产”概念实际上是同时提高生产和消费、供给与需求系统的可持续性。提高可持续性是两方面的事，既包括生产的选择，也包括消费的选择。在某种程度上，许多经济体的消费选择和生产空间仍然受到限制。但当今世界，消费选择的空间正在变宽，未来将主要是消费驱动生产，因为消费选择决定了生产者的选择方向即生产什么产品、如何生产，或整个世界都趋向生产那些消费者想购买的产品。在这方面，有越来越多的机会使消费模式更具可持续性并选择更可持续的生产方式。

消费者通过其对产品类型、数量和质量（包括生产模式）的选择等为生产指出了方向。消费者依据所获取的产品信息进行选择。生产者同样可以预测消费者需求及其变化，并积极主动地寻求新的市场。正因如此，生产者和消费者之间的沟通变得非常关键。消费者通过购买行为与生产者进行交流，告知生产者在不同经济环境下他们的消费偏好与消费份额。与之相反，生产者通过事前了解消费者的购买行为与消费者进行交流，包括消费之前的广告以及在更常见的消费过程。因此，生产者和消费者之间的沟通系统非常复杂，其核心为产品及其“质量”，可以用于诱导或促进消费者做出选择。消费者可以通过不同途径获取食物可持续性方面的信息，包括报纸、电视、图书、电影、互联网以及更“传统”但仍发挥重要作用的口口相传等。影响消费者的态度和行为的信息来源包括不同的类型，如媒体、演员、非政府组织、生产者、零售商等，他们通常都带有自己的目的，影响消费者的态度和行为。部分信息直接或间接地与某产品或某类产品相关联，自愿性标准和生态标签就是其中之一。

本文的研究目标是，分析自愿性标准和生态标签作为信息工具，显然对于消费者来说是一种“选择标志”，以及作为生产导向工具所起到的作用。为了实现研究目标，本文以传播的视角进行分析：自愿性标准和生态标签给消费者传达了什么样的关于可持续性的信息。因此，本文关注商家-消费者（B2C）甚至商家-商家（B2B）方案所发挥的越来越大的作用。本文首先认为明确地传递可持续性信息存在一定挑战。“可持续性标记”的多样性本身就是一个主要挑战。然后，本文回顾影响消费者选择的驱动因素，以了解自愿性标准如何、在何种程度、通过何种途径引导消费和生产。

3 可持续性的传播：什么是自愿性标准，它在可持续生产和消费中起到什么作用

为了将消费和生产模式引向更加可持续的方向，消费者需要得到足够的信息。在工业化国家，随着城镇化发展，消费者与食物生产逐渐脱离，食物链变长，食物的深加工过程增加（Foresight，2011）。该趋势预计也会在发展中国家的城镇化进程中出现。这意味着消费者在做出消费决定时，需要依赖从生产者和零售商获取比传统的、口传的信息更多的资源。如上文所述，消费者获取食物产品信息的途径和来源是多样的，而且这些信息都带有不同目的。生产者

和零售商对消费者传播信息的投资远高于公共部门和非政府组织，因为生产者和零售商意在改变消费者的消费习惯（Foresight，2011）。企业同样比其他主体更接近消费者，尤其是在消费者进行购买的时候。自愿性标准和生态标签就是食物和可持续性信息交流的一部分。

目前尚无与可持续性相关的自愿性标准和生态标签的公认定义。本研究基于以下四个主要特征，尝试提出与可持续性相关的自愿性标准和生态标签的初步定义：

（1）它们与特定产品相关，且与一般性描述不同。

（2）它们具有自愿性，生产者可以选择使用或不使用，可以选择他们想使用的某种标签，并最终展示（或不展示）该标签。这一点与国家主管部门要求强制标注健康、营养、市场甚至环境等信息存在差异。

（3）它们可以证明产品生产过程中的某些特征，如某种“标准”或措施。因此，它们与简单的“声明”存在差异，但这种差异可能比较微妙，尤其是在反欺诈宣传的消费者保护规则的情况下。

（4）这些属性直接或间接与可持续性的一个或几个维度相关联。

因此，与可持续性相关的自愿性标准和生态标签的初步定义可以是：在基于某种参考标准或措施生产特定商品的过程中，传达可持续性相关信息的自愿性计划。

尽管存在额外成本，生产者确实是自愿选择提供这种额外信息，因为他们预期可以获得利益回报，如以更高的价格向消费者出售商品，占领更高的市场份额，创造、开发或者增加新的商机等。这些预期都基于消费者将某些额外特征作为消费选择的标准，从而可以通过建立客户忠诚度使商家维持或增加市场份额，或使消费者接受更高的价格。这可以概括为生产者和消费者之间的相互交换：生产者随着产品提供一些附加信息；包括产品如何生产、对一个或几个可持续维度的影响，以及如何实现消费的可持续性；同时，消费者通过识别附加的标签认可生产者通过可持续的生产赋予产品的文化、社会和经济价值。消费者在消费选择时对这些产品给予更多的空间和偏好，在确定的消费约束条件下（收入、消费选择空间等），赋予可持续性产品更多的“权重”（图 1）。

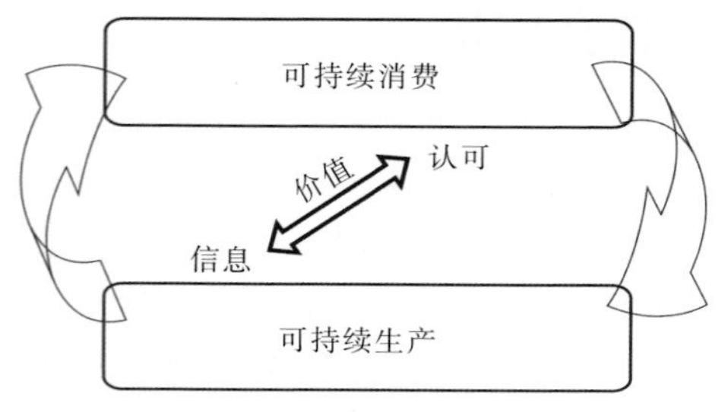

图 1　自愿性标准：信息价值

这里有两点是非常重要的：

第一，由于它是自愿选择的结果，因此产品之间的信息并不总是具有可比性。当然，对比的第一个标准就是某些商品没有标明这些额外信息，而有些商品进行了标注，但标注的信息和形式存在多样性，因此互相之间不易进行对比。

第二，方案提到的某种属性不能被消费者所检验，不像外观或口味能被消费者所检验。这些属性完全依赖于消费者的信任，即对计划的信任，对管理者、控制者的信任。这两点造成了选择的第二个层次：在使用某种标志的产品间进行选择。

在某种程度上，各方案都相互竞争以获取消费者的关注。Karl 和 Orwatt（2000）认为，标签之间的竞争可以增加其信誉，因为竞争可以鼓励其采取更严格的环境标准，但竞争也可能造成混乱。此外，没有简单方法来比较标签优劣，其风险在于竞争的结果将不是基于信誉而是知名度，这将导致拥有更大市场份额和更多资源的参与者获得优势。正如 Shapiro 和 Varian（1999）所描述的“标准大战”，不同的方案也存在不同的战略。企业开发的专属标签可以成为有力的竞争武器（King 和 Backus，2011），以稳定或增加市场份额，并获取更多利润。与此类似，非政府组织可以使用专属标签来提高其关注度。所用工具和信息的类型同样对食物链内部的权力平衡具有关键的影响。专注于初级产品的方案可以使农民更有可能稳定收益；食物链范围内的信息传播使链条下游的加工商和零售商占据更重要的地位。

综上，随着可持续性信息传播，有必要将信息产生的方式也加以传播，以提升信誉度和信任度，增加选择。

4 传播“可持续性”的多种标志

许多观察家指出，无论是某个国家由生产者实施的标准（法国标准化协会，2007），还是就某个国家与消费者可获得产品相关联的标准而言（King 和 Backus，2011），自愿性可持续标准的扩散通常来自国际方面［国际持续发展研究所（IISD），国际环境与发展学会（IIED），2010；Esnouf，Russel 和 Bricas，2011；Foresight，2011；Santacoloma，2014；Grothaus，2014；Scialabba，2014］，但同样也来自国内。许多研究和工具也尝试将自愿性标准进行对比或分类（可持续农业倡议平台，2009；IISD/IIED，2010；Scialabba，2014；标准地图，2013）。2010 年开展的一项可持续性标签研究包括了荷兰消费者所面对的 70 多个标签，并发现标签的范围和目标具有多样性（King 和 Backus，2011）。人们制定这些标签应用于某个产品、某类产品，解决某个特定问题或专为某个公司制定。这些标签可以提供初级生产和制造过程的信息。作者指出，大多数标签与健康、环境、动物福利和公平性相关，涉及可持续性的一个或几个维度。

本研究根据以下六类标准提出界定方案，其中四个与所声明的“内容”有关：①包含某议题；②包含生产或深加工阶段；③陈述的类型，或遵从外部实践标准，或定量测量某种影响，或在改进的过程中遵从某个标准；④区分只包含一个可持续性信息的标志和包含范围更广的“质量”信息的标志。

本研究还提出了以下两个标准：①广度或范围，既包括商品方面也包括地域方面；②涉及系统管理者的类型。

正如前文提及研究所指出的，大部分方案只强调可持续性的某些维度，且大部分是与环境相关的，一少部分提及社会问题。此外，大部分环境方案关注某些特定议题，如温室气体排放，越来越多的方案用碳足迹或生物多样性，而且往往关注某个特定物种。King 和 Backus（2011）的研究发现，方案多样性的主要原因在于消费者意识的改变，其自身又依赖于媒体对可持续性问题关注点的改变。

方案的范围及其对消费者的影响之间存在权衡的问题。矛盾的是，考虑到可持续性概念的复杂性，方案目标宽度越广，越难以向消费者进行传播。反之，如“海豚之友”等某些特定简单信息已被证实更能有效地影响消费者以及引导改善生产方法（Teisl，Roe 和 Hicks，2002）。有趣的是，该案例中标签的成功与媒体对相关议题的宣传密切相关。

这引出一个问题，就是可持续的一方面与整个可持续性之间关系。特别是一个议题与另一个议题、一个维度与另一个维度之间的权衡是否存在适得其反的风险？限于一个议题的方案能对可持续性有多大贡献？降低权衡风险的关键在于议题的选择和优先级别的确定。方案是从整体视角来制定的，还是满足生产者和销售者的利益，还是符合游说集团或消费者的利益，结果也存在较大差异：①方案符合“可持续性”的总体目标；②成功赢得市场并因此带来量化影响的“效率”。每种情况都有各自不同的效率，这取决于方案的重点和潜在宽度。如上文所述，纯粹“环境”方案会产生间接影响（这里指标准本身不直接涵盖），尤其是对生产者的间接经济和社会影响。这些影响通常被认为是积极正向的，因为生产者可以从获得市场份额和高于方案实施成本的售价中获利，如工艺的改变、监测和报告成本。相关研究（Loconto 和 Santacoloma，2014）表明，不同的方案、产品以及地域特性会导致影响存在较大差异。因为环境目标而改变生产工艺可以给自身带来经济和社会效益：投入品使用的经济性、生产力的提高、正面肯定的增加。但是双赢效果并不是理所当然的：自愿性标准也可能导致将部分主体从市场排除，特别是小农户，因此削弱了方案的首要目标。

自愿性标准可以被限定于生产的初级阶段或包括深加工在内的整个食物链。

相关文献和方法将标准分为三个主要类型：

（1）证明市场主体（农场、企业、零售商）生产或出售的商品正在基于环境管理等标准进行改善，如 ISO 14000。这种专门为大机构设计的复杂的程序通常在大企业中得到应用，一般为食物链类型。

（2）证明遵守一定规则生产某种产品，并附加强制性规则（通常是一系列良好实践），或排除某种不需要的做法或投入；也可是要遵守负面影响的最高限，或遵守正外部性的最低限，这些有时以量化的形式进行。这种方案更适用于农场。

（3）使用量化指标。主要包括环境议题，通常使用生命周期分析（LCA）的食物链方法。LCA 更容易被大企业实现。该方法的使用具有重要影响。如上文所述，该类标准主要关注环境议题，但是通过“足迹”，该方法更适用于评估全球问题，如温室气体排放或资源利用等。局部特定的影响，如生物多样性，更难以量化，尤其是在农业部门。土地消费这一指标通常被用于量化工业生产对生物多样性的影响，但不能解释农业和生物多样性（包括外部系统的有利影响）之间的关系。考虑到计算的成本，通常采用标准值，即均值或更常用的基于样本的计算，估计初级生产阶段影响，但不能在该阶段产生区别。最后，正因如此，其主要功能为区别产品种类而非产品自身。

如上所述，自愿性标准关注可持续性议题或其他或多或少地包含可持续性的议题，这些议题作为产品识别的组成部分通常或多或少地与所售产品的其他特征相关，如口味、“有益健康”或更广泛的“质量”概念。从所选欧洲国家的食物标识方案分析来看，这些方案声称可以促进食物生产的可持续性。Ilbery 和 Maye（2007）将开发这些方案的理由概括为两点：“地域方面的”和“重要性方面的”。前者假定好处是隐含的，后者是明确的。作者同时指出，在现实中，相关方案可能同时包含这两种类型的不同元素。

最后，关于本研究提出的第五和第六条标准，自愿性标准可以包含很广的范围，产品和地域范围往往成为相关方案的主要内容，通常与方案涉及的主要主体有关，并可以产生以下各种结果。第一，范围自身往往引导相关议题的选择和参考的类型。某些关注特定类别产品的方案通常也关注某种特定影响。例如关注意大利果蔬的病虫害综合防治（IPM）标签方案验证了以减少农药使用为目标的生产实践。第二，关注来自诸如国家公园或地区公园的标签以及产地地理标志等特定地区产品的方案对生物多样性等特定议题具有更强的针对性。第三，方案的范围及方案所包含的维度和所参考的类型由涉及其中的主体类型决定。方案的发起者可以是私人主体、农民群体、公司、加工商或零售商、非政府组织、公共主体，可能是政府、地方当局或特定实体（如区域或国家公园）。方案的管理自身连接各类不同利益主体，尤其是小农和消费者的方式，同样也是实现可持续性的关键因素。它决定了优先事项和相关成本与约束，使潜在的经济和社会收益在整个食物链之中分配。

5 标志如何指引消费者选择？自愿性标准和生态标签的挑战

从消费者的角度来看，自愿性可持续标准和生态标签可以用于分析一个特定产品的附加信息及其对可持续性的一方面或几方面的影响。方案有效且能够获得市场份额的挑战在于要在短时间内（在实际选择的时刻）给消费者提供清晰的、有吸引力的信息，同时与其他类型的信息相竞争，而许多信息更简单易懂、更容易对比，如价格或者“买二送一”等促销信息。

为了评估自愿性标准对消费者的影响，第一个方法是考虑它们影响市场的方式。

很难估计附带自愿性标准或生态标签的产品的市场占有率。这首先是因为广泛认同（尤其是在国际范围内）的标准定义的缺失，数据的缺失或不够集中等。在国际层面存在对某种特定标签的估计，这些标签覆盖全球，主要是有机产品标签和公平贸易标签。根据 IISD/IIED（2010），2009 年“可持续生产”产品的全球市场占有率中，咖啡达到 17%、茶为 8%、香蕉为 20%。该报告同时指出“可持续生产”产品的增长率远高于“传统生产”产品（Grothaus，2014，表 1）。

在国际有机农业运动联合会（IFOAM）和有机农业研究所（FiBL）的努力下，有机产品的市场在世界范围内大概是最著名的（Willer，Lernoud 和 Kilcher，2013；Sahota，2013）。其占有率仍然相对较小，占全球零售业的 2%，但增长显著：从 2000 年的 180 亿美元增至 2009 年的 550 亿美元，除 2009 年受金融危机影响增长 5%外，每年增长率达到两位数（FAO，2012）。北美洲和欧洲占据了全球市场的 96%（Willer，Lernoud 和 Home，2013）。在某些国家有机产品的市场份额相当高，例如，美国的有机产品市场份额达到 4%，丹麦达到 7%。欧洲的高进口率，尤其是蔬菜水果的大量进口，为发展中国家创造了机会（Kearney，2010）。

这些统计数据显示消费者对自愿性可持续标准所覆盖产品的兴趣正在增加，即使这些标准只涉及某些方案，且只拥有某些特定消费者或覆盖某些特定产品。消费者对自愿性标准和生态标签的兴趣增加的另一个表现就是，如上文提到的，方案数量的成倍增加。

要考虑自愿性标准的潜在影响，需要将它们放到对消费者选择驱动与决定因素的广泛理解上。消费研究人员将消费者的食物选择“态度”和描述他们实际选择的“行为”进行区分。

大部分消费者态度研究是在欧洲和北美洲进行的（Shepherd，2011），如上文所述，这些地区也是自愿性标准产品的主要市场。研究表明，除了价格，食物的感官特性是影响消费者选择的最重要因素。但是食物安全、营养价值和食物生产方式等其他特征的重要性也在不断提高。Shepherd（2011）同时指出，对含转基因成分食物的讨论态度因为欧洲、美国和中国间的文化差异而存在较大不同。

2006—2007 年在法国进行的一项食物消费主要研究（AFSSA，2009），选择了有代表性的样本家庭，询问这些样本户下述问题“一般来说，你根据什么选择食物”，并从 14 个标准中选择 3 项。排名靠前的 3 项标准为价格（60%的样本户选择）、习惯（45%的样本户选择）和口味（38%的样本户选择），见图 2。只有 6%的样本选择生产方法，表明生产方法这一项主要被理解为有机种植。另一方面，这并不意味着生产特殊性标准是不显著的，其中原产地得到了 32%的样本户选择，质量标签得到了 28%的样本户选择，品牌得到了 22%的样本户选择。质量标签在欧洲覆盖了多种公众监管方案，包括物源地理标志。

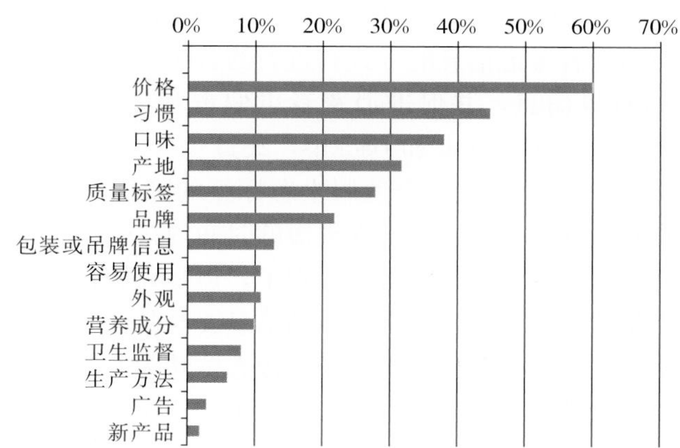

图 2　食物选择的主要标准，每个家庭选择 3 项，家庭的选择比率，研究于 2006—2007 年在法国进行

资料来源：法国食品安全局，2009。

许多研究关注人们对待有机食品的态度（Kearney，2010；Shepherd，2011），且主要集中在欧洲和北美洲市场。消费者对有机食物的态度通常与健

康、环境、道德和身份相关。购买有机产品的最常见动机是对个人健康的关心，其次是环境，动物福利也被提及。有机食品消费者的研究通常确定特定部分的消费常客，这些消费者拥有很强的环保和利他主义价值观，涉及需求反映特点，包括环境友好性、政治和社会公平等。对有机食品的兴趣正在扩大至更多类型的消费者以及不频繁购买有机食品的消费者。这些消费者可能更倾向于衡量“有机”属性和价格、便利性和质量等其他特征（Shepherd，2011）。

消费者对有机食物的态度案例表明，即使接受更多信息和鼓励的消费者也倾向于合并考虑不同的质量属性。我们的假设是，消费者的这一倾向通常可以被证实，并扩展到其他自愿性标准的产品。这也引出对可持续性议题的思考，这些议题通常被认为并被描述为广义“质量”概念的一部分。

消费者食物选择的“态度”和实际选择的“行为”是相当不同的，这有多种原因，下面进行了简要描述，而这与自愿性标准和生态标签所面临的诸多挑战是相对应的。

首先，食物消费选择与其他消费选择存在差异。食物选择有其特殊性，与住房和服装选择不同。食物消费选择需要平衡诸多不同的复杂标准，而且是经常性的快速选择。Grunert（2011）在欧洲六国进行了消费者观察研究，结果表明，消费者每次购买产品的时间平均为 35 秒，40％消费者的时间小于 15 秒。这些特征对自愿性标准有效影响消费者的方式产生较强的影响。第二，与其他商品选择相比，食物选择更多地基于习惯（Grankvist 和 Biel，2001；法国食品安全局，2009；Grunert，2011），并且与消费者最近的或最频繁的消费事实相关，这对消费者考虑信息的方式有重大的影响。强大的习惯使消费者较少地考虑相关的背景信息，并促进消费者更偏重利用支持之前选择的信息（Grankvist 和 Biel，2001；King 和 Backus，2011）。

Grunert（2011）已经发现 6 个使用生态标签的障碍，这些标签可以用于有效的可持续食物选择。消费者通常在很短的时间内接受信息，因而无法察觉这些标签的存在。这些标签被消费者注意到了，但是只做轻微的处理或不予以处理。消费者做出错误的推论。可持续性的信息要与其他标准进行权衡。缺乏对标签及其可信度的认识会阻碍消费者将积极态度转为实际行为。积极态度不够强就无法及时激励消费者做出选择。作者提出“跨越六大障碍的基本需求就是加强可持续性沟通交流”。

研究表明，消费者面对诸多方案和标签会感到困惑。一个特例是有机产品标签，该标签已经得到了消费者的理解和认可，尤其是在消费者寻找这些产品的时候（Foresight，2011）。也有研究指出，即使“低投入农业”可能在获取较低溢价方面存在优势，与有机农业相反，“低投入农业”也可能难以向消费者提供明确信息（Loureiro 和 Lotade，2005；Foresight，2011）。这个例子表明主导因素并不一定是价格和其他特征间的权衡，而是特征传达信息的明确可信。

最后，能放在食物标签上以传递给消费者的信息数量是有限的（Foresight，2011）。这促使我们提出一个关键问题，即传达可持续性信息的类型以及如何使其与其他类型的食物信息（营养价值、价格等）同时相兼容。例如，研究表明消费者普遍对食物包装上的营养信息感兴趣（Grunert 和 Willis，2007），但证据表明简单的图像或定性的信息在提供营养信息方面比复杂的定量信息更为有效（Foresight，2011；Drichoutis，Lazaridis 和 Nayga，2006）。

6 讨论和观点

本文提出了自愿性可持续标准的定义，即它是一种自愿性方案，表明了根据参考标准或测量方法进行的特定产品生产过程中的可持续性相关信息。自愿性可持续标准的重要性日益提高，主要体现在其数量的增加和市场份额的提高。这意味着自愿性标准的确影响了消费者选择。消费者选择影响因素调查研究显示，自愿性标准不仅只是信息工具，而且是一种可以多元化解读和使用的标志，与其他标准共同决定了消费者选择。研究发现，尽管价格、产品的感官特性以及消费习惯均为食物选择的主要影响因素，但食物其他属性的重要性也在日益提高。本文将这些特征归为“质量”属性，并且认为它们均为“凭证属性”，因为它们不能被依赖信息的消费者所检验。因此，本文提出要区分四类影响因素：习惯、价格、感官和其他物质特征（包括影响消费习惯的口味）以及凭证属性（“质量”）。

价格是影响选择的重要因素。低价产品通常被认为“质量”（即凭证属性）较差、口味以及其他物质和感官特征较差。消费者所感知的“质量”与物质和感官特征正相关。此外，McCluskey 和 Loureiro（2003）认为消费者“必须感知到食物的高食用质量以支付额外费用”，尤其是对具有社会责任的产品以及原产地产品。

本文认为习惯或习惯的改变受价格、凭证属性和感官与物质特征等综合因素影响；在决策模式的两端，对各标准的平衡或其中某种标准发挥着决定作用。

上述分析导致需要区分自愿性标准和相关市场策略的两种不同方法，以有效影响消费者行为。通过基于现有属性创造一个额外的凭证属性，可以稳定消费者的消费习惯。这种方案将可能拓宽相关议题以及食物链的覆盖范围。或者他们可以引入新的参数以改变消费决策，从而试图改变消费者习惯。这种方案很可能使用标志性主题，且通常与媒体话题密切相关。这两种不同方法可以导致两种不同的营销策略，分别适用于稳定市场份额和获取新的市场。在一定程度上，这两种方法也导致了两种不同的改变路径：改变食物生产以维持消费者的选择，改变消费者的选择以推动变化。

这些多元化战略和机制、参与者的多样性和消费者偏好的多样性也受社会和文化因素影响，并导致方案也存在多样性。许多观察家指出这种多样性会使消费者感到困惑。其结果是，一些群体希望实现自愿性标准的统一化，如建议决策者应该考虑限制信息的范围，并希望能够通过全国性的标准化简单信息系统来向消费者传达（Foresight，2011）。这导致方案所涵盖的优先议题需要明确，但在国际贸易中存在一定困难，因为生产国的优先议题与消费者对产品优先考虑的问题存在差异。需要在各参与主体间就质量标准和通用评价体系进行协调（Renard，2013）。更普遍的自愿性标准认识到了消费者的力量，他们让消费者可以根据自己的优先序进行选择。“可持续标志”的多元化让消费者感到困惑，但是也为消费者提供了选择的权利。这也表明厂商可以为它们的消费者单独设计方案，以寻找商品利益和价值。因此，这些标志可以传递可持续性的意义和价值，而这要使消费者能够选择这些标志。

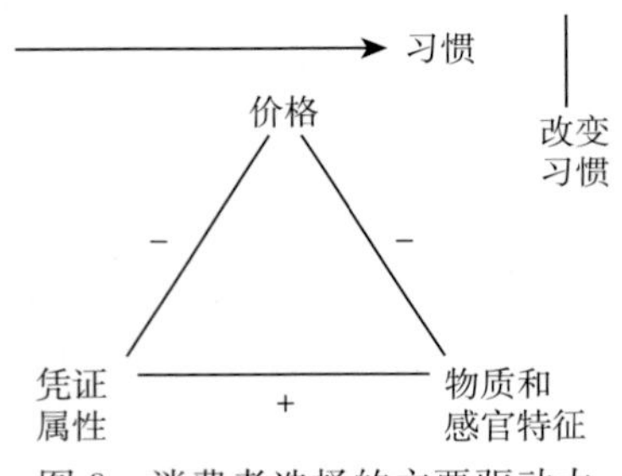

图 3　消费者选择的主要驱动力

明确向消费者传播可持续性所面临的挑战有助于提出有关方法，从而提高作为从生产者到消费者沟通工具的自愿性标准的效率，反之亦然，并进而促进食品体系的更可持续发展。这些挑战可以分为三大类：完善可持续性和自愿性标准的“背景”信息，提高自愿性标准的可信度和透明度，提高其易得性和可见性。

消费者态度的改变以及对自愿性标准和标签的深入理解可以通过更好的“背景”信息而实现，这些信息既包括可持续性议题，也包括自愿性标准自身。环境议题及食物消费和生产的公平性议题可以在学校课程中进行推广（Foresight，2011）。推广和提高认知运动也有助于产生社会规范、引导更可持续的选择（Foresight，2011）。

提高标签可信度和透明度的行动和声明非常有助于消费者信赖其所提供的信息。政府可以在强化自愿性标准可信度的过程中发挥核心作用，包括直接对自愿性声明进行监管以及间接通过政府采购政策使用这些标准。不同国家对绿色声明的监管程度不一（Cason 和 Gangadahan，2002）。国家制定的消费者保护法律可以将自愿性声明视为产品的部分属性，因此将它们纳入一般规则，保护消费者权益免受虚假声明和宣传的损害。公共部门也可以指定框架或准则，使消费者能够评估可持续性声明。英国政府制定了绿色声明准则（环境、食品和农村事务部，2011），旨在帮助商人和消费者做出更明智的决策，防止误解市场中的各项声明。法国环保认证部门推出了农场环境认证制度，其方式是与所有利益相关主体协商制定相关框架（Meybeck 等，2011）。重要的是，这些行动应同时兼顾两种方案，即着眼于明确可持续性信息的方案，以及那些对可持续性要求不太明确的方案。

信息在消费选择时的传达方式、形式、标识设计、呈现方式可能是决定性的（Stockley，2011）。包括在餐馆销售时的补充信息可能产生正面影响（Foresight，2011）。这些行动需要制造商、零售商和公共部门之间进行协作（Grunert，2011）。所有利益主体也在发挥作用：在最终购买行为发生前，零售商发挥不可或缺的作用，明确指示货架上的可持续性食物，最后由消费者进行选择。

参考文献

AFNOR. 2007. *Démarches qualité et/ou environnement de l'amont agricole dans les exploitta-tions françaises, Plate-forme d'échanges《Activités agricoles-Qualité et Environnement》.* La Plaine Saint-Denis，France (available at http：//www. forumphyto. fr/images/pdf/bul-letin-liaison/2007Annexes/0707demarchesqualite. pdf) .

AFSSA. 2009. *Etude individuelle nationale des consommations alimentaires* 2 (*INCA* 2) 2006—2007 (available at http：//www. anses. fr/Documents/PASER-Ra-INCA2. pdf) .

Cason，T. N. & Gangadharan，L. 2002. Environmental labeling and incomplete consumer information in laboratory markets. *Journal of Environmental Economics and Management*, 43：113-134.

DEFRA. 2011. Green claims guidance. London.

Drichoutis，A. C. ，Lazaridis，P. & Nayga，R. M. Jr. 2006. Consumers'use of nutritional labels：a review of research studies and issues，*Academy Marketing Sci*，*Reviews*，10 (9) (available at http：// www. amsreview. org/articles/drichoutis09-2006. pdf) .

Esnouf，C. ，Russel，M. & Bricas，N. 2011. duALine-durabilité de l'alimentation face *à* de nouveaux enjeux. Questions *à* la recherche. Rapport Inra-Cirad，France. 236 p.

FAO. 2012. *Improving food systems for sustainable diets in a green economy*. Working Paper 4. Rome (available at http：//www. fao. org/fileadmin/templates/ags/docs/SFCP/WorkingPaper4. pdf）.

Foresight. 2011. *Foresight Project on Global Food and Farming Futures. Synthesis Report C8：Changing consumption patterns*. The UK Government Office for Science（available at http：//www. bis. gov. uk/assets/foresight/docs/food-and-farming/synthesis/11-628-c8-changing-consumption-patterns. pdf）.

Grankvist，G. & Biel，A. 2001. The importance of beliefs and purchase criteria in the choice of ecolabeled food products. *Journal of Environmental Psychology*，21：405-410.

Grothaus，F. 2014. Objectives and challenges of the United Nations Forum on Sustainability Standards-the emerging Intergovernmental Forum of Dialogue on Voluntary Sustainability Standards，a joint initiative of FAO，ITC，UNCTAD，UNEP and UNIDO. In *Voluntary standards for sustainable food systems：challenges and opportunities*，Proceedings of a joint FAO/UNEP workshop. Rome.

Grunert，K. G. & Wills，J. M. 2007. A review of European research on consumer response to nutrition information on food labels. *Journal of Public Health*，15：385-399.

Grunert，K. G. 2011. Sustainability in the food sector：a consumer behaviour perspective. *Int. J. Food System Dynamics*，2（3）：207-218.

Ilbery，B. & Maye，D. 2007. Marketing sustainable food production in Europe：case study evidence from two Dutch labelling schemes. *Tijdschrift voor Economische en Sociale Geografie*，98（4）：507-518.

IISD/IIED. 2010. *The state of sustainability initiatives review* 2010：*sustainability and transparency*（available at http：//www. iisd. org/pdf/2010/ssi _ sustainability _ review _ 2010. pdf）.

Kearney，J. 2010. Food consumption trends and drivers. *Phil. Trans*. R. Soc. B，365：2793-2807.

Karl，H. & Orwatt，C. 2000. Economic aspects of environmental labelling. In T. Tietenberg，ed. *International yearbook of environmental and resource economics*. Cheltenham，UK，Edward Elgar.

King，R. P. & Backus，G. B. C. 2011. *The role of standards in promoting food system sustainability*. The Food Industry Center，University of Minnesota.

Loconto，A. & Santacoloma，P. 2014. Lessons learned from field projects on voluntary standards：synthesis of results. In *Voluntary standards for sustainable food systems：challenges and opportunities*，Proceedings of a joint FAO/UNEP workshop. Rome.

Loureiro，M. L. & Lotade，J. 2005. Do fair trade and ecolabels in coffee wake up the consumer conscience? *Ecological Economics*，53：129-138.

McCluskey，J. J. & Loureiro，M. L. 2003. Consumer preferences and willingness to pay for food labeling：a discussion of empirical studies. *Journal of Food Distribution Research*，34（3）：95-102.

Meybeck，A.，Gitz，V.，Pingault，N. & Schio，L. 2011. Le Grenelle de l'environnement et la certification environnementale des exploitations agricoles ： un exemple de conception participative. Centre d' études et de prospective, service de la statistique et de la prospective. *Notes et études Socio-économiques*, 35：41-78.

Renard, M. C. 2003. Fair trade：quality, market and conventions. *Journal of Rural Studies*, 19：87-96.

Sahota, A. 2013. The global market for organic food and drink. In *The world of organic agriculture. Statistics and emerging trends*. FiBL-IFOAM Report. Frick, Switzerland, and Bonn, Germany.

SAI-Platform. 2009. *Agriculture standards, benchmark study* 2009. New York, USA, and Paris, Intertek Sustainability Solutions (available at http：//www. saiplatform. org/uploads/Library/ SAI _ rev2 _ final _ %20 (Benchmarking%20Report) -2. pdf).

Santacoloma, P. 2014. Nexus between public and private food standards：main issues and perspectives. In *Voluntary standards for sustainable food systems：challenges and opportunities*, Proceedings of a joint FAO/UNEP workshop. Rome.

Scialabba, N. 2014. Lessons from the past and the emergence of international guidelines on sustainability assessment of food and agriculture systems. In *Voluntary standards for sustainable food systems：challenges and opportunities*, Proceedings of a joint FAO/UNEP workshop. Rome.

Shapiro, C. & Varian, H. R. 1999. The art of standards war. *California Management Review*, 41 (2)：8-32.

Shepherd, R. 2011. *Foresight Project on Global Food and Farming Futures. Science Review：SR12. Societal attitudes to different food production models：biotechnology, GM, organic and extensification*. The UK Government Office for Science (available at http：//www. bis. gov. uk/assets/foresight/docs/food-and-farming/science/11-558-sr12-societal-attitudes-to-foodproduction-models. pdf).

Standards Map. 2013. *Standards map：comparative analysis and review of voluntary standards*. International Trade Centre (available at http：//www. standardsmap. org/).

Stockley, L. 2011. *Foresight Project on Global Food and Farming Futures. WP2：Review of levers for changing consumers' food patterns*. The UK Government Office for Science (available at http：//www. bis. gov. uk/foresight/MediaList/foresight/media% 20library/BISPartners/Foresight/docs/food-and-farming/additional-reviews/～/media/BISPartners/Foresight/docs/food-and-farming/additional-reviews/11-598-wp2-review-levers-for-consumers-food-patterns. ashx).

Teisl, M. F., Roe, B. & Hicks, R. L. 2002. Can eco-labels tune a market? Evidence from dolphin-safe labeling. Journal of Environmental Economics and Management, 43：339-359.

UNCED. 1992. *Agenda 21 of the United Nations Conference on Environment and Development*. New York, United Nations.

Willer, H., Lernoud, J. & Kilcher, L. eds. 2013. *The world of organic agricul-*

ture. *Statistics and emerging trends*. FiBL-IFOAM Report. Frick, Switzerland, and Bonn, Germany.

Willer, H., Lernoud, J. & Home R. 2013. *The world of organic agriculture*. *Statistics and emerging trends*. Summary. FiBL-IFOAM Report. Frick, Switzerland, and Bonn, Germany.

Willer, H. & Lernoud, J. 2013. Current statistics on organic agriculture worldwide: organic area, producers and market. In *The world of organic agriculture*. *Statistics and emerging trends*. FiBLIFOAM Report. Frick, Switzerland, and Bonn, Germany.

自愿性标准在南南食物供应链中的作用：以可持续水稻平台为例

Wyn Ellis[1]　James Lomax[2]　Bas Bouman[3]

1. 联合国环境规划署（UNEP）亚太区域办公室可持续水稻平台协调员，曼谷

2. 联合国环境规划署（UNEP）技术、工业和经济司农业食品、可持续消费与生产处，项目官员，巴黎

3. 国际水稻研究所，全球水稻科学合作伙伴关系（CGIAR 研究计划）处长，菲律宾

1　摘要

在农业-食物部门所面临的各项挑战中，到 2050 年实现 90 亿人的粮食和营养安全是最为艰巨的。实现这一目标的方法不仅依赖于提高生产率，还需要关注食物生产在环境、经济和社会方面对人类福利的影响。自愿性可持续标准（VSS）在促进上述目标方面的贡献已得到认可。但是，在 VSS 所需条件不具备的情况下会发生什么？对于部分由发展中国家和新兴国家小农户种植而在发达国家消费的食物（咖啡、可可），VSS 已经极大促进了对认证产品的市场拉动，这通常是由强大的私营组织因为某些原因而被迫推动的，特别是确保原材料供给以及业界声誉。但是世界上的许多大宗食物商品也是食物不安全人口的主食，由市场拉动进行这些产品的可持续性认证是不可能的。但是对这些食物进行可持续生产的需求即使不强于但也不低于那些在发展中国家生产而在发达国家消费的产品。如全球水稻生产，显然，各国 95%的水稻产量用于本国消费。水稻还非常消耗水资源，它使用了世界灌溉用水的 34%～43%，并占世界甲烷排放的 5%～10%。水稻单产增长率正在下降，从 1970—1990 年的年增长率 2.2%降至目前的不到 0.8%，种植面积受土地用途改变、盐碱化和水资源短缺加重的影响也在下降。水稻对于水稻生产国政府具有重要战略意义，被视为国家安全的重要因素。再加上这样一个事实，即世界 35 亿多人每天靠大米提供 20%以上的热量，同时世界 1/5 的人以种植水稻为生。因此，要实现食物和营养安全目标，决策者、贸易商以及政府间组织和非政府组织等必须将水稻业的可持续发展作为重中之

重。本文探讨了VSS在零散化生产、低价值供应链中得到应用的可能路径。

2 引言

最近的食物短缺和价格上涨已经凸显平衡食物供给、贸易流动、全球安全和环境恶化的脆弱性，这推动人们提高资源的使用效率和全球食物供给的可持续性。世界银行估计，2008年的食物危机使1亿人陷入贫困，亚洲首当其冲。非常紧迫的是，消费者、政府和私有部门对强化农产品价值链可持续性意识的提高催生了多样化的市场化方法，包括公私伙伴关系（PPP）、与政府的协议和契约、基于最佳管理实践的标准以及消费者标签。

近年来，自愿性可持续标准（VSS）已经建立了多元化的可持续性标准，涵盖了工人健康与安全、环境、经济、社会和动物福利、人权、社区关系、土地利用规划等。私营部门、PPP、圆桌会议或多方利益集团制定和监管的各种标准中，VSS可以降低成本，提高供应链的完整性，支持企业的营销和品牌意识。市场化标准已经日益成为全球经济的普遍特征，这些标准为供应链参与者提供可信机制以增加价值、强化责任。根据《全球可持续发展倡议情况回顾2010》（Potts，van der Meer和Daitchman，2010），截至2010年，全球主要大宗商品产量的10%得到了VSS认证。

尽管市场化战略在促进国际贸易和促进可持续性发展战略方面发挥着越来越重要的核心作用，但是批评者认为，从农民的视角来看，所宣传的好处是有条件的，同时其结果是不确定的。此外，这些标准的迅速普及（在某些情况下作为市场规范进行验收），也带来了不可预见的挑战，如评估VSS对环境、经济、劳动和社会问题的实际影响与好处，以及评估价值链分配影响方面。国际贸易中心（ITC）的标准地图/可持续发展贸易全球数据库（Standards Map/T4SD Global Database）是应对这些挑战的一个举措。它采用通用分类，以便于比较200个市场中的100余个自愿性可持续标准。

意识到需要一个综合的评价方法之后，联合国5个机构（FAO、UNEP、UNIDO、ITC和UNCTAD）于2012年共同创立了联合国可持续性标准论坛（UNFSS），旨在促进对话、交换知识、提供政府间成员与利益相关者交流的论坛（UNFSS，2013；Grothaus，2013）。论坛的目标在于提供VSS的信息和分析，将其用作实现可持续发展目标的工具。该平台还解决由VSS的使用而对贸易和发展造成的潜在障碍，以及对小规模农户的特殊影响。

然而，尽管水稻市场行为与粮食安全间存在密切关系（Durand-Morat和Wailes，2011；Timmer，2010），但基于市场的水稻价值链倡议直到最近才得到少许关注。2010年，UNEP与国际水稻研究所（IRRI）联合提出了一项新倡议，即利用 VSS 在其他商品的应用经验提高水稻价值链的资源利用效率和可持续性。可持续性水稻平台（SRP）于 2011 年 12 月正式启用，作为政府、私营部门、研究机构和民间社会组织等利益相关方的合作机制。本文对 SRP 的总体背景、基本原理、目标和行动进行概述。

3 水稻及其战略重要性

大米是全球一半人口（超过 35 亿）每天的主食，其中很多人处于食物不安全状态。水稻种植面积为 1.6 亿公顷，其中大部分由 1.44 亿小规模农户所种植，平均而言每个农户的种植面积不足 1 公顷，这些农户也只获取少量市场剩余。90%的水稻生产和消费来自亚洲（Dawe，Pandey 和 Nelson，2010），同时它也是亚洲占世界 70%的贫困人口的主食（Gulati 和 Narayanan，2002）。总之，超过 10 亿人的生计依赖于水稻生产。

全球水稻市场高度扭曲。政府实施进出口限制政策，同时大多数水稻主产国促进本国水稻满足国内需求，限制进入国际贸易的水稻数量，从而导致各国之间存在广泛的价格差、国际贸易量较低以及由此导致的国际市场价格波动。2009 年，只有 5%～7%的水稻进入国际市场，其中以南南国家的大宗贸易形式为主（Gulati 和 Narayanan，2002；Dorosh 和 Wailes，2010）。

2008 年世界水稻产量为 4.4 亿吨（Mohanty 等，2010）。未来全球水稻消费（需求）的预测差异很大，主要取决于计算方法和未来水稻单产增长率、人口增长率、食物偏好改变、收入变化、水稻的供求和价格弹性、小麦等水稻替代品的供求和价格弹性等基本假定。2005 年，Abudullah 等研究发现（Timmer 等，2010），2035 年全球水稻消费量在 3.8 亿～5.4 亿吨。关于 2050 年稻米消费量，Timmer 等（2010）预测为 3.6 亿吨，Nelson 等（2009）预测为 4.55 亿吨，FAO（2006）预测为 5.22 亿吨。Mohanty 等（2010）消除长期不确定性并只对未来 10 年进行展望，估计 2019 年稻米产量为 4.75 亿吨。这些预测均认为未来水稻价格将大幅上涨。如 Nelson 等（2009）预测水稻价格将比 2000 年提高 80%。如果要将水稻价格保持在贫困人口所能接受的范围内，水稻的产量增长则需要快于上述预测结果。

过去，全球水稻产量的增长来自收获面积和单产的同时增长（Mohanty 等，2010）。1961—1977 年，世界水稻收获面积年均增长率为 1.38%，但之后降低为 0.33%（Dawe，Pandey 和 Nelson，2010）。增速放缓的原因包括新土地数量有限、现有稻田转为他用、盐碱化以及水资源短缺等。鉴于此，Pisante 等（2010）估计，在发展中国家，未来 80%的作物产量增长需要通过集约化生产提高单产、复种以及缩短休耕期，而非种植面积的扩大。然而，水稻单产的年均增长率已经停滞，从1970—1990年的2%降至此后的不到1%（Mohanty等，2010）。尽管水稻单产增长率呈现下滑趋势，Mohanty等（2010）却计算出水稻单产需要在未来10年增长15%（目前的数值为8.7%）以保证水稻价格为不变价300美元/吨的水平，约为粮食危机前2005—2008年参考价格的平均值，这也是贫困人口可负担的价格。这个目标是不切实际的，尤其是考虑到资源（水、养分、能源、劳动力）稀缺愈发严重以及气候变化的负面影响（Masutomi等，2009；Li和Wassmann，2011）。

城镇化、工业化、市场自由化进一步增加了利用不断减少的农业资源产出更多产品的压力；这一趋势对水稻具有显著的环境影响，因为稻农力图利用现有土地加强生产。上述模拟方案强调了提高生产力和资源效率，同时减少水稻系统环境足迹的紧迫性。

4 水稻可持续性的担忧

虽然人们认为，水田水稻生产是一个基本可持续的系统，它保持土壤长期肥力和持续高产（Dobermann，Witt和Dawe，2004），但对水稻生产系统可持续性仍存在众多担忧，大致可以分为以下几类：①资源利用效率（土地、水、农用化学品、劳动力）；②温室气体排放（甲烷、一氧化二氮、二氧化碳）；③对生态系统服务的影响；④土壤的影响（如盐碱化、砷、有机物）；⑤病害的影响（如水生病原体）；⑥气候变化的影响。

上述问题已经在相关文献中广泛讨论（Bouman，2007）。水稻的资源利用（主要是水和农用化学品）以及温室气体排放得到特别关注。全球大约有1亿公顷（收获面积）灌溉水稻（Dawe，Pandey和Nelson，2010），占世界灌溉用水的34%～43%（Bouman等，2006）。提高水资源利用效率势在必行，因为水资源短缺的发生愈发频繁，甚至出现在灌溉稻区。Tuong和Bouman（2003）估计，到2025年，1 500万～2 000万公顷的灌溉稻田将会遭受不同程度的水资源短缺。

大多数国家的化肥消费总量在过去的50年中不断增加，水稻亦然（Gregory等，2010）。根据最近的作物专用化肥消费量统计，稻田化肥施用量占世界化肥（N、P_2O_5和K_2O）施用量的15%（或2 430万吨），与小麦和玉米相同。N的使用量为1 570万吨，P_2O_5为480万吨，K_2O为380万吨（Gregory等，2010）。各国稻田化肥施用量不一，其中中国和越南较多，施用量大于200千克/公顷；菲律宾和泰国较少，施用量小于100千克/公顷（IFA，2009；Gregory等，2010）。在集约化生产系统中过度使用化肥所导致的健康和环境问题主要来自较低的化肥利用效率；施用时间不合适导致只有20%～40%甚至更少的氮肥被作物吸收（Islam，Bagchi和Hossain，2007）。

农药的使用量也在增加。基于最近的农药销售数据，Norton 等（2010）估计水稻生产的农药使用量在 1980—1996 年翻了一倍，但此后趋于稳定。1994—1999 年，水稻生产中，农药使用量最低的是印度泰米尔纳德邦，每公顷有效成分用量是 0.4 千克，最高的是中国浙江省，每公顷有效成分用量是 4.2 千克。

水稻种植是大气中甲烷和一氧化氮的重要来源。根据政府间气候变化专门委员会（IPCC）提供的数据，世界稻田每年甲烷排放量为 31～112 兆克，相当于大气中甲烷来源的 12%～26%，或全球甲烷排放量的 9%～19%（IPCC，2007；Wassmann 等，2010）。灌溉稻田的温室气体排放很大程度上受管理方式影响，因此也有一定的潜力有效缓解温室气体的排放水平。比如，可以采用水资源管理措施，如干湿交替（AWD）、生长中期排水和种植旱稻等，残留物管理以及有机和无机化肥的适时适当选择施用等（Wassmann 等，2010）。

面对上述以及其他可持续性挑战，研究者、发展工作人员、农民和其他供应链参与者应当采取什么手段在农场层面甚至整个价值链过程提高生产率、效率和可持续性，同时既保护环境又能提高小规模农户的生计？

5 VSS 在水稻部门应用的挑战

大多数 VSS 制度将市场因素和供应链因素作为改变生产方式的主要动力，同时已经在一系列价值链中成功实施，通过对生产者的财务和其他激励，促使其采用“最佳实践”制度以满足遥远目标市场的规范。这些制度存在较大差异，可能使用或不使用认证、可追溯、监管链以及产品标签等。然而，尽管受到私营部门的关注，监管环境仍然是制度得以有效实施的关键条件。VSS 制度需要政府改善监管环境加强支持才能有效发挥作用（图 1）。

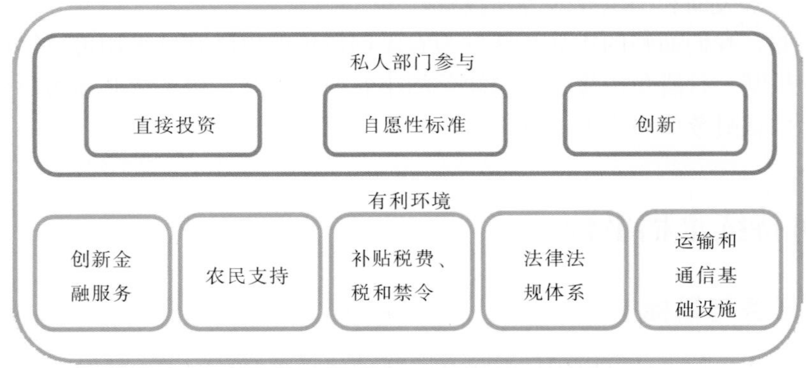

图 1　私营部门的参与需要有利的环境

资料来源：Kessler 等（2013）。

在农业-食品部门，VSS已经在诸多大宗商品中得到实施，包括棕榈油、甘蔗、木材、咖啡、茶、可可、大豆、蔬菜水果、棉花、纺织品和畜产品等。VSS制度的实施往往来自需求拉动、拓展市场、增加附加值和改善民生等方面。需求的来源是非常关键的，对“可持续产品”的需求是大部分发达国家发展VSS制度的最主要动力，同时因为产品溢价和安全进入高价值市场而创造了增加附加值的机会。然而，这样的机会很难出现在水稻部门，因为大多数水稻贸易集中在发展中国家，发达国家高价值市场中的水稻只占全球产量的不到2%。同时，水稻出口主要集中在少数国家，21世纪头10年，前五大水稻出口国为泰国、越南、印度、美国和巴基斯坦，出口份额为81%，但进口市场非常分散（Dorosh和Wailes，2010）。2000—2010年，世界前五大水稻进口国和地区为菲律宾、尼日利亚、伊朗、印度尼西亚和欧盟，进口份额只有27%，前十大水稻进口国的进口份额也只有44%（Dorosh和Wailes，2010）。很显然，在水稻部门，目标市场无法作为向可持续市场转型的驱动力。

VSS的挑战还来自水稻的生产结构。水稻生产组织化、规模化程度较低，商品价值也较低，但交易费用（如组织和验证费用等）较高。一般情况下，对于高价值商品，只有存在商品溢价的情况下，农场才会受到激励采取特定措施进行VSS认证。但需要注意的是，某些VSS方法提供良好农业规范（GAP）培训来代替货币费用，农民因为单产和质量提高而获益，同时农民群体的组织化水平也得到提高。

对于水稻，必须寻找替代性方案，因为水稻作为低价值商品不可能获得溢价以起到激励作用，尤其是在战略上考虑到价格提高会影响生活在亚洲的70%世界贫困人口的承受能力。也就是说，改进生产规范以提高盈利能力（单产、投入效率、市场准入等）的水稻VSS商业案例才具备说服力，尽管需要培训、技术援助和提供投入等新投资。

因此，我们面临的挑战是开发为农民创造价值以激励其采用可持续性生产方式的机制，且避免边缘化资源缺乏的小农户。同时，该系统必须为目标市场的买家创造财务或声誉方面的价值。

6 可持续水稻平台

6.1 任务与目标

可持续水稻平台（SRP）由联合国环境规划署（UNEP，技术、工业和经济司的农业食品计划）和国际水稻研究所（IRRI）以及多家利益相关方于2011年共同推出。SRP是UNEP全球可持续消费与生产清洁家园（UNEP，

2013）的宗旨之一，它旨在农场和整个价值链范围内，促进资源的有效利用，提高可持续性。其主要任务如下：

通过联合科研、生产、政策制定、贸易和消费联盟，提高全球水稻业的资源利用效率和可持续性。

SRP 追求公共政策制定和自愿性市场转型举措，目标是为全球水稻产业的私营部门、非营利组织和公共部门提供可持续的生产标准和和推广机制，以提高全球支付得起的水稻供给水平，改善稻农生计，降低水稻生产对环境的影响。SRP 的三大总体目标见表 1。

表 1　可持续水稻平台的目标

SRP 目标：四年框架（2012—2015）		
根据情况制定模块化标准，促进水稻生产加工的可持续发展，包括决策工具及可持续影响的定量指标。	充分利用供给链机制和公共政策促进外延模式发展，推动最佳可持续操作规范的大规模采用。	建立全球平台并加强其在促进水稻产业可持续中的作用，加强价值链各主体、公共和私营部门及研究和非营利组织的广泛参与。

6.2　治理结构

SRP 是一个多方倡议，会员资格向政府和政府机构、私营部门、研究机构和国际非政府组织社团开放。上述机构可以通过财务或实物捐赠参与平台。SRP 的全体会议每年召开一次，审查其计划与相关活动，同时咨询委员会提供业务监督，确保平台实现其目标。SRP 的组织结构见图 2。

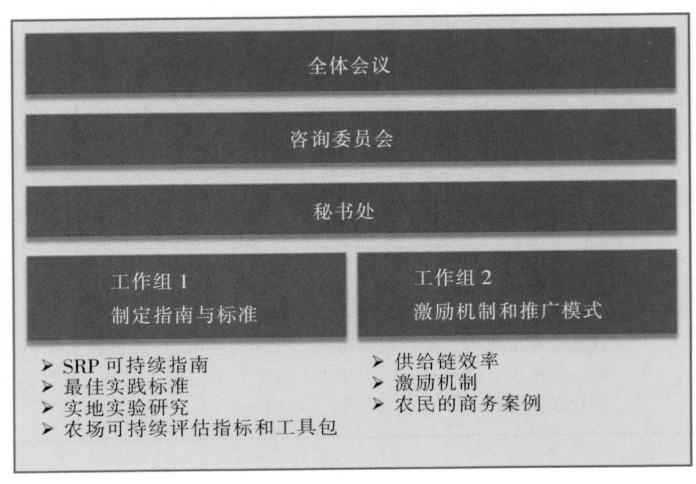

图 2　SRP 的组织结构图

SRP 有两个工作组关注 SRP 项目方案的制定和实施。第一工作组（WG 1）负责可持续性的原则和指南，工具、指标和最佳可持续操作规范的确认及田间试验。第二工作组（WG 2）基于第一工作组认定的最佳可持续操作规范关注有效推广模式的应用、激励机制和价值链效率。SRP 秘书处协助咨询委员会和工作组的工作，并且负责管理、工作协调以及外部宣传。秘书处受 UNEP 的协调员管理，UNEP 同时也是 SRP 的法律管理实体。

6.3 合作伙伴与成员

SRP 由 UNEP 和国际水稻研究所（IRRI）以及路易达孚（Louis Dreyfus Commodities）、家乐氏（Kellogg's）、奥兰国际贸易（Olam Trading）、玛氏（Mars）以及爱西爱—阿霍德集团（ICA - Ahold）等创始会员联合发起。成员包括政府和政府机构、科研机构、非政府组织以及私营部门（贸易、食品生产与制造商、投入品供应商和零售商）。公共与私营部门、研究和发展社团、民间社会组织等多方参与了开发 SRP 的过程。迄今，SRP 的参与者如表 2 所示。

表 2 SRP 成员和对话伙伴

利益主体	SRP 成员和对话伙伴
国际机构、公共机构	联合国环境规划署（UNEP） 德国国际合作协会（GIZ） 联合国粮食及农业组织（FAO） 印度尼西亚水稻研究中心 泰国农业部水稻司 越南南部作物生产部
研究机构	国际水稻研究所（IRRI） 亚洲理工学院（AIT） 菲律宾国立大学，洛斯巴尼奥斯（UPLB）
民间社会组织	天主教救济服务团（CRS） 国际环境与发展研究所（IIED） 援助环境 国际优质（Utz）认证 国际肥料工业协会（IFA） 禾众基金会
私营部门	拜耳、京都米行、亚洲植保协会、杜邦、爱西爱-阿霍德集团欧洲采购、快乐蜂、家乐氏、路易达孚、火星欧洲食品、米格罗、雀巢、奥兰国际、越南化肥和化学品公司、东京东京*等。

* 译者注：1985 年在菲律宾开业的日式快餐店，目前是菲律宾最大的日式餐饮连锁店。

6.4 指导原则

通过协商确定了 SRP 的八项指导原则（见插文 1），SRP 的机构成员对其行为做出了承诺。

插文 1 SRP 指导原则

1. 改善当前和未来几代稻农的生计
2. 满足消费者对水稻及其制品的数量和质量安全的需求
3. 有效地管理自然资源
4. 保护自然环境免受破坏性影响
5. 保护邻里社区免受破坏性影响，并促进社区发展
6. 减少温室气体排放，采用适应气候变化的稻作系统
7. 尊重劳工权益，提高工人福祉
8. 完整、透明地开展各项工作

6.5 重点项目

SRP 的两个工作组关注可持续性水稻生产与加工的可持续性原则、标准、工具和推广模式的制定和检验，包括决策工具和可持续性影响的量化指标。对两个工作组的授权见表 3。

表 3 对工作组的授权

工作组 1：	工作组 2：
指南和标准制定	激励和推广机制
● 标准制定 ● 确定可持续水稻生产的指导原则 ● 根据 SRP 指南，按照市场需求制定认证标准 ● 开发适宜农民的信息（培训）系统以促进其采用 ● 为农民对决策指导工具进行确认、完善和试验，以帮助他们选择最合适的可持续生产实践 ● 确认环境指标，实施初步田间试验来测定影响（即获得指标的基本措施） ● 长期影响监测	● 收集消费者兴趣数据，了解利益相关主体，弄清推广模式及农民激励机制（包括采用的困难） ● 在 SRP 指导原则基础上确定供给链指南或标准 ● 确定提高整个水稻价值链可持续性的战略 ● 通过供给链机制为高端市场（现代供给链）定义并试验 SRP 推广模式（激励机制） ● 在低端市场定义并试验 SRP 推广模式（激励机制） ● 对农民加强商务活动，促进其采用良好农业规范

6.6 可持续发展的技术与推广

基于最佳操作规范提供的生态可持续性水稻生产原则，国际水稻研究所开展了一系列提高水稻系统可持续性的潜在技术方面的广泛研究。以下是其中的部分技术（IRRI，2012）：①安全的干湿交替；②为推广工作者和农民开发的数字化决策工具；③气候适应型农业的多抗逆品种（盐碱化、干旱、洪水）；④定点营养管理工具以提高氮和磷的使用效率；⑤稻作系统的可持续集约化；⑥提高灌溉效率；⑦生物强化；⑧低成本收获后技术以减少粮食损失。

然而，为了成功促使技术革新的大规模应用，需要通过激励和推广来说服农民，使其意识到最佳稻作规范可以提高利润并降低健康和环境风险。如上文所述，如果直接支付货币是不可取的，那么需要通过创新性的方法使农场利用创新性的激励机制获得增值。其中，SRP 确定了如下可能的途径：①新的小农经营模式，如越南的“小农户-大田地”系统；②推广可持续性耕作方法的“预订和声明”系统；③用于碳交易的作物管理规范；④生态系统服务支付（PES），包括性能标准和度量等。

因此，SRP 的目标是超越认证（验证）的层次以寻求替代性的方法深入农户并进行激励。如“预订和声明”提供了可持续性水稻的信用交易系统，信用可以独立于实体水稻进行交易，有助于促进改善稻作系统方面的投资。其他选择可能包括整合现有良好农业规范计划，将可持续性标准纳入政策和公共推广服务，以及通过生态系统服务支付计划激励创新等。

7 结论

SRP 目前进入实施阶段，并寻求更广泛利益相关者的支持和参与。SRP 希望通过吸取现有可持续性倡议的经验教训，目标是向全球水稻供给链提供可行的可持续性标准体系，提供最佳管理规范的选择，促进大规模实施的激励机制，尤其是小规模农户。

希望 SRP 可以通过采取创新和综合的方法，促进水稻生产生态足迹的减少，强化发展中国家（实际上是全球范围内的）标准合作，促进稳定供给，提高价值链的增值。

我们鼓励符合 SRP 指导原则的各机构作为会员参与 SRP 倡议，并且为 SRP 计划的实施做出积极的资金或实物贡献。获取更详细的信息和申请表格可以登录 www. sustainablerice. org。

8 致谢

作者对国际水稻研究所（IRRI）表示衷心感谢，尤其对 Sarah Beebout 博士的宝贵贡献表示感谢。援助环境的 Jan Willem Molenaar，优质咖啡认证的 Gieljan Beijen 和 Laurens van Oeijen 以及禾众基金会的 Hans Perk，基于他们在设计和实施多品种多国家的 VSS 计划方面的丰富经验为我们提供了丰富的材料。最后，我们感谢 SRP 成员和对话伙伴，他们的积极支持和贡献使 SRP 计划得以实施。

参考文献

Bouman, B. A. M. , Humphreys, E. , Tuong, T. P. & Barker, R. 2006. Rice and water. *Advances in Agronomy*, 92: 187-237.

Abdulla, A. B. & Adhana, K. 2005. Estimate of rice consumption in Asian countries and the world towards 2050. Tottori university, Japan. pp 28-42, (available at http: //worldfood. apionet. or. jp/alias. pdf).

Bouman, B. A. M, Barker, R. , Humphreys, E. , Tuong, T. P. , Atlin, G. N. , Bennett, J. , Dawe, D. , Dittert, K. , Dobermann, A. , Facon, T. , Fujimoto, N. , Gupta, R. K. , Haefele, S. M. , Hosen, Y. , Ismail, A. M. , Johnson, D. , Johnson, S. , Khan, S. , Lin Shan, Masih, I. , Matsuno, Y. , Pandey, S. , Peng, S. , Thiyagarajan, T. M. & Wassmann, R. 2007. Rice: feeding the billions. In *Water for food, water for life: a comprehensive assessment of water management in agriculture*, pp. 515-549. London, Earthscan and Colombo, International Water Management Institute.

Dawe, D. , Pandey, S. & Nelson, A. 2010. Emerging trends and spatial patterns of rice production, 2010. In S. Pandey, D, Byerlee, D, Dawe, A. Dobermann, S. Mohanty, S. Rozelle & B. Hardy, eds. *Rice in the global economy: strategic research and policy issues for food security*, pp. 15-37. Los Baños, Philippines, IRRI.

Dobermann A, Witt, C. & Dawe, D. , eds. 2004. *Increasing productivity of intensive rice systems through site-specific nutrient management*. Enfield, USA, and Los Baños, Philippines, Science Publishers, Inc. , and International Rice Research Institute (IRRI). 410 p.

Dorosh, P. A. & Wailes, E. J. 2010. The international rice trade: structure, conduct, and performance. In S. Pandey, D, Byerlee, D, Dawe, A. Dobermann, S. Mohanty, S. Rozelle & B. Hardy, eds. *Rice in the global economy: strategic research and policy issues for food security*, pp. 359-378. Los Baños, Philippines, IRRI.

Durand-Morat, A. & Wailes, E. J. 2011. *Rice trade policies and their implications for food* security. Department of Agricultural Economics and Agribusiness, University of Arkansas, Fayetteville Division of Agriculture. Selected paper prepared for presentation at the Agricultural & Applied Economics Association' s 2011 AAEA & NAREA Joint Annual Meeting, Pittsburgh, Pennsylvania, 24-26 July 2011 (available at http: //ageconsearch. umn. edu).

FAO. 2006. *World Agriculture: towards* 2030/2050. Interim report. Global perspective study unit, Rome, Italy. (available at www. fao. org/es/esd/AT2050web. pdf).

Gregory, D. I., Haefele, S. M., Buresh, R. J. & Singh, U. 2010. Fertilizer use, markets, and management. In S. Pandey, D, Byerlee, D, Dawe, A. Dobermann, S. Mohanty, S. Rozelle & B. Hardy, eds. *Rice in the global economy: strategic research and policy issues for food security*, pp. 231-264. Los Baños, Philippines, IRRI.

Grothaus, F. 2013. *Objectives and challenges on the UN forum on sustainable development*. In A Workshop of the FAO/UNEP Programme on Sustainable Food Systems. FAO. Rome.

Gulati, A. & Narayanan, S. 2002. *Rice trade liberalization and poverty*. IFPRI Discussion Paper No. 51. Markets and Structural Studies Division. Washington, DC, International Food Policy Research Institute.

IFA (International Fertilizer Association). 2009. Assessment of fertilizer use by crop at the global level: 2006/06-2007/08. International Fertilizer Association. 11p. IRRI. 2012. IRRI Annual Report 2012 (available at http: //irri. org/index. php? option=com _ k2&view=itemlist&layout= category&task=category&id=652&Itemid=100095&lang=en).

Islam, Z., Bagchi, B. & Hossain, M. 2007. Adoption of leaf color chart for nitrogen use efficiency in rice: impact assessment of a farmer-participation experiment in West Bengal, India. *Field Crops Research*, 103: 70-75.

Kessler, J., Molenaar, J. W., Giodelman, E. & Lomax, J. (in press). *A methodology for market-based strategies to enhance sustainability in supply chains: making markets work for sustainability in supply chains* (MASS). UNEP. March 2013 (draft).

Li, T. & Wassmann, R. 2011. Modeling approaches for assessing adaptation strategies in rice germplasm development to cope with climate change (available at: http: //www. fao. org/fileadmin/templates/agphome/documents/IRRI _ website/Irri _ workshop/LP _ 16. pdf).

Masutomi, Y., Takahashi, K., Harasawa, H. & Matsuoka, Y. 2009. Impact assessment of climate change on rice production in Asia in comprehensive consideration of process/parameter uncertainty in general circulation models. *Agric. Ecosyst. Environ.*, 131 (3-4): 281-291.

Mohanty, S., Wailes, E. & Chaves, E. 2010. The global rice supply and demand outlook: the need for greater productivity growth to keep rice affordable. In S. Pandey, D, Byerlee, D, Dawe, A. Dobermann, S. Mohanty, S. Rozelle & B. Hardy, eds. *Rice in the global economy: strategic research and policy issues for food security*, pp. 175-187. Los Baños, Philippines: IRRI.

Nelson, G. C., Rosegrant, M. W., Koo, J., Robertson, R., Sulser, T., Tingju Zhu, Ringler, C., Msangi, S., Palazzo, A., Batka, M., Magalhaes, M., Valmonte-Santos, R., Ewing, M., & Lee. D. 2009. *Climate Change: Impact on Agriculture and Costs of Adaptation*. Washington D. C. (USA), International Food Policy institute.

Norton, G. W., Heong, K. L., Johnson, D. & Savary, S. 2010. Rice pest management: issues and opportunities. In S. Pandey, D, Byerlee, D, Dawe, A. Dobermann, S. Mohanty, S. Rozelle & B. Hardy, eds. *Rice in the global economy: strategic research and policy issues for food security*, pp. 297-332. Los Baños, Philippines, IRRI.

Pardey, P. G. 2011. *African agricultural productivity growth and R&D in a global setting*. Center on Food Security and the Environment. Stanford Symposium Series on Global Food Policy and Food Security in the 21st Century (available at http://iis-db.stanford.edu/pubs/23811/Pardey_final.pdf).

Pisante, M., Corsi, S., Kassam, A. & Friedrich, T. 2010. The challenge of agricultural sustainability for Asia and Europe. Transition World Research Network. *Transition Studies Review*, 17: 662-667. Central Eastern European University Network (available at http://www.fao.org/ag/ca/CA-Publications/AgSustainability_Pisante_et_al.pdf).

Potts, J., van der Meer, J. & Daitchman. J., eds. 2010. *The state of sustainability initiatives review* 2010: *sustainability and transparency*. A Joint Initiative of IISD, IIED, Aidenvironment, UNCTAD and ENTWINED (available at http://www.iisd.org/pdf/2010/ssi_sustainability_review_2010.pdf).

Timmer, C. P. 2010. Behavioral dimensions of food security. *Proceedings of the National Academy of Sciences of the United States of America*, Early Edition, 20 September 2010.

Timmer, C. P., Block, S. & Dawe, D. 2010. Long-run dynamics of rice consumption, 1960—2050. In S. Pandey, D, Byerlee, D, Dawe, A. Dobermann, S. Mohanty, S. Rozelle & B. Hardy, eds. *Rice in the global economy: strategic research and policy issues for food security*, pp. 175-187. Los Baños, Philippines, IRRI.

Tuong, T. P. & Bouman, B. A. M. 2003. Rice production in water-scarce environments. In J. W. Kijne, R. Barker & D. Molden, eds. *Water productivity in agriculture: limits and opportunities for improvement*, pp. 53-67. Wallingford, UK, CABI Publishing.

UNEP. 2013. Global Clearing House for Sustainable Consumption and Production Web site (available at http://www.scpclearinghouse.org).

UNFSS. 2013. United Nations Forum on Sustainability Standards Web site (available at http://unfss.org/).

Wassmann, R., Nelson, G. C., Peng, S. B., Sumfleth, K., Jagadish, S. V. K., Hosen, Y. & Rosegrant, M. W. 2010. Rice and global climate change. In S. Pandey, D, Byerlee, D, Dawe, A. Dobermann, S. Mohanty, S. Rozelle & B. Hardy, eds. *Rice in the global economy: strategic research and policy issues for food security*, pp. 411-432. Los Baños, Philippines, IRRI.

哥斯达黎加的现行经验：生态蓝旗计划

Roberto Azofeifa
农业畜牧部可持续生产司，哥斯达黎加

哥斯达黎加正在可持续发展领域实施重要的公共-私营部门计划，其中之一为蓝旗计划（Blue Flag Program，www.banderaazulecologica.org）。该计划已有 15 年多的历史，目前根据拓展不同组织的参与空间以及国家参与可持续发展的不同部门的经验和必要性发展出 9 个类别。

最新出现的一个类别是气候变化类，包括两种类型：减缓和适应。本文主要关注适应类型，它应用于农业部门，包括小规模、中等规模和大规模生产者。

1 蓝旗计划

蓝旗计划始于 1996 年，作为沿海社区的激励计划改善沿海村庄的环境和社会经济状况。当时国家部分地区的村庄受到旅游业和酒店业对海滩造成污染的影响。

蓝旗计划是一项公共-私营部门共同倡议的计划，由指导委员会负责，该委员会由参与计划的 11 个组织的代表组成。

一开始，该计划注重保护水源和沙滩免受污染的行动。但在 2002—2012 年，该计划增加了 8 个类别，类别总数达到 9 个。气候变化类别在 2008 年加入该项计划。

目前，全国范围内有 2 016 个地方委员会得到了其中一个类别的奖励。该计划已经促使巴拿马、秘鲁、危地马拉和厄瓜多尔等国采取了类似措施（Mora 和 Fernández de Torrijos，2006；Mora 和 Chávez，2010）。

2 气候变化类别

气候变化是蓝旗计划的第六个类别，创建于 2008 年，包含了两种类型的活动：减缓和适应。减缓行动适用于机构、工厂、服务企业、建筑业、运输公司和汽车租赁公司等。目前有 2 002 个地方委员会加入该行动。适应行动应用于个体农场或农场组织。目前有 19 个农业企业得到了奖励，将会有更多企业参与该行动。

3 参数

在适应类型中有6个参数要进行评价（表1），每个参数包含3～4个子参数或标准。

对于农业用水的质量和数量参数，需要评估资源类型、年消费量、水源质量和保护水资源的良好规范计划。该标准要求节约用水。个人或组织必须提交用水数量和质量证明。

在土壤管理和保护方面，需要评估土地利用系统、作为土壤管理和肥料基础的土壤特征及其利用，以及保护土壤的良好农业规范计划。该标准要求保护土壤免于退化（尤其是侵蚀的结果）。个人或组织必须提交土壤分析的实验室报告副本。

在合成农用化学品、生物投入和兽药产品的使用和管理方面，需要评估年度投入量清单以及存储和投入管理的良好农业规范。该标准要求正式规范农业投入，减少投入量以及通过生物投入替代常规农药。

在企业社会项目方面，该标准要求个人或组织向社区分享参与计划的经验。同时，也在各种前往农场的游客中传播经验。该子参数强调激励其他农场或生产者的举措，并要求农场必须提交包括相关游客记录的年度报告副本。

在固体和液体残留处置方面，该标准要求提供对残留来源的描述（数量、来源和类型）以及残留的处理方法和最终产品的用途。该标准促进减少残留，并且在农场生产过程中将残留作为有机投入加以循环利用。

在环境管理和气候变化适应性方面，该标准要求提供在生产系统中减少脆弱性的实践描述（经济、社会和环境实践），在系统中增加生物质和减少用水量、用电量和燃料消耗量的良好农业规范的描述。其目标是减少二氧化碳的排放，促进二氧化碳的固定。

表1　适应类型中的评价参数及得分

参数	分值
1. 农业用水质量和数量	16
2. 土壤管理与保护	20
3. 农用化学品使用、生物质投入和兽医产品	20
4. 社会企业计划方面	14
5. 固体和液体残留的管理和最终处置	20
6. 适应气候变化影响的环境管理	10
合计	100

4 实施过程中的报告和文档

根据要求，相关个人和组织必须每年向技术委员会（1～3 月）提交年度报告。在第一年，必须提供企业的诊断报告，包括企业的总体特征和资源与投入品的使用情况。

每年必须提交工作计划（包括每个子参数），并且在年底提交计划执行情况的报告。该报告必须包含数据和认证文件，以证明其工作符合子参数的要求（12 月）。

相关文件可以通过 E-mail 或书面方式提交给技术委员会。技术委员会评估这些文件，然后做出相关决定，并向相关个人或组织通报其决定。

来自农业和畜牧业部的推广官员可以协助申请者（农民或组织）向技术委员会提交资料，包括文档的准备和工作方案的制订等。

得到蓝色生态旗帜的申请者必须在邻居和游客容易看到的地方展示旗帜。获奖者可以向消费者宣传该奖励。

获奖者可以得到两颗至五颗星作为额外奖励，其评星标准为：

☆ 农民或组织获得了 90%～100%的得分。

☆☆ 农民或组织参与了认定项目。

☆☆☆ 农民或组织得到了认定（USDA-有机认证、雨林联盟认证、全球良好农业规范等）。

☆☆☆☆ 农民或组织计算了碳足迹。

☆☆☆☆☆ 农民或组织实现碳中和。

5 奖励

该奖励包括蓝旗和证书，相关费用由政府和私营组织资助。

6 障碍

主要包含三大障碍：一是生产者受限而无法记录过程、提交结果，这或许是最大障碍。

二是生产者受财务限制无法利用某些技术达到相关标准。

三是消费者的作用极其重要。如果消费者不清楚相关标准，无论什么标准，他们都无法推动生产者改进生产工艺。

参考文献

Mora, D. & Chávez, A. 2010. *Programa bandera azul ecológica : una revolución sin guerras por el ambiente con la niñez costarricense*. San José y edición, ISSN 1650 - 2166.

Mora, D. & Fernández de Torrijos, V. 2006. *Convenio de cooperación e implementación del programa bandera azul ecológica en panamá* , San José.

可持续食品体系的自愿性标准：政府采购的作用

Norma Tregurtha　Marcus Nyman
国际社会与环境鉴定标签联盟，伦敦

1　摘要

政府部门的绝对规模以及其独特的领导地位表明，政府选择购买什么以及从哪里购买可以改变市场。传统上，政府采购主要关注制定政策和程序以确保政府部门能够以最优惠的条件获取商品和服务。然而，随着世界各国政府提高了对政府采购在促进更广泛社会经济目标的作用的认识（如可持续消费和生产），这一传统正在发生改变。

2012 年，国际社会与环境鉴定标签（ISEAL）联盟进行了一项可持续型政府采购（SPP）的研究，关注可持续性标准如何支持 SPP。调查研究发现，SPP 正在迅速发展，但其进展在国家和地方层面并不一致。此外，即使在支持性政策框架到位的情况下，其落实也落后于相关意图。该研究还确定了限制 SPP 的一个主要障碍，即政府购买者缺少如何实施 SPP 的相关知识和经验。

克服知识障碍的一种方法是促进可持续性标准的应用。可持续性标准可以在 SPP 中发挥重要的支撑作用，尤其是它们具备认定可持续性热点、向生产者提供技术规范以强调这些热点并保证合同方按照这些规范生产产品、提供服务的能力。尽管可持续性标准正应用于 SPP，但研究表明可持续性标准在采购中仍具有很大的扩展空间。然而，标准在采购中的扩大应用存在一系列障碍。这些障碍包括：标准的覆盖面、认证产品的供给、标准的总体知识以及标准法律状态的确认。克服这些障碍的一个策略是在高标准、半官方的大型活动（如奥运会）中进行使用，通过展示如何合法有效地在采购中使用可持续性标准，在政府采购者中建立信心。

在此背景下，本文的目标是展示 ISEAL 2012 年研究的主要发现，同时也包括案例分析，展示 2012 年伦敦奥运会如何授权伦敦奥组委和残奥组委（LOCOG，一个半官方组织）在食品采购招标文件中应用可持续性标准。本文也讨论了伦敦经验向里约 2016 年奥运会的传递以及对城市和地方层面的溢出效果。

2 引言

在过去的数十年间，自愿性可持续标准及其相关认证和标签计划已经在负责任生产和消费领域发挥了重要作用。可持续性标准的优势在于他们实际上是基于多方合作的市场工具。这些合作伙伴将广泛的利益相关者集合在一起，不仅确定了行业的可持续性热点，而且，更重要的是它还确定了部门参与者改善行为的途径，并因此促进可持续性生产。同时，相关标准、认证和标签也为供应链的采购商、政府和消费者的购买决策提供了可靠的基准，并用这种方式引导可持续性消费。许多研究[①]已经证实，可持续性标准能够产生正面影响。

随着林业、渔业和主要农产品的全球认证产品比重超过10%[②]，可持续性标准有望改变全球市场。这种转变能力很大程度上取决于可持续性标准系统用户是否能够扩大其直接和间接的认证需求。

最近一份研究标准和认证知识方面的报告表明，单单消费者需求自身不太可能促进认证和标签系统应用的大幅提升。大型零售商和制造商的需求点在于使其商品具有区分度以获取关键客户，这也是认证的一个重要驱动力。政府部门也是如此，人们常常忽视的一个重要力量，即政府部门也是标准和认证的重要驱动力（国家标准与认证知识评估监察委员会，2012）。

本文的主要目的是解决这种被忽视的问题，并研究现阶段世界各国政府部门如何使用和支持可持续性标准的发展。本研究通过分析政府购买商品和服务（即政府采购）行为的研究结果，讨论扩展这一驱动力来源的挑战和机会。为了说明本研究和农业与食品部门之间的相关性，本研究采用了一个简短的案例分析，说明了2012年伦敦奥组委和残奥组委（由政府成立的组织）如何将可持续性标准作为其食品购买策略的一部分。

3 政府对可持续性标准的使用：概述

各国政府目前所面临的最大政策挑战与可持续发展有关，既满足当代人的需求，又不损害后代人满足其需求的发展（世界环境与发展委员会，1987）。

① 更多信息参见国际标准与认证知识评估监察委员会（2012）。

② 尽管10%是常用的跨部门均值，但在不同部门，认证可持续性产品的比重存在明显差异。例如，咖啡的比重达到18%，野生捕捞渔业为17%，森林为9%，可可为1.2%（Potts等，2010；FAO，2011）。

人们普遍认识到，如果要避免环境危机威胁（包括气候变化），现有的生产模式和消费习惯需要进行改变，并提高资源利用效率、创建社会包容性的经济体系。

传统上，政府已通过国内立法的监控和强制措施（若有需要）取得了经济增长、社会保障等公共政策效果。但是政府这种“命令与控制”的风格在世界范围内被广泛质疑，政策驱动力已经延伸到国界之外，“……全球化生产结构的演变（跨国企业和全球供应链）给国家的常规‘监管’行动带来巨大挑战”（Carey 和 Guttenstein，2008）。为了充分应对最紧迫的社会挑战，世界各国政府需要采用新的工作方法和政策工具。

政府支持跨国政策制定和有效实施的一种方法是引入自愿性可持续标准。矛盾的是，许多可持续性方案的起源可以追溯到政府的社会和环境政策失灵。在这种情况下，可持续性标准被认为是政府监管的替代方案。尽管如此，政府和私人监管之间的界限已经变得模糊。

政府参与可持续性标准有不同途径，也有多种案例。首先，政府可以通过使用标准（与企业）共同规范市场。这种途径可以通过政府设定可持续消费的约束规则并强制规定企业必须遵守的一系列可持续性标准以符合法律要求。例如欧盟的《可再生能源指令》（RED）。

其次，政府可以作为标准的支持者，通过补贴补助以及减税等措施积极鼓励企业得到认证。印度政府的有机水产养殖认证补贴计划就是其中一个案例。

再次，政府可以促进标准本身的发展和完善。例如，澳大利亚、荷兰和瑞士政府均是可持续生物材料圆桌会议的成员。这些政府还向许多标准组织提供重要的财政援助。

最后，政府不仅是市场的监管者，而且在其权利范围内也是积极的市场参与者，因为在很多国家，政府是国有企业或资产的所有者和经营者。同样，私营公司可以得到自愿性标准认证，政府运营的企业也可以得到相关认证。例如，在波罗的海国家、北欧、加拿大以及俄罗斯，大部分国有林场均获得了森林管理委员会（FSC）的认证。渔业部门亦然。

政府和公共实体在市场的另一端，作为商品和服务的买方，尤其是食品买方，同样发挥着重要作用。英国政府在其 2006 年发布的《采购未来报告》中（环境、食品和农村事务部，2006），确定食品为采购目录的第三优先类别。2008 年欧盟委员会将食品作为采购目录中排名第二的重要采购类别。在商品和服务方面，政府采购可以通过认证证明商品符合政府政策或特殊商品生产过程符合政府所认可的良好规范。本文接下来的部分关注该过程如何进行且会带来哪些机遇和挑战。

4 可持续性政府采购与标准的使用：最新的研究结果

可持续性政府采购与标准的使用：概述

政府采购是指由政府、政府机构以及国有企业对产品、服务和基础设施的购买。从各方面来看，这笔支出在大多数国家的GDP中占据显著的比重。经济合作与发展组织（OECD）的最近数据表明，其成员国平均花费GDP的12％用于政府采购，而发展中国家的该项比重估计高达25％～30％（OECD，2012）。

在过去的十年中，关于政府采购的最重要趋势是认识到政府采购在促进可持续发展中所起的重要作用。这种重要性体现在政府采购市场的绝对规模；政府通过购买可持续性商品的市场示范作用（或“挤入”）；政府通过与供应商合作激励其在可持续生产和技术方面的创新与改革。但许多研究表明（OECD，2012），政府采购在推动可持续发展的程度上不是没有挑战，主要包括：①部分政府采购者缺乏可持续性政府采购（SPP）的知识；②担心可持续替代品的成本；③缺乏监测可持续性政府采购效果的机制；④缺乏将可持续因素纳入采购决策的激励机制；⑤担心可持续产品和服务的供给能力。

可持续性标准作为基于市场的连接可持续生产和消费的工具，能够帮助政府克服这些障碍。它们提供了一些手段：迅速、廉价地识别供应链或生命周期中的可持续性关键点；在招标文件中纳入这些标准；供应商通过熟悉易懂的机制证明其产品达到相关标准，如印章或标签。

政府主要以两种方式参考可持续性标准确定采购框架。某些国家在某些产品类别中制定自己的可持续性标准，然后评估各种认证是否达到其要求。如英国按照上述方法提出了可持续木材采购需求。其他国家采用较为简单的系统，并确定满足其需求的特定认证方案。如法国和德国明确在其采购系统提到森林管理委员会等可持续性标准（Brack，2008）。

这些方法对公共部门选择可持续性标准以及对更广大市场的影响尚不明确。研究政府采购中采用可持续性标准的现有文献较少，相关研究也倾向于关注特定标准、特定环境下标准的应用或者作为可持续性政府采购中一个组成部分的标准。然而，美国绿色建筑部门（Simcoe和Toffel，2011）和英国林业部门（Fripp，Carter和Oliver，2011）的案例表明，政府在其政府采购方案中采用可持续性标准会对标准的应用起到正面作用，远超过政府订单的规模。

但是文献也指出，可持续性标准也存在有效使用的困难。文献的引用、法律确定性问题、标准和认证产品可及性的有限了解、系统工作知识的匮乏和保证信誉、防止“洗绿”的挑战等显得尤为突出。

为了从文献综述中得到关于可持续性标准和可持续性政府采购的相关结果，国际社会与环境鉴定标签联盟在 2012 年进行了初步研究，对世界范围内 47 个政府采购官员进行了半结构化访谈（其中 41 个访谈结果可以用于分析）。这项研究的目的不是为了提供标准如何在可持续性政府采购中应用的宏观轮廓（这种目标也不会实现），而是在目前的情况下提供了大范围不同类型政府组织的各种意见。

5 可持续性政府采购中可持续性标准的使用：调查结果

5.1 对可持续性标准的认知

受访的采购者具备可持续性标准的基础知识。几乎所有人都可以至少说出一个在其工作过程中遇到的标准，包括单个或多个阶段的标准，单个或多个认证标准、ISO 管理标准、报告标准、政府采购标准以及其他组织的最佳规范指南。最常提到的标准包括森林管理委员会（FSC）、能源之星 ISO 标准和公平贸易。最常被提及的标准包括以下几类，森林管理标准、生态标签、能源效率以及食品与纺织品的道德、有机和环境标准。

受访者中大部分曾经基于标准做出某种形式的购买决定，但相对较少的受访者（少于 20%）通过系统的、持续的方式进行购买决策或购买多个类别的商品。如果有地方政府支持的标准可用，就有使用这种标准的趋势，如菲律宾的绿色选择生态标签。除了政府支持，普遍接受和广泛认可也是采购者愿意使用某种标签的重要因素，如森林管理委员会或公平贸易。

5.2 可持续性标准的使用障碍

受访者认为可持续性标准使用的一个关键障碍是购买高风险区的标准供给和充分覆盖。其次是某部门认证商品的实际供给，这似乎比某部门有一个或几个合适的有效标准更少关注到。这两个问题表明充足供给（标准和认证产品）以确保可获得性和竞争的重要性。

排名第二的是使用标准的潜在法律挑战引发的不确定性。一位采购经理指出，尽管标准和标签的使用是明确合法的，但是仍有一些采购者对此表示沉默。这可以联系到近年来发生的引人注目的法律案件，尽管明确了标准的使用，但也带来了一定程度的不确定性。

标准知识的缺乏同样排名较高。这种担忧在非经济合作与发展组织国家更为普遍。但是，市场中标准范围及区分其范围和可信度的难度增大也被认为是造成自愿性可持续标准受到法律挑战的来源。

采访结果的另一个结论是可持续性政府采购支持计划、倡议和工具包之间缺少融合。主要是缺乏来自不同司法管辖权的材料和资源之间的协调方式。在标准和标签的使用方面，缺乏明确的官方支持机构。

5.3 增加在可持续性政府采购中使用可持续性标准的策略

文献综述以及初步研究的结果表明，如果可持续性标准更简单、更有效促进可持续性政府采购，那么就需要解决限制其使用的那些障碍问题。对于可持续性标准团体，这意味着有三项策略：

（1）加强人们对标准及其如何应用于政府采购的认知。

（2）开发使政府采购官员更容易使用标准的工具。

（3）提高采购群体的信心，使其可以无惧法律挑战放心使用可持续性标准。

这些策略的应用取决于可持续性政府采购在何种程度上融合到一个国家或地区的政府采购文化与实际运营中。例如，在经济合作与发展组织国家，策略的重点是构建采购者自由使用标准的信心。对于印度等国，他们刚开始实施可持续性政府采购，其策略重点应该是强化人们对标准如何支持政府采购的认知。

这些策略易说难做，可以包括广泛的活动，如培训计划、标准比较工具、突出和复制最佳规范。最佳规范的一个案例是 2012 年伦敦将可持续性食品引入奥运会和残奥会。将可持续性标准引入奥运会的采购策略是一个很有用的案例，既提高了伦敦奥运会的影响，也向全球观众展示了可持续性标准的价值。

6 标准和可持续性食品供给链的建立：2012 年伦敦奥运会和残奥会

伦敦取得奥运会主办权之后，做出了一系列有关可持续发展的重要承诺，并试图打造一届“史上最绿色的奥运会”。伦敦奥组委和残奥组委（LOCOG）是政府成立的一个组织，负责奥运会的实际运行，包括与餐饮业者签署协议在奥运会举办期间提供 1 400 万吨餐食。就某些产品的数量而言，这其中包括了 330 吨蔬菜水果、100 吨肉和 21 吨奶酪。

为了实现可持续发展的目标，2007—2009 年（奥运会举办前），LOCOG 在其“食品展望”中设定了可持续发展的目标（伦敦 2012，2009）。对于可能采用可持续性标准的产品类别，“食品展望”区分了购买决策的规定标准和应当被用于决策衡量的“期望”标准。对于前者来说，“红色拖拉机”食品安全和质量标准认证是一个基本要求，对某些其他产品来说，需要满足公平贸易和海洋管理委员会或其等价标准的承诺。由 LOCOG 认可的期望标准包括雨林联盟、有机和欧盟有机认证“欧洲叶”（LEAF）。

因为“食品展望”文件在合同文本确定之前在食品供应界进行了广泛咨询并得到了很好的宣传，因此供应商有充足的时间使其认证食品满足 LOCOG 的要求，并将相关要求传达给全世界的农业生产者。其结果是，奥运会期间所有的茶、咖啡、香蕉、糖和橙子都符合公平贸易标准，同时向运动员、记者和各国政要提供的鸡肉和猪肉均得到了防止虐待动物皇家协会（RSPCA）自由食品的认证，符合更高的福利标准。另外，奥运会期间消费的所有鱼类均被证明是 100％可持续捕捞的。LOCOG 做得不够的地方是对有机制造食品可获得性的承诺。

尽管 LOCOG 的食品可持续性成就令人印象深刻，但这个案例提出了一个问题，就是如何利用这种积极经验在接下来的活动中促进政府部门在现有基础上增加对认证产品的需求。首先，这项经验具有可复制性。例如，在接下来的 2014 年苏格兰英联邦运动会和 2016 年里约奥运会同样提出了大胆的可持续性承诺，并许诺要采取“食品展望”中类似的方法（包括最小规格和期望的可持续性标准）。奥运会案例的第二个影响在于它的示范效应。“食品展望”已经成为可持续食品采购战略中必不可少的参考文件。有证据表明，英国许多公共和私营组织，包括政府部门、医院、学校、大学和公司内部餐厅等都采用了“食品展望”的架构。

最后，可能是最重要的，LOCOG 使用可持续性标准的影响在于其提高了可持续性标准的形象，并且提高了将标准作为采购支持工具的信心。这种信心的提高如何转化为对可持续认证产品需求的增加将会经过一段时间进行体现。

7 结论

可持续性标准要超过目前 10％的市场份额，需要政府部门做出使用和支持这些工具的更广泛更深入的承诺。其实现的一个方式是促进标准在可持续政府采购中的应用。

研究表明，采购者明白使用可持续性标准有众多好处，如使用系列现有技术规程和简单认证。但使用这些标准存在一些主要障碍，包括标准的如何使用与标准的目标和覆盖面等知识和信息；并非全部产品和服务都在标准的覆盖范围内以及认证产品的供应水平等供给问题；采购者面对的潜在法律挑战等风险；不同标准的等效评估和成本问题，直觉上认为认证产品更为昂贵等。

要使可持续性标准更容易更有效地应用于可持续性政府采购，就需要解决上述障碍问题。2012年伦敦奥运会和残奥会的案例分析说明了上述障碍可以得到克服。本研究的结论不只是对标准及其对可持续发展贡献的一次性支持，我们应当将奥运会等大事件看作一种机会，通过政府和私营部门的食品采购方式构建良好规范。

参考文献

Brack, D. 2008. Controlling illegal logging: using public procurement policy, (available at http: //www. chathamhouse. org/sites/default/files/public/Research/Energy,%20Environment%20and%20Development/bp0608logging. pdf).

Carey, C. & Guttenstein, E. 2008. Governmental use of voluntary standards: innovation in sustainability governance. London, ISEAL Alliance, (available at http: //www. isealalliance. org/sites/default/files/R079 _ GUVS _ Innovation _ in _ Sustainability _ Governance _ 0. pdf).

Department for Enviroment, Food and Rural Affairs (DEFRA). 2006. Procuring the Future: Sustainable Procurement National Action Plan: Recommendations from the Sustainable Procurement Task Force. London: The Crown.

European Commission. 2008. Public procurement for a better environment, (available at http: //eurlex. europa. eu/LexUriServ/LexUriServ. do? uri = COM: 2008: 0400: FIN: EN: PDF).

FAO. 2011. Private Standards and Certification in Fisheries and Aquaculture: Current Practice and Emerging Issues. Food and Agricultural Organization of the United Nations, (available at http: //www. fao. org/docrep/013/i1948e/i1948e. pdf).

Fripp, E., Carter, A. & Oliver, R. 2011. An assessment of the impacts of the UK Government' s timberprocurement policy, (available at http: //www. cpet. org. uk/files/Defra%20Timber%20Impacts%20of%20TPP%20Efeca%20Final%20Report. pdf).

London 2012. 2009. For Starters: Food vision for the London 2012 Olympic Games and Paralympicgames, (available at http: //www. london. gov. uk/sites/default/files/LOCOG%20food%20Vision _ Dec%2009. pdf).

OECD. 2011. Government at a glance 2011, (available at http: //www. oecd-ilibrary. org/governance/government-at-a-glance-2011 _ gov _ glance-2011-en).

OECD. 2012. Green growth and developing countries: a summary for policy makers, (available at http: //www. oecd. org/dac/50526354. pdf).

Potts, J., van der Meer, J. & J. Daitchamn. 2010. The State of Sustainability Initiatives Review 2010: Sustainability and Transparency. International Institute for Sustainable Development (IISD), Winnipeg and the International Institute for Environment and Development (IIED), London.

Simcoe, T. & Toffel, M. W. 2011. LEED adopters: public procurement and private certification. Working Paper, (available at http: //www-management. wharton. upenn. edu/henisz/msbe/2011/4 _ 1 _ Simcoe _ Toffel. pdf）.

Soil Association, Sustain and nef. 2007. Feeding the Olympics: How and why the food for London 2012 should be local, organic and ethical. London: Soil Association, Sustain and nef.

Steering Committee of the State of Knowledge Assessment of Standards and Certification. 2012. Towards sustainability: the roles and limitations of certification. Washington, D C, Resolve Inc., (available at http: //www. resolv. org/site-assessment/files/2012/06/Report-Only. pdf).

World Commission on Environment and Development. 1987. Our common future (available at http: //www. un-documents. net/our-common-future. pdf).

公共主体在自愿性标准中的作用

FAO 食品控制和消费者保护小组

1 摘要

本文的主要目的是从可持续食品体系的角度，对公共主体在确保自愿性食品标准（VFS）正常运行中所起作用进行分析。

VFS 给食品链管理和公共部门作用各方面带来了诸多挑战。它们最可能的负面效应是成本问题，这项成本可能并未包含在价格溢价中，却由食品链中的主体负担。公共部门应积极系统地管理 VFS 的运行，在最小化负面影响的同时，最大化其正面影响。公共部门可通过增加公共机构和私人经营者之间的协同效应，提高自愿性标准体系的可信性和合法性，并根据观测到的影响对公共支持措施进行监测和调整。本文列举了几个例子来说明公共部门就 VFS 或可采取的行动措施。

2 引言

随着贸易全球化的发展，自愿性标准在价值链中的作用日益增强，可归因于以下因素：

（1）食品标准可能会提高消费者对于食品的信心。虽然食品安全仍最受关注，但其他如工作环境、自然资源的保护等方面也日益受到重视。

（2）市场的日益自由化促进了产品差异化战略的发展，以提高中间商和最终消费者的信任度、忠诚度和偏好。

关于第一个方面，消费者对食品的信任，一些丑闻（如疯牛病、二噁英、李斯特菌等）已导致两个方面产生变化：

（1）食品流通的利益相关者会承担更大的责任，因此会要求其供应商提供更多的保障。在最具吸引力的市场，人们认为，最终卖家和食品生产者一样，要对食品安全负有同等责任，欧盟和美国都是如此。自 2002 年以来，欧洲食品安全法[①]强调食品生产者的主要责任，以及包括分销商和零售商在内的整个食品链的主要责任。美国 2011 年推出的食品和药品管理局（FDA）《食品安全现代化法案》（FSMA）[②] 确立了销售给最终消费者的终端卖家责任的原则。

（2）消费者更多地关注保障，特别是有关做法对食品链的影响，如农药的正确使用、二氧化碳的影响、动物福利、工作条件和支付给小生产者的价格等。

关于第二个因素（产品差异化需求的增加），食品行业中的参与者需要稳定并扩大自身的市场机会。所有为满足特定高要求而额外付出的努力应该获得足够的补偿。消费者对优质产品的偏好应转化为“愿意付出更多”，因而使生产者获得更多的收入。实现这一目标的方法是对产品进行区分，与其他产品之间既有合理和明确的差异，还有一个可见的标识（创建一个“信号”），同时要信息清楚、控制严格并进行积极沟通。

在标准化日益重要的情况下，政府部门的作用至关重要。首先，政府部门确保了公共和私人工具的一致性。其次，政府部门为生产者和消费者应对公共标准和私人标准的快速发展甚至推广提供了充分良好的治理环境，因为公共标准和私人标准既可互为补充也可相互矛盾。

一些国际会议和科学研究（Henson 和 Humphrey，2009；国际社会与环境鉴定标签联盟，2011；FAO/WHO，2010）明确地提出了关于自愿性标准的扩散问题，尤其是在私人标准方面：由发达国家主要经销商提出的自愿性标准造成了对小生产者的排斥；升级和认证的费用支出并不总能通过价格上涨平衡；最后，小生产者严重缺乏采用自愿性标准的能力。

此外，一些已确定的积极影响包括：提高农民收入；保护环境；改善公共健康；提高生产者能力。所有这一切都证明在 VFS 推广和采用中政府参与的重要作用。

然而，目前私人标准实际提供的担保仍存在一定的不确定性，各国应根据优先事项和行动建立指导原则。这种优先的目标应该是：增加透明度、准确性和对可核查标准的信任；对提供公共产品的明确影响；为公共政策制定做出贡献。

在此背景下，本文的目标是：

（1）进一步明确食品标准（FS），特别是 VFS 的国际和国内法律框架；

（2）确定有关 VFS 的风险和挑战；

---

① 欧洲议会和委员会于 2002 年 1 月 28 日推出的 178/2002 号法案确定了食品法的一般原则和要求，建立了欧洲食品安全局，并确定了食品安全问题的处理程序。

② http：//www. fda. gov/Food/FoodSafety/FSMA/default. htm。

（3）从可持续食品体系的角度，明确公共主体在确保自愿性食品标准正常运行中所起的作用。

3 食品体系标准化的基本原则

3.1 食品链的规范框架

《技术性贸易壁垒协定》（TBT 协定）受世界贸易组织（WTO）框架内不同类别产品的具体协议的制约。

在食品行业，贸易协定的实施受标准的制约，这个标准是由联合国成员的代表在相关机构的支持下进行编制的，基本的协议是基于卫生和植物检疫措施（SPS）。

在 SPS 协议项下的相关标准化组织主要有：①FAO/WHO 国际食品法典委员会；②世界动物卫生组织；③FAO 国际植物保护公约（IPCC），植物保护秘书处。

食品法典设定的标准对联合国成员没有强制力，但是一旦他们决定将其转为其国内法，这个标准就成为对食品链运营商有强制力的国家标准。这不同于自愿性标准，运营商使用与否都是自由的。如果使用，那么就要遵守。

根据食品的类型，可能存在由其他国际协调组织所设立的标准，如经济合作与发展组织（OECD）的水果和蔬菜国际标准[①]。联合国欧洲经济委员会在标准化的制定中也扮演着重要的角色[②]。同样，各国可以自由地在他们国内立法中实施这些标准，对所有运营商一视同仁地强制实施。

有些自愿性标准的原则是通过国际协议所确立，主要由有关地理标志的法律框架组成，正如在世界贸易组织的《与贸易有关的知识产权协议》（TRIPS）中所确立的[③]，还有在世界知识产权组织（WIPO）的《里斯本协议》中所确立的[④]。

3.2 定义

TBT 协定中有关于标准的一般定义。标准是一个“公认机构批准的，非强制执行的，供通用或重复使用的产品或相关工艺和生产方法的规则、指南或

① http：//www. oecd-ilibrary. org/fr/agriculture-and-food/international-standards-for-fruit-and-vegetables _ 19935668

② http：//www. unece. org/trade/agr/aboutus. html

③ http：//www. wto. org/french/tratop _ f/trips _ f/gi _ background _ f. htm

④ http：//www. wipo. int/lisbon/fr/general/

特性的文件。它还可包括专门适用于产品、工艺或生产方法的专门术语、符号、包装、标志或标签的要求”（TBT，附录1，说明2）。

一方面是标准，另一方面是规章和程序，他们有三点不同：

（1）规章确保（或衡量）预期效果；

（2）标准创建出为实现预期效果而设计的一组规则；

（3）方案创建出一套确保标准可靠稳健的方法和管理协议。

在没有国家立法强制使用时，食品标准对个体运营者可以说是“自愿”适用的。

但是请注意，自愿性标准也会被业内参与者作为进入特定市场的强制性标准，但这是从商业的角度来说，从监管的角度来说这个标准仍是自愿性的。①

的确，当买方决定采用一个标准，那么他们需要遵守相关要求。无论是通过与标准所有者订立合同，通过在官方登记使用自愿性公共标准，或如果该标准不要求有合同或登记而仅仅是陈述给消费者。根据适用于私人合同的商法原则，未能遵守的可能会受到刑事惩罚。

自愿性标准与强制性标准、私人标准与公共标准之间的关系示意见表1。

表1　不同种类的标准

标准	公共	私人
强制	法律法规 公共标准	由法律或法规强制实施的私人标准，如国际标准化组织（ISO）和国际食品法典中的危害分析与关键控制点（HACCP）
自愿	自愿性公共标准（如有机农业、地理标志）	自愿性私人标准，如马格斯·哈弗拉尔（Max havelaar）

资料来源：Henson和Humphrey（2009）。

食品卫生通则法典［国际食品法典委员会/国际推荐操作规程（CAC/RCP）1－1969，修订版4－2003］

本标准提供整个食品生产链所有食品的卫生处理、储存、加工、配送和最终准备的基本规范。本文件应作为良好卫生规范的制订基础（GHP）。法典涉及的主题包括：设计和足够的设施；操作控制（包括温度、原材

① 请注意自愿性和强制性标准的区别仅仅是因为是否存在标准采用的法律要求。

料、供水、证书和召回程序)；维护和卫生；个人卫生；人员培训。该法典包含危害分析与关键控制点（HACCP）系统的附件及其应用指南*。

* 例如，最常见的私人 VFS 包括适用 HACCP 的义务，即使其遵守是由公法强制。这并不会造成供应商的新义务，但它将面向社会的一般义务变为面向买方的义务，而且买方可依据民法来加强这项义务。如果未遵守责任约定导致出现损害，合同关系可能会终止，而且可能会出现合同约定的各种各样的后果（如违约金）。

来源：http：//www. codexalimentarius. org/standards/en/

3.3 标准的功能

标准体系本身是复杂的。无论什么类别的标准，Henson 和 Humphrey（2009）确定了实施 VFS 的 5 个步骤：

（1）标准设置。此步骤也即制定有效标准内容的过程。

（2）采用。此步骤对应使用者对标准的知晓、信息、建议和有效采用（在实际工作中确实实施标准的机构）。

（3）使用。此步骤包括相关用户激活该标准的一系列活动。这包括所有有关产品、流程、设施或公司层面遵守的技术和管理内容（根据标准的类别而不同）。

（4）符合性评估。此步骤与验证和评估标准遵守情况时全部必要性验证中发挥作用的程序、规章、制度和组织有关。

（5）强制。在符合性评估中发现不合格时用以进行强制约束的所有规章制度。

广泛地说，有三类主体影响 VFS 的运作：

（1）政府当局、决策者和公众授权主体。由法律所确认和授权，他们为食品提供保障。

（2）出于商业目的的私人主体。为了其自身的商业目的，生产者和中间商建立其他类型的标准，这可能是强加于接受某些商业条件之上的。例如，成为某一个协会会员，可能需要遵守标准，或想要继续卖给中间商，生产者必须采用该标准。

（3）公民社会代表。非政府组织、协会或非正式网络要求更多的确定、真实、可靠的信息，减少食品有关声明造成的混乱等。

上述三种主体的积极对话与交流有利于所有各方，甚至可能有矛盾的各方的利益维护。实际上，在食品安全、公共物品供给和商业操作之间找到一个平衡，是合乎情理的，甚至在某些情况下是至关重要的。在这种背景下，政府当局在公众利益方面的作用就尤为重要。同时，政府当局可能会面临一些不足之处，如能力不足、资源缺乏。在这种情况下，非政府组织和广大公民社会要充分发挥作用，倡导公众利益，如人类健康、自然资源保护和动物福利。

3.4 自愿性标准的分类

3.4.1 B2B 和 B2C 的分类

（1）B2B 标准

企业对企业（B2B）的标准被食品供应链中的一个卖方和一个买方熟知，但并未在销售时传达给最终消费者。这项标准唯一的目的是为中间购买者提供担保。这是食品安全特定标准的情况，例如，全球良好农业规范（Global GAP）①、英国零售商协会（BRC）② 和国际食品标准（IFS）③。

（2）B2C 标准

企业对消费者（B2C）的标准可通过贴标签和广告一个“承诺”（通常由一个视觉符号表示，如标识）的方式传达给最终消费者。这些标准包括公开的国际协定中的规定（如有机农业和地理标志④），也包括国家或地区的法律和条例（如欧盟关于有机农业、地理标志和传统特产的法规⑤）。也有私人自愿性标准，如保护自然资源或几个可持续发展目标结合起来的那些标准。其他标准则被用于加强社会维度的可持续发展，如保证体面的工作条件和特别禁止使用童工，或为农业生产者提供公平的价格［如公平贸易或棕榈油可持续发展圆桌会议（RSPO）］。

作为核心原则，B2C 标准的所有者通常是为了说服消费者更喜欢他们的产品，因为它带来更大保障，并让消费者为补偿这种更好的保障而付出更多。他们试图对生产者给予更高的酬劳，这是为说服生产者采用标准而采取的激励措施。

3.4.2 基于主要目标的分类

根据不同的目标，VFS 可分成以下四类：

（1）保证食品安全（无有毒残留物，无细菌毒性）；

① http：//www. globalgap. org/uk _ en/

② http：//www. brcglobalstandards. com/

③ http：//www. ifs－certification. com/index. php/fr/

④ http：//ec. europa. eu/agriculture/organic/organic-farming/what－organic _ fr

⑤ http：//ec. europa. eu/agriculture/quality/schemes/index _ fr. htm

（2）产品原产地和地理原产地保护的特定特征（基于区域的方法，开发本地特定区域的特定资源）；

（3）环境保护（自然资源的保护）；

（4）社会福利，特别是生产者的公平收入的保障（小生产者合理的价格水平，整个食品链增加值的公平分配）。

这种分类有助于人们更好地了解标准多样性，因为不同类型标准的主张经常会交叉重叠，但又很少完全重复。对目标相同的两种类型标准进行区分需要一定的技术，而且需要大量基准测试工作。

3.4.3 自愿性标准的开发和应用在国家层面的影响

自愿性标准是由公共或私人主体（被称为标准持有人）制定的，是食品链（介于农业生产和最终消费之间的一个或多个阶段）使用者自愿应用的一个规定。持有人、使用者或一个独立第三方控制其规则的遵守。有时，一些环节上结合使用了不同方法，如持有自愿性标准的组织可以是一个论坛，其利益相关者可共同参与标准的制定，或第三方认证机构参与，代表性的消费者也参与其中。

在法律层面，情况会较为复杂。私人标准和公共标准通常参考相同的基本原则，并且可以重复一致性检查。举个例子来说，最常见的私人自愿性标准包括应用 HACCP 体系的义务。这并不会为供应商造成一个新的义务，但它将对社会的一般义务变为对买方的义务，而且买方可依据民法来使卖方履行这项义务。如果不符合，在承担赔偿责任的情况下，合同关系可能会终止，而且可能会出现合同约定的各种各样的后果，称为合约处罚。

这些相互作用由不同机构进行管理，这些机构致力于审查标准交互作用的各个方面及其后果。各国可根据政治议程为各州设置优先领域，并进行可能的调整。

公共和私人自愿性食品标准是非常互补的。例如，为获得合规的自愿性标准证书必须遵守国家法律和国际协议，这种情况如棕榈油可持续发展圆桌会议（RSPO）标准[①]。某些情况下，遵守私人自愿性标准的官方认证被认为是对食品安全的公共标准的遵守，例如食品安全现代化法案（FSMA）对美国渔业的影响。

① http://www.rspo.org/files/resource_centre/keydoc/8%20fr_RSPO%20Fact%20sheet.pdf

3.5 国际标准的协调

目前，食品法典委员会的总部、部门以及区域委员会[①]是食品标准国际协调领域最活跃和最被认可的成员。2010 年和 2011 年，食品法典委员会将法典标准和自愿性标准进行了衔接，更注重发展其在促进扩散中的作用。

随着时间的推移，公法规范认可的自愿性标准协调平台已经建立。其中两个最重要的平台是有机农业领域的国际有机农业运动联合会（IFOAM）[②] 和地理标志领域的国际地理标志网络组织（oriGIn）[③]，他们各自的作用当然是不同的。这些平台积极捍卫其成员的利益，保证在区域和国家层面的监管中充分考虑所有成员的利益，并促进生产符合标准的产品。

同时，关于私人标准，特定的协调平台已经出现了，包括私人利益相关者的领域（如 ISEAL[④]）、公共利益相关者的领域（如联合国可持续性标准论坛[⑤]）或二者兼有（如全球食品安全倡议[⑥]）。这些协调平台促进了信息交流，提高了认识，并促进具有类似目标的标准之间互认。

在所有标准（无论是公共标准还是私人标准）的交叉问题上，值得注意的是，由政府当局直接负责的认证方案中已插入了控制机制。标准的多边认可过程使国家标准与多边协定相对应。通过控制的国际标准化，认证的可信性有了显著进展，从而加快了对认证程序互认的国际进程。

4 自愿性食品标准发展的挑战和局限

4.1 私人自愿性标准的一般问题

私人自愿性标准（VPS）对食品产业从业者和公共部门而言产生了新成本，成本的来源主要包括：

（1）双重合规的产生：当涉及食品安全性，VPS 就与强制性食品标准产生联系了，二者均是基于规范管理的文本。事实上，一些发达市场的买家通常以考虑私人标准作为购买条件的现象在国际范围内引起了热议，尤其是当私人标准的要求比食品法典框架成员商定的标准和国内立法标准还要高的情况下

① http://www.rspo.org/files/resource_centre/keydoc/8%20fr_RSPO%20Fact%20sheet.pdf

② http://www.ifoam.org/

③ http://www.origin-gi.com/

④ http://www.isealalliance.org/

⑤ http://unfss.org/

⑥ http://www.mygfsi.

（食品法典委员会，2009，2010）。

（2）购买者的要求比 WTO《技术性贸易壁垒协定》中达成的要求还要高时，导致生产者产生额外费用：除公共标准外，有时运营商还必须遵守私人标准。

（3）要求和不确定的需求一起导致额外费用：多数私人标准要求过程符合标准，而不是最终产品的特性。这种对过程的要求使得过程管理变得更加复杂和困难。政府部门致力于提高生产者和食品链能力，从而符合卫生条件，而私人自愿性标准往往忽略了政府部门的这些努力。私人标准（如最终产品的最高残留）通常比强制性规定要求更高。这导致生产者需支付进行额外的分析研究，以及对政府设立的标准的质疑，即使在这个水平下的健康风险没有被科学证明时也会发生。目前在提出标准时缺乏透明度和实证方法，而食品法典框架成员则根据科学论证，经过漫长的谈判过程，以确保协同决策来制定标准。

（4）发展中国家运营商对发达国家监控和认证技能的依赖，造成了额外的成本：事实上，大多数发展中国家并没有一个被国际认可论坛（IAF）的多边互认协议认可的国家认证机构（仅有 23 个发展中国家拥有国际认可）。此外，遵守私人标准的证书是由进口国家私人认证机构发放的，而生产者（出口）所在国家的政府当局并不能直接控制。

（5）在标准制定和管理领域处于领导地位的运营商提出了制定标准的成本和利益在供应链不同参与者之间分配的问题。事实是，在许多情况下，运营成本（如可追溯标记、认证、推广）只能由生产者负担。而好处则由下游进口商和零售商得到（法国国际农业研究发展中心，2008；Graffham，Karehu 和 MacGregor，2007；Maertens 和 Swinnen，2007；Nelson 和 Pound，2009；FAO/WHO，2010）。

对于这些问题，政府部门可以采取措施来抵消成本，减少重复以及不确定的要求，从而提高行业内的认证和治理效率。

4.2 公共产品的供给：自愿性标准的影响和局限

自愿性标准（包括公共标准和私人标准）的积极效果可以在以下两个层面上体现（表 2）：

（1）提供公共产品，如食品安全以及生态、经济和社会的可持续性改善；

（2）对公共政策目标的贡献，如农业收入和农村发展方面，特别是对贫困地区的贡献（如欧盟委员会 1151/2012 号法规中的农产品和食品的质量计划）。

但是，这些自愿性标准对公共产品积极贡献的重要程度是不稳定且难衡量的。由于缺乏可用的数据和方法，对公共产品的提供有多大影响，对公共政策目标有多大贡献，仍然尚未得以测定。

关于以参与方式制定的标准对可持续发展的影响，目前也尚未有任何研究对其进行综合评估和定量分析。许多问题仍然没有从方法论的角度进行解决。事实上，很难将标准的影响同其他诱因、市场等因素进行区分。因为我们不知道如何来衡量它，很难说自愿性标准对其发起人设定的目标有切实显著的影响。

表 2　自愿性标准对公共产品贡献的例子

	有主要贡献（预期效果）的自愿性标准举例	有顺带贡献（潜在影响）的自愿性标准举例
自然资源保护	全球良好农业规范，国际优质认证（UTZ） 有些国家的公共标准： 良好农业规范 有机农业	公平劳动组织标准（公平贸易）
有利于动物福利	全球良好农业规范 有些国家的公共标准： 动物饲养良好规范	公平劳动组织标准（公平贸易）
食品安全	（这些标准是强制的，是食品安全的法律基础）	主要的有： 食品安全与质量认证（SQF）、英国零售商协会（BRC）、国际食品标准（IFS）、全球良好农业规范 还有： 国际优质认证（UTZ）、公平劳动组织标准（公平贸易）和其他自愿性可持续标准 有些国家的公共标准： 良好农业规范 害虫综合治理 有机农业 地理标志
文化多样性	有些国家的公共标准： 地理标志	
农场收入	公平劳动组织标准（公平贸易）	有些国家的公共标准： 地理标志
农村发展		有些国家的公共标准： 地理标志

5 国家在确保标准有效运作中的作用

5.1 一般原则

5.1.1 公共行动的方针

不论是强制性标准还是自愿性标准，公共标准还是私人标准，只要它们的消极影响是有限的，且积极影响很强，均可被作为工具，用以促进可持续食品卫生体系在卫生、环境保护和社会平衡等方面的发展。公共主体可以在此发挥重要作用。

可持续食品体系——定义

可持续食品体系对健康有积极的影响，而且在经济上具有吸引力，环境和社会可接受。食品体系是涉及原料加工和转化为食物及对健康有益的营养物质保存的一系列活动和过程。整个体系将生物物理和社会文化统一起来。

资料来源：Sobal，Kettel Khan 和 Bisogni（1998）。

为做好政府当局在这一领域的决策导向，需提高四个主要干预领域的现有资源利用效率，这可以通过以下四个方面来进行：

（1）通过国家立法的定义和有效实施，确保自愿性标准的可信性和合法性，并与其他国际标准相协调；

（2）在公共产品提供方面，支持公共标准和私人标准的积极影响，同时最小化其消极影响；

（3）通过公共机构和组织以及私人运营商之间的共同努力，减少支持措施的公共成本；

（4）对支持行动进行监测，并根据观察到的影响调整公共支持措施。

结合具体案例，下面将上述行动方针进行详细描述。

5.2 自愿性标准公共政策的发展要点

5.2.1 通过自愿性标准，促进可持续食品体系的发展

（1）降低排他性的负面影响：通过私人标准将小生产者排除在外的机制已

经明确。为抵制这一机制，政府可以在以下几个层次上采取行动：

①开展传播小生产者信息的认识运动。

②能力建设：建立小生产者集合的组织，例如建立合作社；农民参与标准管理的组织。

③咨询和询问本地人员的参与式方法。

④对公私伙伴关系进行直接或间接财政支持，通过相关项目促进标准的采用，如对农产品买家采用标准进行支持。

⑤建立致力于利用标准进行严格质量管理的法律框架和制度。

⑥与私人标准的拥有者相互配合，以保障弱势群体的利益。

插文 1　跨专业组织

提高生产者能力最有效的方法是支持行业间的集体治理和建立生产者团体的配套措施。

举例来说，在法国*和一些西非国家，在生产链中的农民和其他主体一起参与下，跨专业组织建立了对产品的集体管理。

所有涉及标准的都是跨专业组织的成员，因此，采购商、贸易商和下游零售商及消费者都被排除在外。

一个组织良好的集体管理有助于尊重主体之间的公平待遇。跨专业主体也涉及标准本身的定义，保证标准成本不是由弱势群体承担，而是在所有产业主体间公平分担。他们还可以在价格和数量条款的谈判中发挥积极作用。这样，它确保价格可以支付不同层次供应链的成本。幸运的是，一些欧洲国家的有机产品生产者协会在当地、区域或国家层面上追求类似的目标。

这种支持并不需要花费政府太多的钱，因为利益相关者会起诉那些不遵守游戏规则的不正当竞争者或集体组织成员。有时政府在审批一些竞争规则例外情况的集体协议时发挥了更大的作用，就像在瑞士的情况。**

* http：//www. legifrance. gouv. fr/affichCode. do；jsessionid＝14D4A4EAB4FFD723FE716BB82939CDEE. tpdjo04v _ 1? idSectionTA＝LEGISCTA000022657696&cidTexte＝LEGITEXT000006071367&dateTexte＝20130605

** http：//www. admin. ch/opc/fr/classified-compilation/20021452/index. html

与标准拥有者的互动体现在政府参与由私人主体（经济主体和民间团体）召开的圆桌会议上，并就标准内容提出建议。可能的议题包括：加强标准要求的科学验证；提高管理水平、参与程度和弱势群体（少数民族、性别、种族或农民团体）的公平代表性；提高其发展效率。

在国际层面上，这将导致政府（或它们在联合国的机构如FAO、联合国环境规划署、联合国贸易和发展会议、联合国工业发展组织的代表）积极参与私人或公共平台，与民间社会一道，讨论标准的定义，并对条件的影响进行评估。例如豆油和棕榈油的多方利益相关者可持续性倡议或由FAO主办的可持续性渔业发展指导平台。①

在国家层面上，自愿性标准可以通过已有的官方承认的平台来建立和维护（见插文2）。

（2）支持可持续生产的积极影响：当各政府机构自身之间及其与私营机构之间（业主，制定标准的使用者团体私人检验和认证机构）的参与行动相协调时，国家支持才更有效。

在一些国家，如德国、法国、意大利、荷兰和瑞士，国家发展机构支持VFS的发展，其目的在于支持发展中国家在遵守食品安全标准、市场准入和传统农村社会适应性方面的能力建设。

插文2　法国生态农业促进发展署（Agence BIO）：有机农场标准化参与平台的案例（法国）

Agence BIO是一种公私伙伴关系，是一个聚集联盟，包括：食品、农业和渔业部，生态、能源、可持续发展和海洋部，法国农业商会常设大会（APCA），农业合作社联合会，国家有机农业联合会（FNAB），天然和有机食品加工者联合会（SYNABIO）。

Agence BIO与致力于发展有机农业的伙伴合作，尤其是公共的、专业的和跨专业的组织，研究机构、销售组织、环境组织和消费者协会。

Agence BIO管理实体包括：

- 大方向理事会（GOC），在农业部长的主持下每年至少举行一次。GOC对有机农业的发展和推广提供方向性意见；
- Agence BIO下面有4个工作组，是对话平台和项目建议平台（观察，环境和地区，网络和市场，通信）。

① http：//www.fao.org/fishery/topic/12283/en

Agence BIO 的任务如下：

- 传播和交流有机农业和产品对环境、社会和地域的影响的信息；
- 发展有机农业国家观察中心；
- 促进合作伙伴之间的对话，有机网络构建、市场建设和跨行业动态的发展；
- 管理生产者和其他认证运营商的通告；
- 管理用于交流的 Agence BIO 标志。

为发展中国家伙伴升级和采用食品安全标准，加强其技术和资金能力的项目通常围绕以下方面展开：

• 增强生产者（尤其是小生产者）采用标准从而进入新市场的能力。项目通常包括师资培训，各部委以及认证、检验和鉴定机构的能力加强。

• 建立信息平台和文档，提供适合当地情况的信息（内容标准，合规性要求，将标准进行地方适应性改动的科研计划，生产数据等）。这可能包括贸易便利化的监管，如在获得出口许可证过程中标准证书的确认。

（3）提高主要自愿性标准的公信力和合法性。政府当局在建立和实施以下方面的相关规定上发挥重要作用：

①建立有效保障

无论是私人的还是公共的自愿性标准的公信力，都是基于有主管机关进行公正、独立的监测和市场监管为基础的保障上的。

基本保障系统要求政府当局确保以下要素：

• 该标准应基于科学依据和对利益相关者的咨询而制定。

• 标准的认证是基于建立在食品链上的可追溯性。

• 协调公共和私人标准之间的监测，从而国家食品控制机构可确保 VFS 的可靠性（FAO/WHO，2003）。

②支持检查和认证机构的建立

为了让购买者认可，符合主要的私人自愿性标准必须得到认证机构的检查和证明。尽管一些国家有得到国际承认的认证机构，但并不是所有国家都愿意或能够采取该措施，因为仅 23 个发展中国家有国际认可的认证机构。

关于检查和认证，公共主体可以采取多种支持措施：

• 优先建立国家认证机构和获得国际认可。这意味着要转换成国内语言和在国内法律的背景下，来使认证机构符合国际认可的要求。它意味着提高当地监管机构、检查和认证机构的能力，以使他们能够执行主要 VFS 的检查和认证活动。

• 通过免除全部或部分的检测和认证费用来为生产者提供财政支持。

• 完善多个认证的职责和数据交换，示例见瑞士联邦网页农业门户（AGATE）[①]。

• 在内部控制（由标准的所有者或授权方实施），与由独立第三方实施的外部控制之间提供良好的互补，例如法国国家公共质量标准研究所制定的有关规章条例（国家原产地名称管理局）[②]。

其他可以采取的减少认证成本的措施：

• 对小规模生产者可应用较便宜的特定程序：集体认证[③]。政府当局可在法律框架内对他们进行官方认证（例如现在巴西的例子）。

• 对于生产者和消费者之间的直接销售来说，没有第三方认证的参与式保障体系，可以在私人的或公私混合的基础上建立。这个系统强调短供应链的信任，此时消费者可以直接检查质量并评论[④]。

（4）将私人标准升级为公共标准以强化其作用：当私人自愿性标准在市场上的重要作用显著增强，政府当局就可以建立一个特定公共法律框架。这可以增加标准对消费者的价值，并提高消费者对符合标准产品支付更多的意愿。

这种方法可以提高信誉，主要是因为这些官方公开的标准可能会受益于一个更强大的市场监测和欺诈预防。在欧洲和世界其他一些国家中，有机农业和地理标志的情况就是如此。为了规定和监测特定的经济可持续性原因，其他标准也已经被提升到公共标准的地位，如瑞士主张“穆捷山（Montagne）”“阿尔佩吉（Alpage）”的情况[⑤]或法国“费尔米耶（Fermier）”的情况[⑥]。

除法律框架支持外，关于标注要求的规定可以看作是承认和保护的首要基础。比如，关于公平交易的自愿性标准现在是私人的，但是一些国家也会通过干预来监督其实施。法国最近在关于预防欺诈的规则中确立了“公平贸易”条款，而且已经实施了一项国家行动计划[⑦]来加强公平贸易产品所有者的市场份额。

---

① https：//www. agate. ch/portal/c/document _ library/get _ file? uuid = bb1b4022-d297-4b6d-946d-a12d116f292f&groupI d=26918

② http：//www. inao. gouv. fr/public/home. php? pageFromIndex= textesPages/Agrement _ et _ controles437. php~mnu=437

③ http：//www. imo. ch/logicio/pmws/indexDOM. php? client _ id = imo&page _ id = devel&lang _ iso639=en

④ http：//fr. wikipedia. org/wiki/Syst%C3%A8me _ de _ garantie _ participatif

⑤ http：//www. blw. admin. ch/themen/00013/00085/00273/index. html? lang=fr

⑥ http：//mesdemarches. agriculture. gouv. fr/Declaration-prealable-a-l

⑦ http：//www. diplomatie. gouv. fr/fr/politique-etrangere-de-la-france/aide-au-developpement-et/evenements-et-actualites/article/lancement-du-plan-national-d

（5）以中立的方式告知消费者：公共政策的目标之一是同时为商业和机构利益相关者，以及为小农场主和消费者简化信息。事实上，各方应遵守的义务越来越复杂，由此产生的成本也成为市场和社会认可的障碍。

如前所述，标准的增加对消费者造成困扰。为了防止消费者对标准失去信心，政府需要在以下几方面做出努力：

- 支持标准之间的协调或等效，尤其是在食品安全的要求方面。通过这种方式，相同的标注（例如“有机”）能够最终为消费者提供相同的保证，而不管它们的原产地（国际有机农业运动联合会在积极朝该方向努力）。
- 支持组织间的共同利益，在私人自愿性标准上做到可比较和透明化。国际贸易中心建立的标准地图平台①是这种类型工具的一个好例子。
- 以中立和合适的方式通知消费者，或支持消费者协会或其他公共利益组织这样做。
- 打击欺诈行为，通过实施欺诈打压和市场监督进行。
- 规范罪犯刑事制裁，使欺诈真正受到惩罚。

5.2.2 监测

监测是一种公众支持方式，以强化有关自愿性标准，通过提供数据说明这些标准对可持续发展的作用。事实上，可持续发展的影响是很难衡量的。比如说，生产者的收入不仅依赖于自愿性标准的存在和使用，无论这种自愿性标准是私人的还是公共的，而且在于其竞争力、公众支持和市场价格。无论哪种情况，要对标准使用进行经济绩效评估，就必须考虑每个影响因子所有直接和间接影响之间的关联。

所以，为了确保评估和监测可持续性食物体系方面的影响，政府当局应该支持相关工具和手段的开发利用，以确认相关支持和努力正在得到回报。一些国际倡议通过一系列筛选出的指标来寻求对可持续水平进行测度的工具，包括 FAO 的食品和农业可持续性评估项目，② 以及可持续性评估委员会的工作。③

5.2.3 食品安全：监管架构和基本优先级

遵守 SPS 有关标准是符合公共安全标准的基础（WHO，1998）。为了提高小农的能力，尤其是在农业领域，一些标准需要根据当地的农业气候条件进

① http：//www. standardsmap. org/

② http：//www. fao. org/nr/sustainability/sustainability-assessments-safa/en/

③ http：//www. thecosa. org/

行改动。这些农业标准，即所谓的良好农业规范，在被其他农民更广泛地自愿采用之前，通常是由一些先驱者在当地发展制定出来，他们与负责研究和推广的机构进行交流，然后在试验农场进行测试。最后，将良好农业规范放入一个监管架构中，通常是作为自愿性标准纳入其中的。良好农业规范对食品安全至关重要，因为它们决定许多农药的有毒物质残留水平（如杀虫剂、杀线虫剂、杀菌剂等）。

FAO 作为《国际植物保护公约》[①] 的成员在支持这些举措，同时在进行害虫综合治理良好规范的区域项目中发挥着重要作用，[②]这些规范将接着在当地采用。[③]

考虑到专业机构可能是农民广泛采用标准过程中重要的决定因素，政府当局可鼓励良好农业规范的推广，因为它是食品链的一个有益变化（见插文 3）。

插文 3　瑞士良好农业规范标准

在瑞士，集成生产标准出现在 20 世纪 80 年代末，由瑞士法语地区的水果种植者组织发展起来。联邦农业研究站帮助生产者力求减少使用化学成分，主要是杀虫剂、杀线虫剂和杀菌剂。一个主要的瑞士大型零售商也是支持这项举措的先驱，并资助了部分的研究和测试。

1992 年，瑞士进行了深入系统政策回顾研究，力图减少对生产的直接支付，最后达成了一项将直接支付与生产规则相连接的政治共识，由专业机构与农业和推广组织合作开发。

这项标准已在联邦法律中确立，其控制也发生了变化。从本质上讲，现在是由通过瑞士认证服务机构的能力和公正性认证的检查机构实施，其根本在于向农民提供个体咨询（EN 45004）。标准是自愿性的，但受到严格监管。其商业价值增长了，因为现在经销商要求所有产品符合瑞士良好农业规范，而支付的价格没有增长，他们认为直接补贴补偿了产量方面的下降。

① https://www.ippc.int/index.php?id=standards_programme0&no_cache=1&L=0

② http://www.vegetableipmasia.org/

③ http://www.vegetableipmasia.org/docs/Index/revised-CFC_project_for_website.pdf

6 基于标准运作的政策干预——全面的观点

在许多国家，政府当局都不同程度地参与到自愿性标准的运作中。事实上，每个功能可能都需要或得益于国家干预。国家完全不承担责任的唯一情况，就是当私人标准在用户或持有者的排他控制下，没有第三方的控制。

为了清晰，主要的公共干预在图 1 中展示，它描述了食品标准运作的主要阶段。

根据列出的五个功能，一些公共主体的行动总结如下：

（1）标准的创建：

①政府当局可能会给一个建议性或约束性的意见。它们也可以担起确立标准的全部责任，这最好在与利益相关者进行广泛讨论的情况下进行制定。标准的实施可以完全以法律为基础或仅根据一项法律。政府当局可以采取措施来确保标准的公平创建能够有充足的科学依据。这可以通过建立一个标准所有者、利益相关者与具有遵守监管责任的第三方之间的良好责任分担来达到。

②当局可以实施监测点及与 VFS 主体互动的方式，建立讨论和信息共享平台（如法国生态农业促进发展署）。

（2）标准的采用：政府当局在自愿性标准的采用上可以是中立的。它们可以通过主动向公众传播信息、直接（补贴）和间接（免税）的金融支持、培训资助，以在标准采用过程中起到预防作用。要根据情况不同，以及标准对公共产品提供及公共政策目标实现的贡献程度不同，使用适当的激励或限制措施。

（3）标准的使用：政府当局可以通过财政支持和能力建设的方式来支持标准的遵守。

（4）符合性评估：管理可以完全由国家负责，通过提供补贴委托给公共机构，或委托给用户而减少管理成本。国家也可以承担部分或者全部的工作和检验验证的认证费用。重要的是管理是以中立且独立的方式运作。国际认可的认证机构也很重要，能够减少该国用户的测试、认证费用。

（5）标准使用的密切监视：政府可以积极进行打击商人滥用标准的行为（没有充分尊重规范）。这些措施可能会增加标准用户的信心，因为他们相信政府将打击欺诈行为。当局也应该建立确保清楚的消费者信息、控制标签和声明以及传播中立、客观信息的程序。

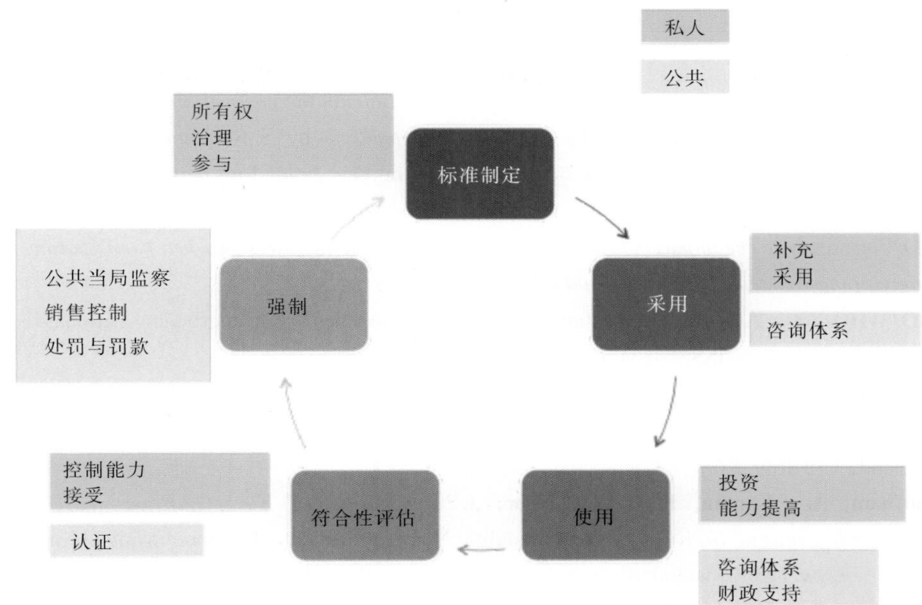

图 1　公共主体和私人参与者在自愿性食品标准运行中的作用

对这 5 个功能来说，增加监控和反馈渠道很重要。政府当局可以确保信息畅通，使标准、标准使用、对用户和运营商的检查结果及对产品声明真实性的管理信息都顺畅传达。给持有者、用户和利益相关者进行反馈很有用处，这样每个参与者就可以采取中长期的纠正措施。在这个意义上，对预期影响的分析和公共行为效力的控制可能有非常积极的影响。

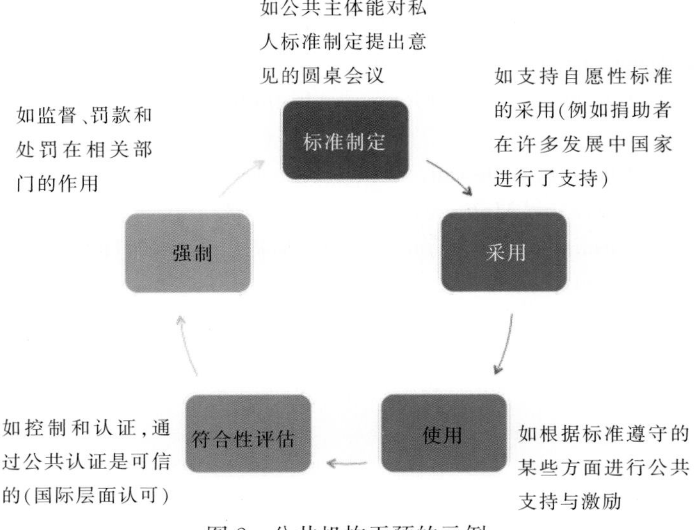

图 2　公共机构干预的示例

参考文献

CIRAD. 2008. *Making the rich richer? Value distribution in the conventional, organic and fair trade banana chains of the Dominican Republic*, by S. Roquigny, I. Vagneron, T. Lescot & D. Loeillet. Paper No 68 presented at the Fair Trade International Symposium, May 2008, France.

FAO. Forthcoming. *The impact of voluntary standards on smallholders' market participation in developing countries: literature study*. Rome.

FAO/WHO. 2003. Assuring food safety and quality: guidelines for strengthening national food control systems, . ISSN 0254-4725.

FAO/WHO. 2010. *Consideration of the impact of private standards*. Joint FAO/WHO Food Standards Programme, Codex Alimentarius Commission, 33rd Session, Geneva, Switzerland, 5-9 July 2010.

Graffham, A., Karehu, E. & MacGregor, J. 2007. *Impact of EurepGAP on small-scale vegetable growers in Kenya*. Fresh Insights Number 6. IIED, London (available at http://www.agrifoodstandards.net/en/filemanager/active? fid=83).

Henson, S. & Humphrey, J. 2009. *The impacts of private food safety standards on the food chain and on public standard-setting processes*. Paper prepared for FAO/WHO Codex Alimentarius Commission, Thirty-second Session, FAO headquarters, Rome, 29 June-4 July 2009.

ISEAL Alliance. 2011. *The ISEAL 100. A survey of thought leader views on sustainability standards* 2010. London.

Maertens, M. & Swinnen, J. 2007. *Trade, standards and poverty: evidence from Senegal. Leuven, Belgium*, LICOS Centre for Institutions and Economic Performance & Department of Economics, University of Leuven.

Nelson, V. & Pound, B. 2009, *The last ten years: a comprehensive review of the literature on the impact of fairtrade*. Natural Resources Institute (NRI), University of Greenwich, September.

Sobal, J., Kettel Khan, L. & Bisogni, C. 1998. A conceptual model of the food and nutrition system. *Social Science and Medicine*, 47 (7): 853-863.

WHO. 1998. *Implementation of SPS for the UN-Member States*. WHO (Vol. 13, pp. 1511-1522). doi: 10.1039/c1em90032c.

图书在版编目（CIP）数据

可持续食品体系的自愿性标准：机遇与挑战／联合国粮食及农业组织编著；王永春等译．—北京：中国农业出版社，2019.12

ISBN 978-7-109-23808-4

Ⅰ．①可… Ⅱ．①联… ②王… Ⅲ．①食品安全—食品标准—世界—文集 Ⅳ．①TS201.6-65

中国版本图书馆 CIP 数据核字（2017）第 327047 号

著作权合同登记号：图字 01－2017－0652 号

中国农业出版社出版
地址：北京市朝阳区麦子店街 18 号楼
邮编：100125
责任编辑：郑　君
版式设计：王　晨　　责任校对：周丽芳
印刷：中农印务有限公司
版次：2019 年 12 月第 1 版
印次：2019 年 12 月北京第 1 次印刷
发行：新华书店北京发行所
开本：700mm×1000mm　1/16
印张：14.75
字数：286 千字
定价：128.00 元